普通高等教育“十一五”国家级规划教材

数字图像处理与分析

第3版

主编　张　弘　李嘉锋
参编　曹晓光　谢凤英

机 械 工 业 出 版 社

本书是普通高等教育“十一五”国家级规划教材，书中系统地介绍了与图像处理及分析相关的基本理论、技术和典型方法，并综合作者及其所在实验室多年来从事数字图像处理教学、科研的心得、成果，注重理论联系实际，简化数学推导，列举大量工程应用中的实例，同时也介绍了许多近年来国际上一些有关的最新研究成果，意在使读者能够更好地学习和掌握数字图像处理的基本理论、方法、实用技术以及一些典型应用。

本书配有免费电子课件和作者编制的基于 MATLAB 和基于 VC + + 实现的数字图像处理软件，分别对应于本书的章节，该软件既可作为教学演示和实验工具，也可在实际图像处理中应用。欢迎选用本书的教师登录 www. cmpedu. com 注册下载。

本书可作为通信工程、电子信息工程、计算机应用、信号与信息处理、生物医学工程、自动化、遥感、农业、气象等学科的大学本科和研究生教材，也可供上述学科及遥感和军事侦察等领域的科技工作者和高等院校的师生参考。

图书在版编目(CIP)数据

数字图像处理与分析/张弘，李嘉锋主编. —3 版. —北京：机械工业出版社，2019.12（2023.1 重印）
普通高等教育“十一五”国家级规划教材
ISBN 978-7-111-64504-7

Ⅰ.①数… Ⅱ.①张… ②李… Ⅲ.①数字图象处理—高等学校—教材 Ⅳ.①TN911.73

中国版本图书馆 CIP 数据核字(2020)第 008092 号

机械工业出版社（北京市百万庄大街 22 号 邮政编码 100037）
策划编辑：王玉鑫　　责任编辑：王玉鑫
责任校对：陈　越　佟瑞鑫　封面设计：张　静
责任印制：郜　敏
北京中科印刷有限公司印刷
2023 年 1 月第 3 版第 5 次印刷
184mm×260mm · 13.5 印张 · 342 千字
标准书号：ISBN 978-7-111-64504-7
定价：34.80 元

电话服务　　网络服务
客服电话：010-88361066　机　工　官　网：www. cmpbook. com
010-88379833　机　工　官　博：weibo. com/cmp1952
010-68326294　金　书　网：www. golden-book. com
封底无防伪标均为盗版　机工教育服务网：www. cmpedu. com

前　　言

近几十年，数字图像处理技术在数字信号处理技术和计算机技术发展的推动下得到了飞速发展，已经成为许多科学技术领域中不可或缺的一项重要工具。同时，数字图像处理的应用领域也越加广泛，从空间探索到微观研究、从军事领域到工农业生产、从科学教育到娱乐游戏，数字图像处理技术已成为最主要的现代科学应用技术之一。

本书是为高等院校本科生、研究生编写的教材。它包含了数字图像处理的主要技术和最新研究成果，紧跟最新技术发展，注重理论联系实际，给出了大量实例和应用，意在使读者更好地掌握数字图像处理的基本理论、方法、实用技术以及一些典型应用。全书共分9章，主要内容包括数字图像基本知识、概念、图像变换、增强、复原、分割、分析和压缩编码以及一些图像处理的应用实例。

本书由几位多年从事数字图像处理教学和科研工作的教师编写，书中的例子多源于作者的科研实践，经过精心组织，有利于教师讲授和学生学习。

本书由北京航空航天大学图像中心张弘、曹晓光、谢凤英，北京工业大学信息学院李嘉锋共同编写，其中第4、8章及附录由张弘编写，第9章由张弘、李嘉锋编写，第1、2、7章(7.5节除外)由曹晓光编写，第3、5、6章和第7章中的7.5节由谢凤英编写，全书由张弘、李嘉锋统稿。本书由北京理工大学信息工程学院赵保军教授、北京航空航天大学图像处理中心姜志国教授主审，他们在百忙之中为本书提出许多宝贵意见，在此特别感谢。北京航空航天大学图像中心周付根教授、中国石油大学(北京)机电学院姜珊老师、北方工业大学信息学院贾瑞明老师和中国传媒大学李朝辉老师在本书的编写过程中给予了无私的帮助与支持。感谢北京航空航天大学的程飞洋博士、陈浩博士在本书的编写中给予的大力支持。同时，在编写本书的过程中参考了国内外出版的大量书籍和论文，在此对其作者深表感谢。

本书配有免费电子课件、书中所有插图、许多常用图像和作者编制的基于 MATLAB 和基于 VC + + 实现的数字图像处理软件，分别对应于本书的章节。作者编制的图像处理软件既可作为教学演示和实验工具，也可应用于实际的图像处理工作。欢迎选用本书的教师登录 www. cmpedu. com 注册下载。

由于编者水平有限，书中难免有一些不当之处，敬请读者批评指正。

编　者

目　　录

第1章　绪　　论

1.1　数字图像

广义地讲，凡是记录在纸介质上的，拍摄在底片和照片上的，显示在电视、投影仪和计算机屏幕上的所有具有视觉效果的画面都可以称为图像。根据图像记录方式的不同，图像可分为两大类：一类是模拟图像(Analog Image)，一类是数字图像(Digital Image)。模拟图像是通过某种物理量(光、电等)的强弱变化来记录图像上各点的亮度信息的，如模拟电视图像；而数字图像则完全是用数字(即计算机存储的数据)来记录图像各点的亮度信息的。

所谓数字图像处理(Digital Image Processing)，就是指用数字计算机及其他相关的数字技术，对数字图像施加某种或某些运算和处理，从而达到某种预期的处理目的。例如，经过某些处理可以改善某个数字图像的亮度和对比度，这在数字图像处理中被称为图像对比度拉伸。

1.1.1　数字图像的基本概念

当光辐射能量照在客观存在的物体上，经其反射或透射得到反射光能量或透射光能量，或由发光物体本身发出的光能量，人类用眼睛感受这些外界的光能量，经过视神经、传导神经后在大脑中重现出的景物的视觉信息，这是最原始的图像。同理，由人类设计制造的成像装置感受外界的光能量形成的结果也是图像，例如相机拍摄的底片和照片、电影摄影机拍摄的电影片段、电视摄像机拍摄的电视节目片段等都属于图像的范畴。自然图像是连续的，或者说，在采用数字化表示和数字计算机存储处理之前，图像是连续的，这时的图像称为模拟图像或连续图像。

什么是数字图像？数字图像是由模拟图像数字化或离散化得到的，组成数字图像的基本单位是像素(Pixel)，也就是说，数字图像是像素的集合。例如，常见的二维静止黑白图像是以像素为元素的矩阵，每个像素上的值代表图像在该位置的亮度，称为图像的灰度值。数字图像像素具有整数坐标和整数灰度值。

由模拟图像得到数字图像的过程，是将空间上连续和亮度上连续的模拟图像进行离散化处理，也就是数字化(Digitizing)。数字化得到的数字图像，是由行和列双向排列的像素组成的，像素的值就是灰度值(Gray-level)，彩色图像的像素值是三基色颜色值。下面介绍与数字图像相关的重要概念和术语。

1. 景物

通常把人眼所看到的客观存在的世界称为景物(Scence)，或者把相机所拍摄的客观世界称为景物。

2. 图像

图像(Image)就是视觉景物的某种形式的表示和记录。

3. 数字图像

数字图像是由模拟图像数字化得到的、以像素为基本元素的、可以用数字计算机或数字电路存储和处理的图像。

4. 像素

像素(或像元,Pixel)是数字图像的基本元素，像素是在模拟图像数字化时对连续空间进行离散化得到的。每个像素具有整数行(高)和列(宽)位置坐标，同时每个像素都具有整数灰度值或颜色值。

5. 灰度

灰度表示像素所在位置的亮度，灰度值是在模拟图像数字化时对亮度进行离散化得到的。彩色图像一般采用红、绿、蓝三基色的颜色值。

6. 数字化

将一幅图像从其原来的模拟形式转换成数字形式的处理过程，称作数字化，如图1-1所示。在数字信号学中，数字化也称为A/D转换(数字图像是分布在二维空间坐标上的数字信号)。

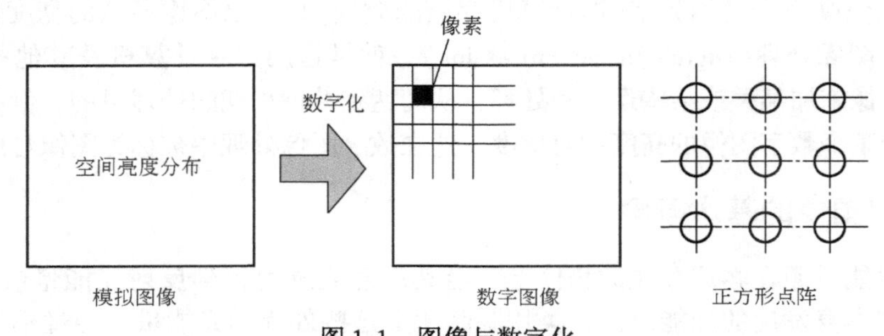

图1-1 图像与数字化

7. 空间分辨率

数字图像的空间分辨率是数字图像的重要参数之一，又分为绝对分辨率和相对分辨率。绝对分辨率描述的是每个像素所对应的实际物理尺寸的大小；相对分辨率描述的是图像数字化过程中对空间坐标离散化处理的精度，也就是相对同样的景物采用不同大小的点阵去采样。空间分辨率越高，数字图像所表达的景物细节越丰富，但图像的数字化、存储、传输和处理的代价也越大。工程上，为每种应用选择适当和折中的图像空间分辨率是一个重要的和敏感的问题。

1.1.2 数字图像的基本特点

随着数字技术和数字计算机技术的飞速发展，数字图像处理技术在20多年的时间里，迅速发展成为一门独立的有强大生命力的学科，其应用领域十分广泛。

1. 图像是人类信息获取的重要手段

图像与人类视觉系统紧密相关，在人类各种感官系统中，视觉是获取外界信息最主要和最重要的一种方式，因此，图像是最重要的数据和信息之一。

2. 数字图像的分辨率逐步提高

数字图像具有行和列二维坐标，数字图像的像素个数是其行数和列数的乘积。现代数字图像的数据量巨大，图像既需要占用海量存储空间和数据通信信道，又需要花费大量的计算机处理时间。高清晰度、高分辨率、高保真度成为数字图像的发展目标和方向。

3. 数字图像可以充分利用现代化的数字通信和信息传输技术

早在20世纪20年代，人们利用巴特兰(Bartlane)电缆图片传输系统，穿过大西洋传送了第一幅数字图像，使图像传输的时间从一个多星期减少到三小时，使人们感受到数字图像传输的巨大优越性。由于采用现代化的数字通信技术，如全球的无线网、有线网和因特网，现代数字图像实现了广域的、快速的数据传输和共享，并且，数字图像的传输和共享将进一步朝全球化、高速化和实时化方向发展。

4. 数字图像可以长期保存和永不失真

数字图像的存储形式是计算机文件，采用磁盘、磁带和光盘等可以完全复制的介质进行存放，因此比模拟图像更易于保存和调阅，不会因保存时间过长而发生图像信息失真或丢失现象。

1.2 数字图像处理

1.2.1 数字图像处理的基本特点

在计算机处理出现以前，图像处理都是采用光学照相处理和光学透镜滤波处理等模拟方法来进行的。所谓数字图像处理，就是指用数字计算机及其他相关的数字技术，对数字图像施加某种或某些运算和处理，从而达到某种预期的处理目的。随着计算机技术和图像处理技术的发展，用计算机或数字电路进行数字图像处理已经越来越显示出它的优越性。

数字图像处理无论在灵活性，还是在精度和再现性方面都有着模拟图像处理无法比拟的优点。在模拟处理中，要提高一个数量级的精度，必须对模拟处理装置进行大幅度改进。而数字处理能利用程序自由地进行各种处理，并且能达到较高的精度。另外，由于半导体技术的不断进步，以普遍使用的微处理器为基础的图像处理专用高速处理器，以及以集成电路存储器为基础的图像存储和显示设备的成功开发，都进一步加快了数字图像处理技术的发展和实用化。

数字图像处理具有的最大特点是，由于图像信息量大导致处理工作量巨大、处理时间长，并占用大量存储空间。以1000万像素数字照相机图像为例，一幅彩色图像取3648列(宽)和2736行(高)，像素数为3648×2736，其颜色值为红绿蓝(RGB)三基色，用24bit的二进制来表示，那么该图像的信息量即为：3648×2736×24bit=239542272bit=29241KB=28.556MB。处理这样大信息量的图像，必然导致计算机内存和外存的大量占用，以及处理运算量增大和处理时间延长。所以现代数字图像处理对计算机的配置和规格提出了较高要求，只有大容量和高速计算机才能胜任。而计算机本身又在飞速发展，更新换代极快，反过来刺激和推动了数字图像处理技术的发展和应用。

1.2.2 数字图像处理的主要研究内容

数字图像处理的主要研究内容和用途包括如下几个方面：

(1) 图像增强　图像增强的目的是增强图像中的有用信息，削弱干扰和噪声，以便于观察、识别和进一步分析处理，增强后的图像未必与原图一致。如图1-2所示，将图a进行灰度拉伸，可以提高图像的对比度，使图像中的细节和层次更加清晰，图b为灰度拉伸处理结果。

(2) 图像几何处理　对图像进行几何处理，使其几何坐标、几何位置和几何形状发生改变。几何处理用来实现图像的几何变形，产生各种变形效果；也可以用来实现几何校正，

a) 原始图像　　b) 灰度拉伸处理图像

图 1-2　图像增强

纠正图像因各种原因产生的畸变。

（3）图像复原　由于成像时相机相对运动、聚焦和噪声等原因，数字图像可能被模糊化，图像复原是将退化和模糊的图像尽量恢复原样，复原图像要尽可能地与原图保持一致。如图 1-3 所示，图 a 为一幅由于摄像机与被摄物体之间存在相对运动而造成模糊的图像，经过消除运动造成的模糊后，图像得到了恢复，如图 b 所示。

a) 原始图像

b) 复原处理结果图像

图 1-3　图像复原

（4）图像编码压缩　在满足图像质量基本不损失的前提下，对图像进行编码，从而有效地压缩数字图像的数据量，以便于存储和传输。例如，JPEG 图像文件格式是国际静止图像压缩专家组织提出的图像压缩存储文件格式，JPEG 压缩标准将常规图像数据压缩到大约 1/10，而视觉上基本感觉不到图像质量的损失，因此，JPEG 成为数码照片存储和互联网图像传输的主要图像压缩文件形式。

（5）图像分割　对图像进行分析和理解的第一步，通常是从图像中提取对象或对象组成部分的图像特征，例如提取对象组成部分的边界，或划分对象各组成部分的所在区域，这种处理称为图像分割。图像分割的目的是对图像中的不同对象和对象的不同部分进行分割和划分，以便于对对象进行后续的分类、识别和解释。

（6）图像数字化与重建　研究如何把一幅连续的模拟图像离散化为数字图像，以及如何从数字图像重建原始图像，或从多角度拍摄的二维数字图像重建三维图像。

以上数字图像处理的目的和用途是多种多样的，但所有这些处理在实现时的具体软硬件算法大体可以分为以下5种：

（1）点处理 处理图像时，每个输出图像像素灰度值仅由其在输入图像中对应的那个像素的灰度值计算而得，且每个输出像素所用的计算公式相同，这种图像处理称为点处理，对应的处理算法称为点处理算法。点处理算法主要是指图像灰度变换等增强处理。

（2）几何处理 图像几何处理是使图像几何坐标、几何位置或几何形状发生改变的处理。进行几何处理的操作称为几何变换，相应的算法称为几何变换算法。

（3）局域处理 处理图像时，每个输出图像像素灰度值由其在输入图像中对应像素及邻近像素（称之为邻域）的灰度值按不同的系数或权重综合计算而得，且每个输出像素计算公式相同，这种图像处理称为局域处理，对应的处理算法称为局域处理算法。

（4）帧间处理 如果对多帧图像进行代数运算生成某一输出图像，即每个输出图像像素灰度值由多帧输入图像中对应像素的灰度值经过加减乘除等代数运算而得，且每个输出像素所用的计算公式相同，这种图像处理称为帧间代数处理，简称帧间处理或代数处理，对应的处理算法称为帧间处理算法。帧间处理常用来对运动序列图像进行噪声抑制或运动检测等操作。

（5）全局处理 对于局域处理来说，如果将邻域扩大到整个图像，就是全局处理。换言之，处理图像时，每个输出图像像素灰度值由其在输入图像中所有像素的灰度值综合计算而得，这种图像处理称为全局处理，对应的处理算法称为全局处理算法。全局处理算法主要是指图像正交变换的各种算法。

1.3 相关学科和领域

1.3.1 数字信号处理学

数字信号处理学（Digital Signal Processing）是指用数字电路和数字计算机对信号进行数字化、滤波等处理，最典型的信号如电压、电流等是随时间变化的一维物理量。数字信号处理学的研究内容包括数字化原理和采样定理、数字滤波器、数字正交变换、数字信号编码压缩与传输等内容，其中最重要的概念包括傅里叶变换、频率、频谱、滤波器等。

数字图像是二维的数字信号，是随空间坐标变化的灰度值或颜色值，图像处理是指用数字电路和数字计算机对图像进行处理。因此，数字图像处理学也包括数字化和采样定理、图像滤波器、图像正交变换、图像编码压缩与传输等内容。

由此可见，数字信号处理与数字图像处理是紧密相关的学科，数字图像处理是数字信号处理理论的二维扩展，数字信号处理理论的进展会导致数字图像处理的新理论和方法，而数字图像处理的进展和应用又反过来会对数字信号处理提出更高的理论研究需求。

1.3.2 计算机图形学

计算机图形学（Computer Graphics）是指用计算机来实现图形的生成、表示、处理和显示，计算机图形学的研究内容包括物体或模型的数学模型、图形生成、几何透视变换、消隐（消去隐藏面）、覆盖表面纹理、光照模型和光线跟踪等。

计算机图形学通常是由数学公式经过计算，最终生成物体或模型的二维或三维仿真图形（逼真的图形可与实际图像媲美）；而数字图像处理则通常是由数字图像数据进行处理，最终识别出图像中的景物，甚至得到景物的统计参数和数学模型。因此，图形学和图像学是互逆的处理过程，二者是有本质区别的。

早期的图形通常是指由点、线、面等元素来表达的三维物体，现代计算机图形学则可以生成完全逼真的图像，再加上计算机图形学的设备也采用几乎与图像学相同的图像输入、输出和显示设备，导致人们把图形和图像的称谓混淆。也就是说，图的共性和图形的共性，容易引起图形和图像这两个概念的混淆，这是需要注意的，也是可以理解的。

1.3.3 计算机视觉

计算机视觉(Computer Vision)是研究计算机感受和理解自然景物的理论和技术，也可以是研究机器人感受和理解自然景物的理论和技术，所以也称为机器视觉(Machine Vision)。计算机视觉的研究和设计目的是仿照人类或动物的视觉系统，开发出能够感觉和理解自然景物的计算机和机器人视觉系统。

视觉是人类观察世界、认知世界的重要功能和手段。人类从外界获得的信息约有75%来自视觉系统，这既说明视觉信息量巨大，也表明人类对视觉信息有较高的利用率。人类视觉过程可看作是一个从感觉(感受图像——三维世界的二维平面投影)到认知(分析图像——由二维图像推断和理解三维世界的内容及相互关系)的复杂过程。视觉的目的是要对场景做出对观察者有意义的解释和描述，并可以根据周围环境的不同和观察者的意愿进行相应的反应和动作。

计算机视觉是指用计算机实现人的视觉功能，对客观世界的三维场景进行感知、识别和理解。因此，计算机视觉也研究数字图像和数字图像处理，但其研究重点在于视觉的立体成像的原理、图像处理方法及实现，或视觉动图像的成像原理、处理方法及实现。因此，计算机视觉与数字图像处理是紧密相关的学科领域，二者相互促进、相互依赖和相互补充。

1.4 数字图像处理的主要应用与发展趋势

视觉是人类观察世界、认知世界的重要功能和手段。图像无处不在，数字图像是由视觉图像、传感器图像数字化得到的，数字图像同样是人类或机器从外界获得信息的重要来源，其重要性和广泛应用是必然的。

数字图像处理，则是用数字电路或数字计算机对数字图像进行运算、处理或识别。现代社会中，数字图像和数字图像处理在各类专业研究、科技应用以及人们日常生活中，发挥出越来越大的作用，其应用前景十分广阔。

1.4.1 数字图像处理的主要应用

图像是人类感官系统的重要信息来源。随着数字电路技术、计算机技术、传感器技术的飞速发展，利用数字电路和计算机实现的数字图像处理，近几十年来不仅从理论上而且从技术上得到了全面的发展，数字图像处理已经迅速成为一门独立而具有强大生命力的学科。

1. 遥感图像应用

遥感分为航空遥感和航天遥感，航空遥感和航天遥感的主要目的是成像以及遥感图像的处理和应用。遥感技术的传感器包括了对可见光、红外、微波等不同波段的射线的成像，由于采用了不同的遥感平台、不同的波段、不同的时间对地面进行远距离观测，可以获得各种分辨率的地面遥感图像，其数据极其庞大，习惯上称为海量数据。

1972 年美国开始陆续发射地球资源卫星(Landset)，其空间分辨率为 80m 左右，目前的空间分辨率已达到 15m。其他的美国民用遥感卫星，包括 1m 分辨率的商业卫星 IKONOS 及 0.6m 分辨率全色图像和 2.4m 分辨率多光谱图像的商业卫星 QuickBird。法国则从 1986 年开始陆续发射 SPOT 卫星，目前可提供 10m 分辨率的全色图像和 20m 分辨率的多光谱图像。我国从 1985 年以来陆续研制发射了国土资源普查卫星，卫星图像数据因此得到了广泛的应用。

遥感图像可以广泛地应用在资源调查(地质构造、探矿等)、灾害监测(森林火灾、水灾等)、农林规划(农作物估产、防护林建设等)、城市规划(道路建设、桥梁建设等)、环境保护(石油或有毒物质泄漏等)、军事侦察(目标定位、核设施检测、军队部署等)等各个领域。

遥感图像的数字化处理包括许多工作，最典型的处理包括：遥感图像的几何校正与几何配准、遥感图像的辐射校正、多光谱和多传感器遥感图像的数据融合、遥感图像的地物分类和目标识别及快速算法等。其中，对遥感图像的地物分类和目标识别称为图像判读，早期的图像判读和分析工作多采用大量专业判读人员来完成，由于人的视觉系统对图像的判读存在不同程度的主观因素影响，视觉疲劳和视觉局限还经常导致漏判和错判，所以自动判读成为主要趋势。现在，拥有高档计算机的数字图像处理系统可以实现自动分类和识别，以协助判读人员完成图像判读分析，这样既节省人力，又提高速度，说明了数字图像处理技术在遥感图像应用中的重要地位。图 1-4 所示为某城市遥感图像。

图 1-4　城市遥感图像示例

2. 医学图像应用

医院里与图像相关的科室很多，如放射影像科、超声科、胃肠镜科、气管镜科、病理科等，其中所用的医学成像设备包括 X 射线、CR/DR、CT、MR(核磁共振)、剪影机、造影机、黑白/彩色 B 超、电子显微镜、胃肠镜、气管镜等。此外，PACS(图像存档与传输网络系统)更是将病人的检查图像传送到每个大夫的计算机中。所以，数字图像与数字图像处理技术，在基础医学和临床应用中都具有广泛的应用潜力，并已经开始发挥重要作用。

例如，在对生物医学显微图像的处理分析方面(血检、尿检等)，红白细胞、细菌、杂质等的分析原来都是采用显微镜目视判读，所以检验结果基本都是定性的。采用数字图像处理和分析系统以后，由计算机处理和识别软件代替人眼，不仅大大减少了目视判读工作量，检验结果也实现了定量化，精度大幅提高。

CT(Computed Tomography)的中文含义是断层摄影计算成像，其核心是对人体断层进行多角度X射线成像，然后利用这些多角度数据计算人体断层上每个点的密度值，最终得到断层图像。CT技术是数字图像处理的分支——图像重建理论和方法的重要应用。

3. 工业和实验图像应用

工业和实验领域中的图像和图像处理的应用很多，例如产品和大型部件的无损探伤、产品质量的自动检测与控制、自动化装配线和生产线、流体力学实验图像处理(喷气发动机尾焰图像分析、流场定量测量图像测速等)，以及机器人和机器车的视觉系统等。

4. 办公室自动化图像应用

数字图像与数字图像处理在办公室自动化方面的应用包括邮政编码图像识别、OCR(字符识别系统)、自动判卷系统、各类图样自动识别与录入系统等。这些应用有效地减少了人类的烦琐劳动，提高了生产率。

5. 军事公安图像应用

军事、公安方面的应用的特点是高精尖，数字图像与数字图像处理的算法和设备(尤其军用的)都是最高档的和最先进的，图像分辨率、成像速度等技术指标甚至是保密的。军事应用主要是各种侦察照片的自动识别与判读、目标的自动检测识别与跟踪技术(用于预警、导弹末制导等)。公安应用则包括指纹识别、面孔识别、视网膜识别、印章鉴定、笔迹鉴定、枪弹纹理鉴定等。其他的应用如交通监控、机动车号牌自动识别(用于自动门卫和高速路收费站)、银行和居民小区治安监控，也已经开始采用数字图像和数字图像处理的技术。

6. 文化艺术图像应用

数字图像与数字图像处理在影视制作、文化艺术方面的应用很多，典型的例子包括电视画面的数字编辑、动画片的制作、电影特技镜头制作、平面广告制作、家装方案效果图设计、服装效果图设计、发型效果图设计、文物资料照片复制和修复等。在体育运动领域，数字图像处理与识别可用来进行运动员动作自动分析评价和比赛自动记分等。

7. 图像数据传输应用

图像数据传输的关键之一是压缩数据量。图像的数据量和传输量十分巨大，如当前彩色电视信号的传输速率应达到100Mbit/s以上。图像的压缩编码是图像数据传输技术的关键。JPEG和MPEG是常见的国际静止图像压缩标准和国际动态图像压缩标准，已经广泛地应用在图像的存储、刻盘、互联网传输，以及卫星传输、无线传输等场合，而压缩标准的基础就是数字图像处理学的图像编码理论，也是图像处理的重要应用之一。

图1-5为各种应用图像示例。

1.4.2 数字图像处理的发展趋势

1. 从低分辨率向高分辨率发展

随着图像传感器分辨率和计算机运算速度的不断提高，图像存储器内存、计算机内存及外部设备存储容量的不断增大，数字图像由低分辨率向高分辨率不断发展，数字图像处理的运算量也越来越大，对处理和显示设备的要求也越来越高。

例如，数字照相机的分辨率由最早的640×480像素(30万像素,20世纪90年代初)发展到现在的2000万~3000万像素，已经完全达到普通135胶片相机的出图质量，成为家用相

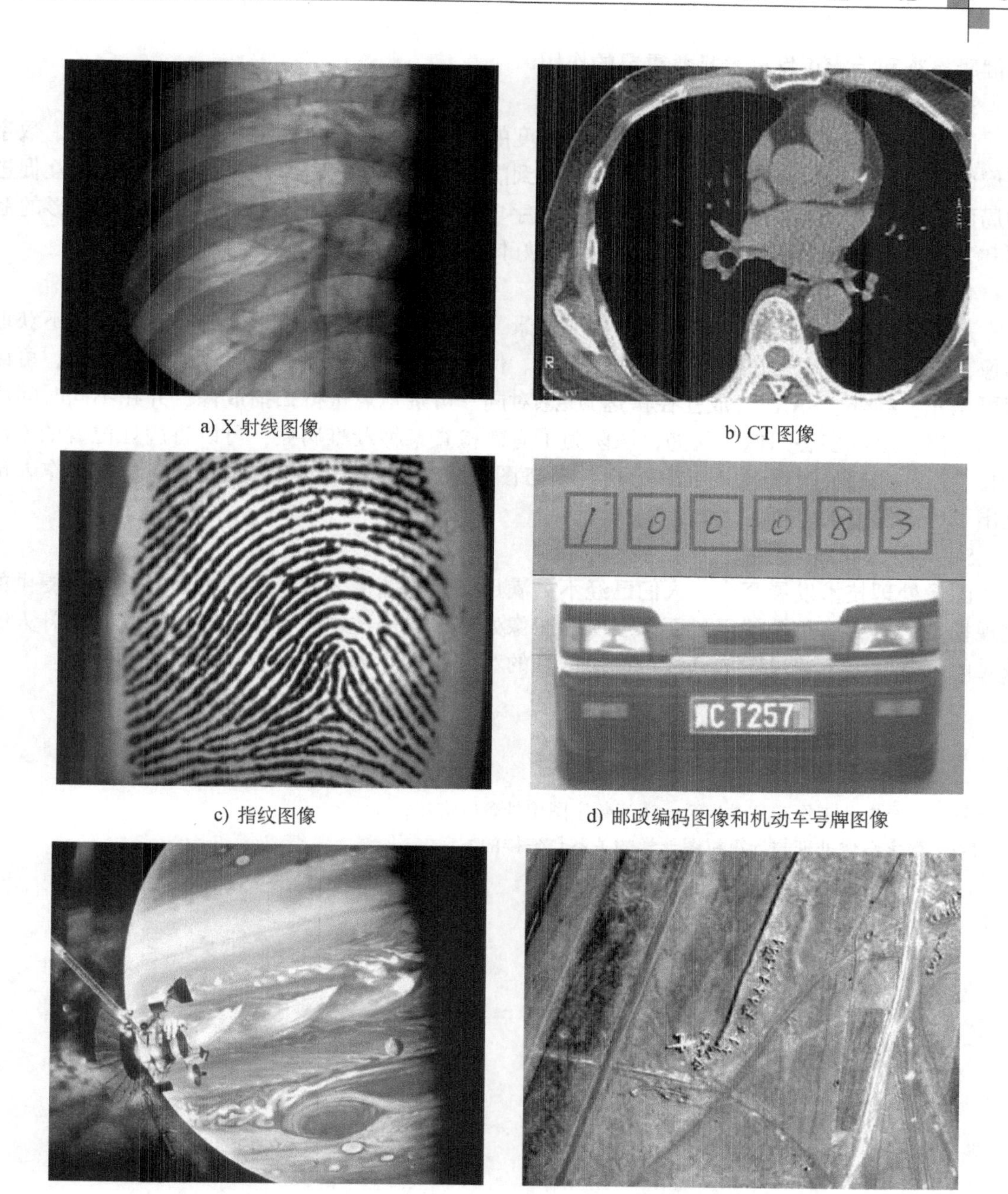

a) X射线图像 b) CT图像

c) 指纹图像 d) 邮政编码图像和机动车号牌图像

e) 天体探测图像 f) 目标侦察图像

图1-5 各种应用图像示例

机的首选。

2. 从二维(2D)向三维(3D)发展

三维图像获取及处理技术主要通过全息摄影实现，或通过断层扫描与图像重建实现。随着图像技术和计算机技术的发展，三维图像不再只是科幻电影中的某个镜头，而已经在军事上得到广泛应用，并已逐步进入人们的日常生活。例如现代医院的CT、MR等设备都是三维成像与重建设备，高档的超声设备也出现了三维成像与重建功能，这些设备对于人们的身体健康检查和治疗正发挥着日益重要的作用。

3. 从静止图像向动态图像发展

同样随着传感器分辨率和计算机运算速度的提高，计算机内存及外存容量的增大，数字图像由静止图像和静止图像处理为主，发展到静止图像和动态图像并存并相互补充相互促进的局面，例如 VCD、DVD、数字摄像机、数字电视和 MP4 等影视设备，以及数字电影的制作和发行，都是动态图像技术推广应用的最好体现。

4. 从单态图像向多态图像发展

多态图像是指对于同一目标、景物或场景，采用不同的图像传感器或在不同条件下获取图像，然后对这些图像进行综合处理和应用。例如，军事上为了满足目标侦察的需要，可以用可见光、红外、SAR(合成孔径雷达)遥感对同一可疑地点进行扫描成像，并在不同时间段跟踪扫描，形成多态图像。又如，医院为了有效检查某种疑难病症，可以将病灶位置的 CT、MR、超声的图像进行综合对比和分析。多态图像对成像设备、计算机软硬件以及操作人员提出了更高的要求。

5. 从图像处理向图像理解发展

图像处理技术发展至今，人们已经不再满足于通过图像分割、图像增强等技术所提供的直观视觉信息，而是希望通过更深层次的图像处理、应用技术去替代人眼的功能，弥补人眼视觉的某些缺陷，通过图像算法对深层信息的利用，达到理解图像、分析图像的目的。

习　　题

1-1　结合专业工作和日常生活，谈谈数字图像处理的应用。

1-2　数字图像处理与计算机图形学的关系是怎样的？

第2章 图像处理基础知识

本章简要介绍了数字图像的相关概念和数字图像处理的相关基础知识，是后续各章内容介绍的基础，其主要内容包括：数字成像与图像数字化；图像数据结构和彩色图像原理；图像文件存储格式等。

2.1 图像数字化

2.1.1 图像传感器与数字成像

数字图像是由模拟图像数字化得到的，完成数字化操作的装置就是图像传感器及其计算机接口，习惯上称为数字成像系统。例如，最常见的可见光图像传感器和成像系统有数字照相机、数字摄像机和扫描仪等，这些设备可以分别用于现场景物的数字化成像和纸介质图片的数字化成像，这些设备中核心的图像传感器器件通常采用 CCD(电荷偶合器件)阵列或 CCD 线阵。

图像传感器及成像系统分为主动和被动两种。主动传感器带有主动照射源，照射源将光线或其他射线(如 X 射线)投射到景物上，经过景物表面的反射吸收或景物内部的吸收衰减，传感器接收景物表面的反射射线能量或透射射线能量，并对其进行数字化成像。被动传感器则利用自然光照明或景物主动发出的辐射(如红外辐射)，接收到景物的漫反射射线能量或主动辐射射线能量，并对其进行数字化成像。

民用数字成像系统常见的成像形式包括：可见光成像、X 射线成像、CT 成像、MR 核磁共振成像、超声成像、红外成像、全息成像等。军用数字成像系统常见的成像形式包括：可见光成像、红外成像、SAR(合成孔径雷达)成像、全息成像等。

1. CCD 传感器

CCD 的中文含义是电荷耦合器件(Charged Coupled Device)，CCD 传感器可以用来感应可见光的光强。数字照相机中所用的 CCD 是一个 CCD 二维阵列，外形和大小与计算机的数字电路芯片相像，CCD 阵列就安排在芯片表面。CCD 在数字照相机中的位置就设置在传统相机的底片位置，其作用就像传统相机的底片一样，在镜头的焦点位置感应光线的强弱。可以将 CCD 想象成一颗颗微小的感应粒子，铺满在光学镜头后方，当光线从镜头透过，投射到 CCD 表面时，每个 CCD 感应粒子就会产生相应强度的电荷和电流，后续电路将感应到的电信号转换成数字信号并储存起来。通常，CCD 阵列的像素数目越多，收集到的图像就会越清晰，图像分辨率就越高。

以二维阵列形式排列的 CCD 芯片，最高可以封装 4000×4000 或更多 CCD 单元的固定阵列，目前是 CCD 的主要应用形式。CCD 阵列的一个最典型的应用是数字照相机，俗称 DC(Digital Camera)，其核心是一个高分辨率的 CCD 阵列，用于采集静止图像(即数码照片)；另一个典型的应用是数字摄像机，俗称 DV(Digital Video Camera)，其核心是一个高速的 CCD 阵列，用于采集视频图像(即数码电影)。另外，输出模拟电视信号的视频摄像头也广泛采用 CCD 阵列作为前端的传感器。

扫描仪中使用的 CCD 一般是线阵排列，CCD 线阵每次可以扫一行，而扫描仪的机械传动装置控制 CCD 线阵与被扫描的模拟图像介质之间的相对运动，实现全图的扫描，如图 2-1 所示。

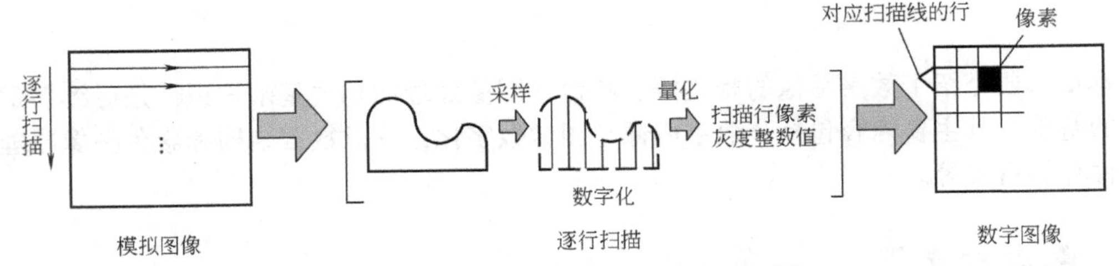

图 2-1 扫描仪的图像数字化过程原理图

2. CMOS 传感器

CMOS 的中文含义是互补性金属氧化物半导体(Complementary Metal-Oxide Semiconductor)，CMOS 在微处理器、闪存和特定用途集成电路(ASIC)的半导体技术上占有绝对重要的地位。CMOS 和 CCD 一样都是可用来感受光线变化的半导体，CMOS 主要是利用硅和锗这两种元素做成的半导体，通过 CMOS 上带负电和带正电的晶体管来实现感受光线变化的功能，这两个互补效应晶体管所产生的电流可以被处理芯片记录和解读成图像数据。CMOS 传感器用来感应可见光的光强时，通常也封装成阵列形式，用法与 CCD 阵列基本相同。

CMOS 的结构相对简单，生产工艺与现有的大规模集成电路生产工艺相同，因此生产成本低。从原理上讲，CMOS 的信号是以点为单位的电荷信号，而 CCD 是以行为单位的电流信号，前者更为敏感，速度也更快，更为省电。

目前 CMOS 技术发展还不成熟，普通 CMOS 传感器因其噪声较大而被应用在低端的、廉价的成像设备中，如网络电话摄像头、监控用无线摄像头等。因为早期设计的 CMOS 在处理快速变化的图像时，由于电流变化过于频繁而会产生过热的现象，导致这些廉价低档的 CMOS 传感器容易出现噪点，成像质量比较差。然而，目前高端的 CMOS 已经推出，其成像质量并不比一般 CCD 差，在专业级单片数字照相机领域，CMOS 传感器因其更高的成像质量而被广泛采用。

2.1.2 数字化原理

1. 数学模型

模拟图像的数学模型是一个二元函数 $f(x,y)$，该函数反映了图像上点坐标 (x,y) 与该点上的光线能量值之间的对应关系，注意此时的坐标值和函数值都是连续的，是实数值。

显然，由于 $f(x,y)$ 的函数值是能量的记录，是非负有界的实数，满足下面式(2-1)。同时，一幅实际图像的尺寸是有限的，一般定义 $f(x,y)$ 在某一矩形域中

$$0 \leqslant f(x,y) \leqslant A \tag{2-1}$$

从广义上说，图像是自然界景物的客观反映。以照片形式或初级记录介质保存的图像是连续的，计算机无法接收和处理这种空间连续分布和亮度取值连续分布的图像。因此若要用计算机来处理图像信息，就需要将一幅模拟图像 $f(x,y)$ 进行数字化，所以，图像数字化就是将连续图像离散化。

模拟图像数字化后得到数字图像。数字图像的数学模型仍然可以用二元函数$f(x,y)$来表示，但是注意此时的坐标值和函数值都是离散的，是整数值。对于灰度图像来说，数字图像$f(x,y)$的函数值表示图像上点坐标(x,y)的亮度值，称为灰度值。

2. 采样和量化

数字化的过程主要包括两个方面：采样和量化。

采样就是把位置空间上连续的模拟图像变换成离散点的集合的一种操作，即对图像$f(x,y)$的空间位置坐标(x,y)离散化以获取离散点的函数值的过程称为图像的采样，各离散点称为采样点，采样点对应模拟图像数字化得到的数字图像像素的行和列。

量化就是把图像各个采样点上连续的亮度空间变换成离散值或整数值的一种操作，这种对采样点上图像的亮度幅值f进行离散化的过程称为图像量化。量化得到的整数值就是像素的灰度值，量化所允许的整数值总阶称为灰度级或灰度级数。

模拟图像的数字化经历采样和量化两个过程，把数字化过程分解为两个过程，更多的是具有理论的意义。事实上，采样和量化这两个过程是紧密相关和不可分割的，而且是同时完成的，在很多成像系统中，可以观察到原始的模拟图像和数字化后的数字图像，却很难分别观察到单独的采样和量化的工作过程。

数字图像的分辨率是图像数字化精度的衡量指标之一。图像的空间分辨率是在图像采样过程中选择和产生的，图像的亮度分辨率是在图像量化过程中选择和产生的。空间分辨率用来衡量数字图像对模拟图像空间坐标数字化的精度，亮度分辨率是指对应同一模拟图像的亮度分布进行量化操作所采用的不同量化级数，也就是说可以用不同的灰度级数来表示同一图像的亮度分布。

3. 采样定理

理论上，图像分辨率的选择由数字信号处理学的采样定理(奈奎斯特定理)来规定。

设对模拟图像$f(x,y)$按等间距网格均匀采样，x、y方向上的采样间隔分别为Δx、Δy。定义采样函数，采样后的图像$f_s(x,y)$应等于原模拟图像$f(x,y)$与采样函数(见图2-2)的乘积

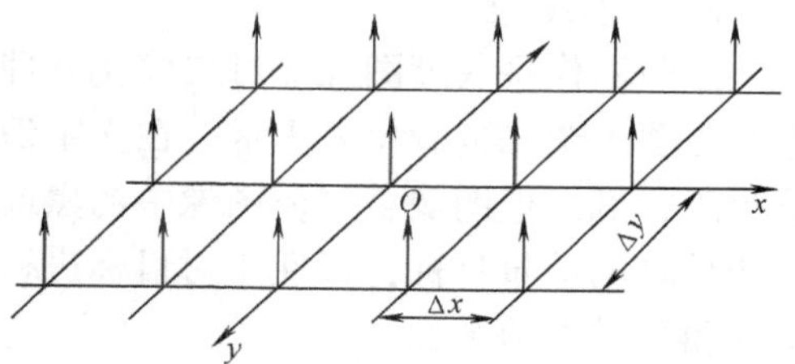

图2-2　采样函数

$$s(x,y)=\sum_{m=-\infty}^{+\infty}\sum_{n=-\infty}^{+\infty}\delta(x-m\Delta x,y-n\Delta y) \tag{2-2}$$

$$f_s(x,y)=f(x,y)s(x,y) \tag{2-3}$$

设$f(x,y)$的傅里叶变换为$F(u,v)$，其中(u,v)是傅里叶变换域即图像频率域上的坐标。若u_c和v_c分别是模拟图像$f(x,y)$对应的$F(u,v)$函数的最大空间频率，则只要采样间隔满足条件$\Delta x\leqslant\frac{1}{2u_c}$和$\Delta y\leqslant\frac{1}{2v_c}$，此时模拟图像$f(x,y)$的采样结果$f_s(x,y)$可以精确地、无失真地重建原图像$f(x,y)$。

在图像空间频率最大值确定的情况下，采样定理规定了完全重建该图像的最大采样间隔，也就是说，实际采样时至少应保证采样间隔不大于采样定理规定的采样间隔。反过来说，当实际采样时的采样间隔确定以后，采样定理则规定了图像中具有哪些空间频率的图像信号是可以完全重建的，即采样后的图像将达到何种程度的空间分辨率。

一般来说，采样间隔越小，图像空间分辨率越高，图像的细节质量越好，但需要的成像

设备、传输信道和存储容量的开销也越大。所以，工程上需要根据不同的应用，折中选择合理的图像数字化采样间隔，既保证应用所需要的足够高的分辨率，又保证各种开销不超出可以接受的范围。

2.2 图像数据结构

2.2.1 图像模式

1. 灰度图像

灰度图像是数字图像最基本的形式，灰度图像可以由黑白照片数字化得到，或对彩色图像进行去色处理得到。灰度图像只表达图像的亮度信息而没有颜色信息，因此，灰度图像的每个像素点上只包含一个量化的灰度级(即灰度值)，用来表示该点的亮度水平，并且通常用1个字节(8个二进制位)来存储灰度值。典型的灰度图像如图2-3所示。

如果灰度值用1个字节表示，则可以表示的正整数范围是0～255，也就是说，像素灰度值取值在0～255之间，灰度级数为256级。注意到人眼对灰度的分辨能力通常在20～60级，因此，灰度值以字节为单位存储既保证了人眼的分辨能力，又符合计算机数据寻址的习惯。在特殊应用中，可能需要采用更高的灰度级数，如CT图像的灰度级数高达数千级，需要采用12位或16位二进制位存储数据，但这类图像通常都采用专用的显示设备和软件来进行显示和处理。

2. 二值图像

二值图像是灰度图像经过二值化处理后的结果，二值图像只有两个灰度级0和1，理论上只需要1个二进制位来表示。在文字识别、图样识别等应用中，灰度图像一般要经过二值化处理得到二值图像，二值图像中的黑或白分别用来表示不需要进一步处理的背景和需要进一步处理的前景目标，以便于对目标进行识别。图2-4所示为图2-3灰度图像经过二值化处理后得到的二值图像。

图2-3 灰度图像

图2-4 二值图像

3. 彩色图像

彩色图像的数据不仅包含亮度信息，还包含有颜色信息。颜色的表示方法是多样化的，最常见的是三基色模型，如RGB(Red/Green/Blue，红绿蓝)三基色模型，通过调整RGB三基色的比例可以合成很多种颜色。因此，RGB 模型在各种彩色成像设备和彩色显示设备中使用，常规的彩色图像也都是用 RGB 三基色来表示的，每个像素包括红绿蓝三种颜色的数据，每个数据用 1 个字节(8 位二进制位)表示，则每个像素的数据为 3 个字节(即 24 位二进制位)，这就是人们常说的 24 位真彩色。

2.2.2 彩色空间

彩色空间是用来表示像素颜色的数学模型，又被称为彩色模型。

1. RGB 彩色空间

几乎所有的彩色成像设备和彩色显示设备都采用 RGB 三基色，不仅如此，数字图像文件常用的存储形式也以 RGB 三基色为主，由 RGB 三基色为坐标形成的空间称为 RGB 彩色空间。

根据色度学原理，自然界的各种颜色光都可由红、绿、蓝三种颜色的光按不同比例混合而成，同样，自然界的各种颜色光都可分解成不同比例的红、绿、蓝三种颜色光，因此将红、绿、蓝三种颜色称为三基色。

图 2-5 所示是 RGB 三基色合成其他颜色的典型例子、RGB 彩色空间以及基色间的关系。由图 2-5a 可以看出，青色可以由绿色和蓝色合成，洋红(或品红)可以由红色和蓝色合成，黄色可以由红色和绿色合成，而青色、洋红和黄色恰好是 CMY(Cyan/Magenta/Yellow)三基色。当 RGB 三基色以等比例或等量进行混合时，可以得到黑、灰或白色，而采用不同比例进行混合时，就得到千变万化的颜色。

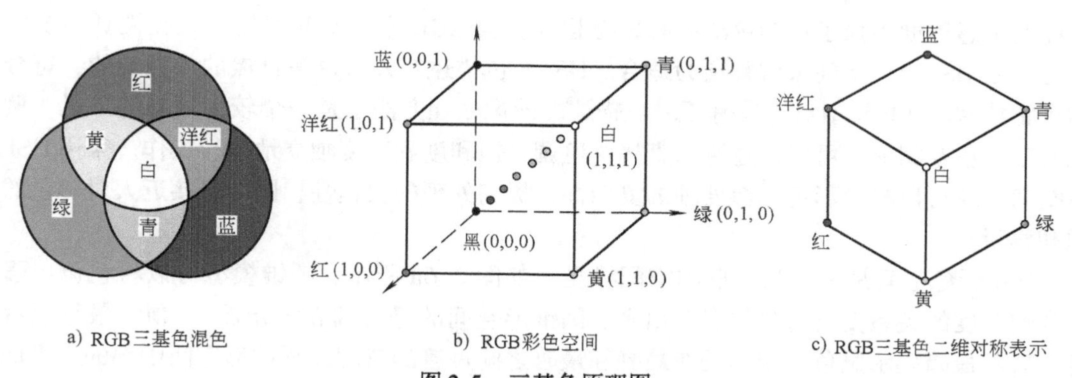

a) RGB三基色混色　　b) RGB彩色空间　　c) RGB三基色二维对称表示

图 2-5 三基色原理图

在 RGB 彩色空间中，任意彩色光 L 的配色方程为

$$L=r[R]+g[G]+b[B] \tag{2-4}$$

式中，$r[R]$、$g[G]$、$b[B]$为彩色光 L 的三基色分量或百分比。

2. CMY 彩色空间

自然界物体按颜色光的形成方式划分为两类：发光物体和不发光物体。发光物体称为有源物体，不发光物体称为无源物体。有源物体是自身发出光波的物体，其颜色由物体发出的光波决定，因此采用 RGB 三基色相加模型和 RGB 彩色空间描述。有源物体的例子有彩色电视、彩色显示器等。

无源物体是不发出光波的物体，其颜色由该物体吸收或反射哪些光波来决定，因此采用 CMY 三基色相减模型和 CMY 彩色空间描述。例如，在彩色印刷和彩色打印时，纸张不能发射光线而只能反射光线，因此，彩色印刷机和彩色打印机只能通过一些能够吸收特定光波和反射其他光波的油墨和颜料以及它们的不同比例的混合来印出千变万化的颜色。

油墨和颜料的三基色是 CMY(Cyan/Magenta/Yellow,青/洋红/黄)而不是 RGB，CMY 三基色的特点是油墨和颜料用得越多，颜色越暗(或越黑)，所以将 CMY 称为三减色，而 RGB 被称为三加色。理论上讲，等量的 CMY 可以合成黑色，但实际上纯黑色是很难合成出来的，所以彩色印刷机和彩色打印机要提供专门的黑色油墨，被人们称为四色印刷，四色印刷的彩色模型为 CMYK 模型。

3. HSI 彩色空间

另一种常见的彩色模型是 HSI(Hue/Saturation/Intensity,色调/饱和度/强度)模型，这种采用色调和饱和度来描述颜色的模型，是从人类的色视觉机理出发而提出的。

色调表示颜色，颜色与彩色光的波长有关，将颜色按红橙黄绿青蓝紫的顺序排列定义色调值，并且用角度值(0°~360°)来表示。例如红、黄、绿、青、蓝、洋红的角度值分别为 0°、60°、120°、180°、240°和 300°。

饱和度表示色的纯度，也就是彩色光中掺杂白光的程度。白光越多饱和度越低，白光越少饱和度越高且颜色越纯。饱和度的取值采用百分数(0%~100%)，0%表示灰色光或白光，100%表示纯色光。

强度表示人眼感受到彩色光的颜色的强弱程度，它与彩色光的能量大小(或彩色光的亮度)有关，因此有时也用亮度(Brightness)来表示。

通常把色调和饱和度统称为色度，用来表示颜色的类别与深浅程度。人类的视觉系统对亮度的敏感程度远强于对颜色浓淡的敏感程度，与 RGB 彩色空间相比，人类视觉系统的这种特性用 HSI 彩色空间来解释更为适合。HSI 彩色描述对人来说是自然的、直观的，符合人的视觉特性。HSI 模型对开发基于彩色描述的图像处理方法也是一个较为理想的工具，例如在 HSI 彩色空间中，可以通过算法直接对色调、饱和度和亮度独立地进行操作。采用 HSI 彩色空间有时可以减少彩色图像处理的复杂性，提高处理的快速性，同时更接近人对彩色的认识和解释。

HSI 彩色空间是一个圆锥形的空间模型，如图 2-6a 所示。圆锥模型可以将色调、强度以及饱和度的关系变化清楚地表现出来。圆锥形空间的竖直轴表示光强 I，顶部最亮表示白色，底部最暗表示黑色，中间是在最亮和最暗之间过渡的灰度。圆锥形空间中部的水平面圆周是表示色调 H 的角度坐标，如图 2-6b 所示。

在处理彩色图像时，为了处理的方便，经常要把 RGB 三基色表示的图像数据转换成 HSI 数据。RGB 彩色空间转换到 HSI 彩色空间的转换公式为

$$I=\frac{R+G+B}{3} \tag{2-5}$$

$$H=\begin{cases}\theta & B\leqslant G\\ 360°-\theta & B>G\end{cases} \tag{2-6}$$

式中，$\theta=\arccos\left\{\dfrac{\frac{1}{2}[(R-G)+(R-B)]}{[(R-G)^2+(R-G)(R-B)]^{1/2}}\right\}$。

$$S=1-\left[\frac{\min(R,G,B)}{I}\right] \tag{2-7}$$

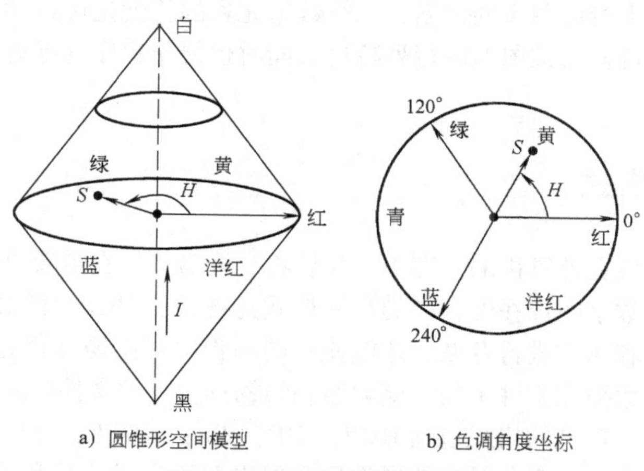

图2-6　HSI彩色空间示意图

2.2.3　图像存储的数据结构

数字图像可以用矩阵来表示，因此可以采用矩阵理论和矩阵算法对数字图像进行分析和处理。最典型的例子是灰度图像，如图2-7所示。灰度图像的像素数据就是一个矩阵，矩阵的行对应图像的高(单位为像素)，矩阵的列对应图像的宽(单位为像素)，矩阵的元素对应图像的像素，矩阵元素的值就是像素的灰度值。注意：按照C语言的习惯图像矩阵的左上角坐标取(0,0)。

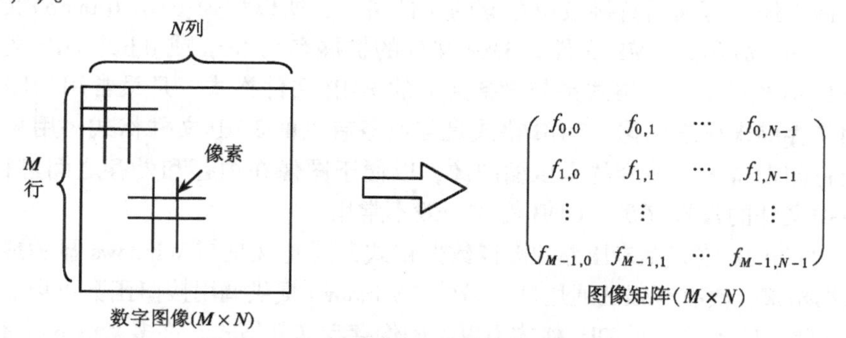

图2-7　数字图像与图像矩阵

由于数字图像可以表示为矩阵的形式，所以在计算机数字图像处理程序中，通常用二维数组来存放图像数据，如图2-8所示。二维数组的行对应图像的高，二维数组的列对应图像

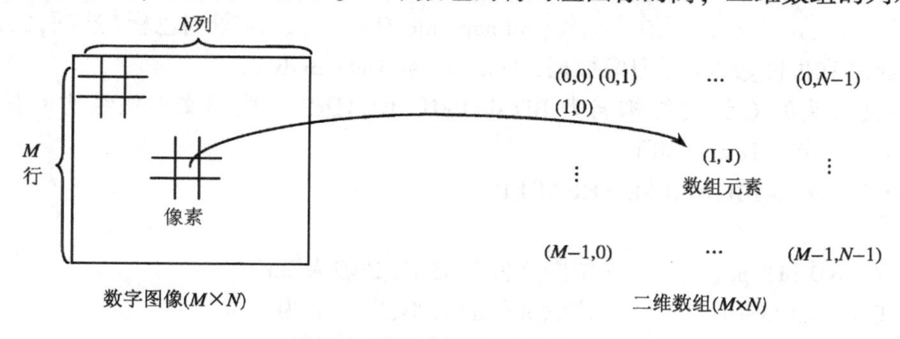

图2-8　数字图像与二维数组

的宽，二维数组的元素对应图像的像素，二维数组元素的值就是像素的灰度值。采用二维数组来存储数字图像，符合二维图像的行列特性，同时也便于程序的寻址操作，使得计算机图像编程十分方便。

2.3 图像文件格式

数字图像通常存放在计算机的外存中，如硬盘、光盘等，在需要进行显示和处理时才被调入内存的数组中。数字图像在外存中的存储形式是图像文件，图像必须按照某个已知的、公认的数据存储顺序和结构进行存储，才能使不同的程序对图像文件进行打开或存盘操作，实现数据共享。图像数据在文件中的存储顺序和结构称为图像文件格式。目前广为使用的图像文件格式有许多种，常见的格式包括 BMP、GIF、JPEG、TIFF、PSD、DICOM、MPEG 等。在各种图像文件格式中，一部分是由软硬件厂商提出并被广泛接受和采用的格式，如 BMP、GIF 和 PSD；另一部分是由一些国际标准组织提出的格式，如 JPEG、TIFF、DICOM 和 MPEG。其中 JPEG 是国际静止图像压缩标准组织提出的格式，TIFF 是由部分厂商组织提出的格式，DICOM 是医学图像国际标准组织提出的医学图像专用格式，而 MPEG 是国际动态图像压缩标准组织提出的动态图像压缩格式。

2.3.1 BMP 文件格式

BMP 文件格式是 Windows 操作系统推荐和支持的图像文件格式，是一种将内存或显示器的图像数据不经过压缩而直接按位存储的文件格式，所以称为位图(Bitmap)文件，因其文件扩展名为 bmp，故称为 BMP 文件。BMP 文件的扩展名为 bmp 或 dib，BMP 文件主要分为 DIB 格式和 DDB 格式。DIB 格式是与设备无关的 BMP 文件格式，是最常用的图像文件格式之一，可用来存储未压缩图像；DDB 格式是与设备有关的 BMP 文件格式，用来存储与某个显示设备或打印设备内存兼容的未压缩图像，以便于图像在内存和外存之间进行快速交换。对于图像数据文件的常规存盘，DDB 格式一般不常用。

BMP 文件的 DIB 格式是未压缩的图像数据格式，同时又是与 Windows 显示或打印设备无关的图像数据格式，具有很强的通用性。另外，Windows 提供调用接口函数可以直接显示内存 DIB 图像，因此，BMP 文件的 DIB 格式不仅是图像存盘文件格式，许多 Windows 图像处理程序也选用它作为内存图像数据的格式。也就是说，图像处理程序的内存图像也可能不是一个简单的二维数组，而是一个以 DIB 格式申请的数据空间，这说明 DIB 格式具有重要意义。

DIB 格式的 BMP 文件结构图如图 2-9 所示，DIB 格式将图像文件分成 4 部分：位图文件头(Bitmap File Header)、位图信息头(Bitmap Info Header)、位图调色板(选项,Color Map 或 Color Palette)和位图数据(即图像数据,Data Bits 或 Data Body)。

位图文件头的 C 语言结构名为 BITMAPFILEHEADER，位图文件头结构的长度是固定的，为 14 个字节，其定义如下：

```
typedef struct tagBITMAPFILEHEADER
{
    WORD bfType;          //位图文件的类型,必须为 BM
    DWORD bfSize;         //位图文件的大小,以字节为单位
    WORD bfReserved1;     //位图文件保留字,必须为 0
```

```
    WORD bfReserved2;    //位图文件保留字,必须为0
    DWORD bfOffBits;     //位图数据的起始位置,以相对于位图文件头的偏移量
                         //表示,以字节为单位
} BITMAPFILEHEADER,FAR * LPBITMAPFILEHEADER,* PBITMAPFILEHEADER;
```

```
HEADER
BITMAPFILEHEADER
  0    bftype;             文件类型, 一般以"BM"标识
  2    bfsize;             实际图像数据长度
  6    reserved1
  8    reserved2;
  10   offset;             图像数据的起始位置
BITMAPINFOHEADER
  14   bisize;             本结构长度, 为40
  18   biwidth;            图像宽度
  22   biheight;           图像高度
  26   biplanes;           分量数
  28   bibitcount;         每像素所占位数
  30   bicompression;
  34   bisizeimage;
  40   bixpelspermeter;    分辨率
  44   biypelspermeter;
  48   biclrused;          调色板中用到的颜色数
  52   biclrimportant;

COLORMAP(如果图像为真彩色,则没有调色板)
     RGBOUAD(color entrys;[R,G,B,res])

BODY
     Image data
```

图 2-9 BMP 文件结构图

位图文件头结构的各个域详细说明如下:

- bfType: 指定文件类型, 必须是0x424D, 即字符串 "BM", 也就是说所有的 "*.bmp" 文件的头两个字节都是 "BM"。
- bfSize: 指定文件大小, 包括这 14 个字节。
- bfReserved1, bfReserved2: Windows 保留字, 暂不用。
- bfOffBits: 从文件头到实际的位图数据的领衔字节, 图 2-9 中前三个部分的长度之和。

位图信息头的结构名为 BITMAPINFOHEADER, 它也是一个 C 语言结构, 该结构的长度也是固定的, 为 40 个字节(WORD 为无符号 16 位整数,DWORD 为无符号 32 位整数,LONG 为 32 位整数)。其定义如下:

```
typedef struct tagBITMAPINFOHEADER
{
    DWORD biSize;           //本结构所占用字节数
    LONG biWidth;           //位图的宽度,以像素为单位
    LONG biHeight;          //位图的高度,以像素为单位
    WORD biPlanes;          //目标设备的级别,必须为1
    WORD biBitCount         //每个像素所需的位数,必须是1(双色)、4(16色)、
                            //8(256色)或24(真彩色)之一
    DWORD biCompression;    //位图压缩类型,必须是0(不压缩)、1(BI_RLE8
```

```
                                //压缩类型)或2(BI_RLE4压缩类型)之一
    DWORD biSizeImage;          //位图的大小,以字节为单位
    LONG biXPelsPerMeter;       //位图水平分辨率,每米像素数
    LONG biYPelsPerMeter;       //位图垂直分辨率,每米像素数
    DWORD biClrUsed;            //位图实际使用的颜色表中的颜色数
    DWORD biClrImportant;       //位图显示过程中重要的颜色数
}BITMAPINFOHEADER,FAR *LPBITMAPINFOHEADER,*PBITMAPINFOHEADER;
```

位图信息头结构各个域的详细说明如下：

- biSize：指定这个结构的长度，为40个字节。
- biWidth：指定图像的宽度，单位是像素。
- biHeight：指定图像的高度，单位是像素。
- biPlanes：必须是1。
- biBitCount：指定表示颜色时要用到的位数，常用的值为1(黑白图像)、4(16色)、8(256色)、24(真彩色)，新的BMP格式支持32位。
- biCompression：指定位图是否压缩，有效的值为BI_RGB(未经压缩)，BI_RLE8，BI_RLE4，BI_BITFILEDS(均为Windows定义常量)。这里只讨论未经压缩的情况，即biCompression = BI_RGB。
- biSizeImage：指定实际的位图数据占用的字节数，biSizeImage = biWidth * biHeight。需要注意的是上述公式中的biWidth必须是大于或等于biWidth的4的整数倍的数中最小的一个数(不一定等于biWidth)。如果biCompression为BI_RGB，该项可以为0。
- biXPelsPerMeter：指定目标设备的水平分辨率，单位是像素/米。
- biYPelsPerMeter：指定目标设备的垂直分辨率，单位是像素/米。
- biClrUsed：指定实际用到的颜色数，如果该值为零，则用到的颜色数为2的biBitCount次幂。
- biClrImportant：指定本图像中重要的颜色数，如果该值为零，则认为所有的颜色都是重要的。

第三部分为调色板(Palette)。有些位图(如16色、256色彩色图)需要调色板，有些位图(如真彩色图)则不需要调色板，真彩色图的BITMAPINFOHEADER后面直接就是位图数据。注意：DIB不支持灰度图，但可以用256色的彩色位图形式存储灰度图，只要将其调色板定义为256级灰度(令RGB值相等)即可。

调色板实际上是一个数组，数组元素个数由biClrUsed指定(如果该值为零,则由biBitCount指定,即2的biBitCount次幂个元素)。数组中的每个元素的类型是一个RGBQUAD结构，占4个字节，其定义如下：

```
typedef struct tagRGBQUAD
{
    BYTE rgbBlue;
    BYTE rgbGreen;
    BYTE rgbRed;
    BYTE rgbReserved;
}RGBQUAD;
```

RGBQUAD 结构的各个域的详细说明如下：

- rgbBlue：该颜色的蓝色分量。
- rgbGreen：该颜色的绿色分量。
- rgb Red：该颜色的红色分量。
- rgbReserved：保留字节，暂不用。

位图文件头描述了位图文件的文件信息，而位图信息头和颜色表描述了位图图像的信息，位图信息头和颜色表合在一起也被定义了一个 C 语言结构，即 BITMAPINFO 结构。BITMAPINFO 结构定义如下：

```
typedef struct tagBITMAPINFO
{
    BITMAPINFOHEADER bmiHeader;        //位图信息头
    RGBQUAD bmiColors[1];              //位图颜色表第一个颜色
}BITMAPINFO;
```

紧跟在位图文件头、位图信息头和颜色表之后的，就是位图数据(即图像数据)了。对于用到调色板的位图，图像数据就是该像素颜色在调色板中的索引值；对于真彩色图，图像数据就是实际的 R、G、B 值，而存储顺序是 B、G、R。以下分别就 2 色、16 色、256 色和真彩色位图的位图数据进行说明：

- 对于 2 色位图，用 1 位就可以表示该像素的颜色(一般 0 表示黑,1 表示白)，所以 1 个字节可能存储 8 个像素的颜色值。
- 对于 16 色位图，用 4 位可以表示一个像素的颜色。所以 1 个字节可以存储 2 个像素的颜色值。
- 对于 256 色位图，1 个字节刚好存储 1 个像素的颜色值。
- 对于真彩色位图，3 个字节才能表示 1 个像素的颜色值。

需要注意两点：

1）Windows 规定一个扫描行所占的字节数必须是 4 的倍数(即以 long 为单位)，不足的以 0 填充，一个扫描行所占的字节数的 C 语言计算方法如下：

```
DataSizePerLine = (biWidth * biBitCount + 31)/8;    //计算一个扫描行所占的字节数
DataSizePerLine = DataSizePerLine/4 *4;             //字节数必须是 4 的倍数
```

位图数据的大小(不压缩情况下)计算如下：

```
DataSize = DataSizePerLine * biHeight;
```

2）一般来说，BMP 文件的数据是从下到上、从左到右的，也就是说，图像坐标零点在左下角。从 BMP 文件的位图数据中最先读到的是图像最下面一行的左边第一个像素，然后是左边第二个像素……接下来是倒数第二行的左边第一个像素，左边第二个像素……依次类推，最后得到的是最上面一行最右边的一个像素。

2.3.2　GIF 文件格式

GIF(Graphics Interchange Format)文件格式是由 CompuServe 公司设计和开发的文件存储格式，用于存储图形，也可以用来存储 256 色图像。GIF 文件的扩展名为 gif。早期的 GIF 文件被用来存储单帧 256 色图像，新版 GIF 文件格式(GIF89a 格式)则支持多帧图像和透明背景。由于 GIF 格式支持的颜色数少并采用无损压缩而使文件数据量减少，同时还支持多帧图像存储，因此GIF格式在国际互联网上得到了广泛的应用，被用来存储多帧小图像并连续显示形成动画效果，在网页中绝大多数闪烁显示的动画都是GIF格式的图像。

GIF图像文件以数据块(Block)为单位来存储图像的相关信息。一个GIF文件由表示图形/图像的数据块、数据子块以及显示该图形/图像的控制信息块组成，称为GIF数据流(Data Stream)。GIF文件格式采用LZW无损压缩算法来存储图像数据，并且允许用户为图像设置背景的透明属性。GIF文件格式允许在一个GIF文件中存放多幅彩色图形/图像，使它们可以像播放幻灯片那样连续显示，产生动画效果。

2.3.3 TIFF文件格式

TIFF(Tagged Image File Format)文件格式是相对经典的、功能很强的图像文件存储格式，由部分与图像相关的厂商(Aldus、Microsoft公司等)为桌面印刷出版系统研制开发的。TIFF文件的扩展名为tif或tiff。TIFF格式包括了一些常见的图像压缩算法，如RLE无损压缩算法和LZW无损压缩算法等。在国际压缩标准的JPEG图像文件格式出现之前，TIFF格式几乎是最常见的图像存储格式。

正如TIFF文件名称Tagged Image File Format所描述的，TIFF文件格式的关键是标签(Tag)，TIFF中的所有数据都由一个标签来引导，也就是说所有数据都打上标签(Tagged)，标签值表示所引导的数据的含义和数据类型。例如图像的大小、图像的扫描参数、图像的作者、图像的说明以及图像数据本身都用不同的标签引导。

TIFF文件格式的结构大体上由文件头、图像文件目录、目录表项和图像数据等组成，TIFF文件可以支持多种压缩方法。定义标签可使数据不必严格按照某个固定的顺序存放，也就是说，除了文件的大结构以外，TIFF不需要约定具体数据的存放顺序。因为每个数据都有标签，由标签来引导，程序读写数据时只要先解释标签，就知道后续的数据是哪一个数据，以及数据的长度。TIFF规定了一个公共标签集合，所有的图像处理程序在读写TIFF时都必须以公共标签集合为准来读写数据。TIFF还允许用户自定义私有标签，私有标签引导用户的自定义数据，即在TIFF文件中存放不需要其他图像处理程序读写的数据。由于采用标签，使TIFF文件格式的灵活性大为增强，并可以在TIFF文件中存储扩展数据和私有数据，而原则上不影响其他程序正常调阅TIFF文件中的图像数据。

2.3.4 JPEG文件格式

JPEG文件格式是由(国际)联合图像专家组(Joint Photographic Experts Group)提出的静止图像压缩标准文件格式，该组织是由ISO(国际标准化组织)与CCITT(国际电报电话咨询委员会)联合成立的专家组，所以JPEG标准是由ISO与CCITT共同制定的，是面向常规彩色图像及其他静止图像的一种压缩标准。JPEG文件的扩展名为jpg或jpeg。JPEG文件可用于存储的灰度图像和真彩色图像，可以有效压缩图像的数据量，压缩倍数大约在十倍量级。由于JPEG高效的压缩效率和国际标准化，在数字照相机、彩色传真、电话会议等领域被广泛用于存储和传输静止图像、印刷图片及新闻图片等，也是目前主流的数码照片存储文件格式。

JPEG文件格式的压缩方法主要采用预测编码(DPCM)、离散余弦变换(DCT)以及熵编码，以去除冗余的图像灰度和彩色数据，其压缩效率极高，图像所需存储量减少至原来的10%左右。但必须注意的是，JPEG的压缩方案是有损压缩，即解压缩恢复的图像与原图存在灰度和颜色数据上的轻微误差，不过这种误差在视觉上难于察觉，这样的压缩方案有时被称为视觉无失真压缩。

2.3.5 DICOM 文件格式

DICOM(Digital Imaging and Communications in Medicine)文件格式是医学图像文件存储格式，DICOM 是由 NEMA(National Electrical Manufacturers Association)为各类医学图像数据的存档、传输和共享而起草和颁布的。DICOM 格式支持几乎所有的医学数字成像设备，如CT、MR、DR、超声、内窥镜、电子显微镜等，已成为现代医学图像存储传输技术和医学影像学的主要组成部分。DICOM 文件的常见扩展名为 dcm。

DICOM 文件格式也采用与 TIFF 文件格式原理相类似的标签(Tag)，所有数据(包括病人信息、诊断信息、成像设备信息和图像数据)都由一个标签来引导，所有数据也都打上标签(Tagged)，标签值表示所引导的数据的含义和类型。由于采用数据标签、支持所有医学成像设备和支持图像存档传输等原因，DICOM 文件格式成为非常灵活和复杂的应用图像文件格式。

2.4 图像质量评价

绝大多数情况下，图像处理的目的是为了改善图像的(视觉)质量，因此，如何评价图像的质量成为一个十分重要的问题。例如，图像增强的处理目的是以各种可能的形式突出图像中感兴趣的区域，抑制图像中的随机噪声，提高图像的视觉质量。图像复原的处理目的是建立图像质量退化的数学模型，对图像质量退化进行相应的补偿，包括运动模糊补偿、焦距模糊补偿以及噪声消除等。图像编码压缩的目的则是在尽可能保持图像质量(无损或有损压缩)的条件下，对图像数据进行编码压缩以减少数据存储量和传输量。这些处理都涉及图像质量评价问题。

由于人类视觉和视觉系统的高度复杂性，图像质量评价事实上一直是一个十分困难的问题，可以说迄今为止还没有一种权威的、系统的和得到公认的评价体系和评价方法。目前常见的评价方法分为客观定量指标和主观评价两种。

2.4.1 图像质量的客观评价

图像质量的客观评价是指提出某个或某些定量参数和指标来描述图像质量。例如在图像压缩时，评价质量的定量参数可以选用解压缩图像对基准图的误差参数，常见的定量参数是方均误差 MSE 和峰值信噪比 $PSNR$。

$$MSE=\frac{1}{M\times N}\sum_{x}\sum_{y}[f_{\mathrm{r}}(x,y)-f(x,y)]^2 \tag{2-8}$$

$$PSNR=10\times\log_{10}\frac{(f_{\max}-f_{\min})^2}{MSE} \tag{2-9}$$

式中，M、N 分别对应图像的列数和行数；$f(x,y)$、$f_{\mathrm{r}}(x,y)$ 分别为原始图像和解压缩重建的图像；$f_{\max}$、$f_{\min}$ 分别对应图像灰度的最大值和最小值(通常取 255 和 0)。

图像质量的客观评价的另一种方法是采用测试卡。在测定电视的显示质量、数字照相机和扫描仪的成像质量时，常用不同的标准测试卡来完成。例如在测定数字照相机的分辨率时，通常用专业的标准分辨率测试卡(见图 2-10)进行照相，然后利用配套软件对测试卡图像进行观察和计算，可以测出数字照相机分辨率(线数)。

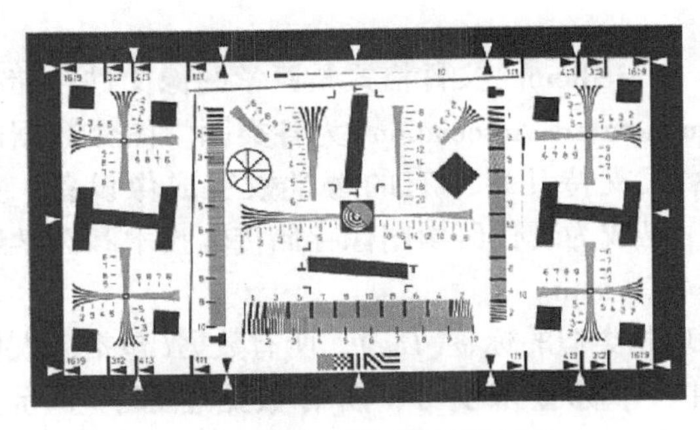

a) ISO12233 标准分辨率测试卡

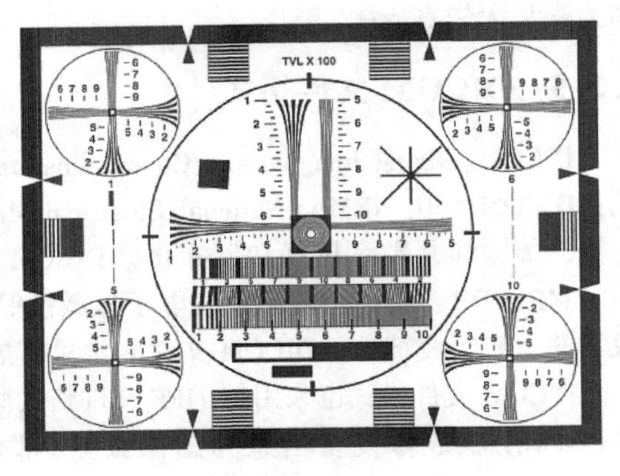

b) IEEE 标准分辨率测试卡

图 2-10 分辨率测试卡示例

客观评价的特点是采用客观指标和定量指标，评价结果原则上不受人为的干预和影响。但是，由于目前的定量参数还不能或者不完全能反映人类视觉的本质，对图像质量的客观评价指标经常与视觉的评价有偏差，甚至有时结论完全相反。

2.4.2 图像质量的主观评价

图像质量的主观评价是指采用目视观察和主观感觉评价图像的质量。

主观评价的方法类似于体操比赛的评分，由数名裁判组成评分小组，根据规则要求和评分标准对体操运动员的比赛动作进行打分，评分结果取总和或平均值。有些比赛还采取去掉最高和最低分的方法，以减少带有倾向性打分的影响。

图像主观评价的“裁判”可以由未经训练的普通观察者来担任，或由专业图像判读员和图像专家来担任，也可以由未经训练的普通观察者和专业图像判读员分组(普通组和专家组)进行评价。评价时需要事先制定评分标准以及评分规则，然后依据标准和规则进行分组评价工作，表 2-1 所列为各国进行图像评价的评分标准的例子。

表 2-1 主观测试分级标准

损伤			质量			比较		
每级的主观质量		国别	每级的主观质量		国别	比较的衡量		国别
五级标准	5. 不能察觉 4. 刚察觉不讨厌 3. 有点讨厌 2. 很讨厌 1. 不能用	原联邦德国、日本等	五级标准	5. 优 4. 良 3. 中 2. 次 1. 劣	原联邦德国、日本、英国	五级标准	+2 好得多 +1 好 0 相同 -1 坏 -2 坏得多	原联邦德国、美国等
六级标准	1. 不能察觉 2. 刚觉察到 3. 明显但不妨碍 4. 稍有妨碍 5. 明显妨碍 6. 极妨碍(不能用)	英国、EBU 等	六级标准	6. 优 5. 良 4. 中 3. 稍次 2. 次 1. 极次	美国、EBU 等	七级标准	+3 好得多 +2 好 +1 稍好 0 相同 -1 稍坏 -2 坏 -3 坏得多	EBU 等

图像主观评价的特点是主观性和定性评价，评价结果受人为影响和干扰多。但由于目前的图像客观评价的指标和参数尚不能完全反映主观视觉对图像质量的评价，所以图像主观评价还是最重要的评价方法之一。

习　　题

2-1　举例说明日常生活中观察到的数字图像成像系统及其成像原理。

2-2　试说明图像数字化与图像空间分辨率的关系。

2-3　采样定理对模拟图像数字化过程的基本要求是什么？

2-4　试用 VC ++ 语言的 MSDN 编程实例中的 BMP 文件显示的相关源程序，进行编译连接，并完成打开 BMP 图像文件和在窗口中显示的实验。

第3章　图像变换

图像变换是图像处理中的一个重要内容，它是许多图像处理技术的基础。为了有效和快速地对图像进行处理和分析，常常需要将原定义在图像空间的图像以某种形式转换到另外一些空间，并利用在这些空间的特有性质更方便地进行一些处理，最后再变换回图像空间以得到所需的效果。近年来，众多的图像变换方法不断涌现，从古老的傅里叶变换到余弦变换，直至小波变换，这些数学工具都对图像处理技术的发展有着不可磨灭的贡献。

3.1　傅里叶变换

1822年，法国工程师傅里叶(Fourier)指出，一个“任意”的周期函数$f(t)$都可以分解为无穷多个不同频率正弦信号的和，这即是傅里叶级数。求解傅里叶系数的过程就是傅里叶变换。从下节讨论中还可以看到，傅里叶变换实际上是将信号$f(t)$与一组不同频率的复正弦作内积，这一组复正弦是变换的基向量，傅里叶系数或傅里叶变换是$f(t)$在这一组基向量上的投影。

在图像处理技术的发展过程中，傅里叶变换起着十分重要的作用。傅里叶变换是线性系统分析的一个有力工具，它能够定量地分析诸如数字图像之类的数字化系统，把傅里叶变换的理论与物理解释相结合，将有利于解决大多数图像处理问题，傅里叶变换在图像处理中的应用十分广泛，如图像特征提取、频率域滤波、图像复原、纹理分析等。

傅里叶变换主要分为连续傅里叶变换和离散傅里叶变换，在数字图像处理中经常用到的是二维离散傅里叶变换。连续傅里叶变换是离散傅里叶变换的基础，一维傅里叶变换又是二维傅里叶变换的基础，因此，这里先介绍一维傅里叶变换。

3.1.1　一维傅里叶变换

设$f(t)$是一个连续时间信号，若$f(t)$属于L_2空间，即

$$\int_{-\infty}^{\infty} |f(t)|^2 \mathrm{d}t < \infty \tag{3-1}$$

那么，$f(t)$的傅里叶变换存在，并定义为

$$F(u) = \int_{-\infty}^{\infty} f(t)\mathrm{e}^{-\mathrm{j}2\pi ut}\mathrm{d}t \tag{3-2}$$

其反变换为

$$f(t) = \int_{-\infty}^{\infty} F(u)\mathrm{e}^{\mathrm{j}2\pi ut}\mathrm{d}u \tag{3-3}$$

式中，$\mathrm{e}^{\mathrm{j}2\pi ut} = \cos(2\pi ut) + \mathrm{j}\sin(2\pi ut)$表示幅度为1、频率为$2\pi ut$的复正弦。

此外，函数$f(t)$还必须满足Dirichlet条件，即只有有限个间断点、有限个极值点和绝对可积，并且$F(u)$也应是可积的。$f(t)$一般是实函数，而$F(u)$是复函数，它由实部和虚部组成：

$$\left.\begin{aligned}F(u)&=R(u)+\mathrm{j}I(u)=|F(u)|\mathrm{e}^{\mathrm{j}\phi(u)}\\|F(u)|&=\sqrt{R^2(u)+I^2(u)},\ \phi(u)=\arctan\frac{I(u)}{R(u)}\end{aligned}\right\}\tag{3-4}$$

式中，$F(u)$称为信号$f(t)$的频谱密度函数，简称频谱；$|F(u)|$称为幅度谱，很多文献习惯称$|F(u)|$为频谱，本书后面部分也将遵循这个习惯；$\phi(u)$称为相位角或相谱。

例 3-1 假设$f(t)$是一维方波信号，即

$$f(t)=\begin{cases}A & |t|\leqslant\dfrac{\tau}{2}\\0 & |t|>\dfrac{\tau}{2}\end{cases}$$

则其傅里叶变换为

$$\begin{aligned}F(u)&=\int_{-\infty}^{\infty}f(t)\mathrm{e}^{-\mathrm{j}2\pi ut}\mathrm{d}t=\int_{-\tau/2}^{\tau/2}A\mathrm{e}^{-\mathrm{j}2\pi ut}\mathrm{d}t\\&=\frac{A}{\mathrm{j}2\pi u}(\mathrm{e}^{\frac{\mathrm{j}2\pi u\tau}{2}}-\mathrm{e}^{\frac{-\mathrm{j}2\pi u\tau}{2}})=A\tau\frac{\sin(\pi u\tau)}{\pi u\tau}=A\tau\mathrm{sinc}(\pi u\tau)\end{aligned}$$

图 3-1 是$f(t)$及其傅里叶变换的频谱。

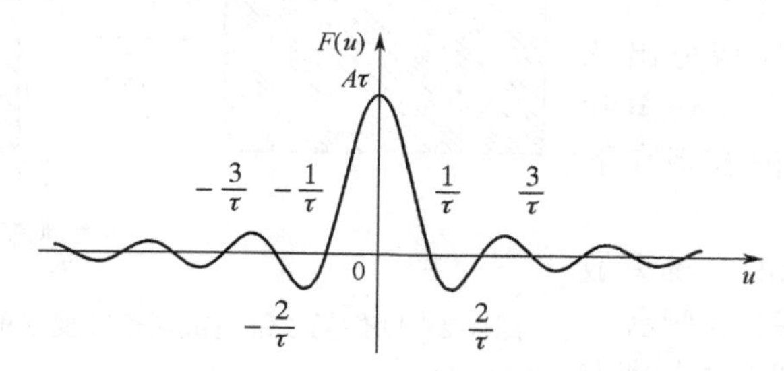

图 3-1 矩形信号及其频谱

在计算机上处理的信号都为离散信号，对离散信号的频谱分析自然要求实现离散信号的傅里叶变换。对连续函数$f(t)$等间隔采样就得到一个离散序列$f(n)$。假设共采样 N 次，则这个离散序列可以表示为$\{f(0),f(1),f(2),\cdots,f(N-1)\}$。若令 n 为离散实变量，u 为离散频率变量，则一维离散傅里叶变换(DFT)与反变换定义为

$$F(u)=\frac{1}{N}\sum_{n=0}^{N-1}f(n)\mathrm{e}^{-\mathrm{j}2\pi un/N}\quad u=0,1,\cdots,N-1\tag{3-5}$$

和

$$f(n)=\sum_{u=0}^{N-1}F(u)\mathrm{e}^{\mathrm{j}2\pi un/N}\quad n=0,1,\cdots,N-1\tag{3-6}$$

离散傅里叶变换对总是存在的。有的书中，将式(3-5)中的系数 $1/N$ 放在式(3-6)中，这两种形式都是正确的，也可以正变换和反变换前分别乘以 $1/\sqrt{N}$，只要正变换和反变换前系数乘积等于 $1/N$ 即可。

3.1.2 二维离散傅里叶变换

上节中，函数$f(t)$是只含有一个自变量的一维信号。当含有两个自变量时，函数就变成了二维信号(函数)，如图像数据。假设以正方形网格采样得到的图像用$f(x,y)$来表示，则$f(x,y)$的二维离散傅里叶变换可以表示为

$$F(u,v)=\frac{1}{N^2}\sum_{x=0}^{N-1}\sum_{y=0}^{N-1}f(x,y)\mathrm{e}^{-\mathrm{j}2\pi(ux+vy)/N}\quad u,v=0,1,\cdots,N-1 \tag{3-7}$$

其反变换为

$$f(x,y)=\sum_{u=0}^{N-1}\sum_{v=0}^{N-1}F(u,v)\mathrm{e}^{\mathrm{j}2\pi(ux+vy)/N}\quad x,y=0,1,\cdots,N-1 \tag{3-8}$$

与一维离散傅里叶变换的情况类似，可以定义二维离散傅里叶变换的频谱和相位角如下：

$$|F(u,v)|=\sqrt{R^2(u,v)+I^2(u,v)},$$
$$\phi(u,v)=\arctan\frac{I(u,v)}{R(u,v)} \tag{3-9}$$

二维信号的离散傅里叶变换所得结果的频率成分的分布示意图如图3-2所示。即变换结果的左上、右上、左下、右下四个角部分对应于低频成分，中央部分对应于高频成分。若想使低频成分出现在中央位置，则可以利用傅里叶变换的平移特性，该内容将在下一节中介绍。

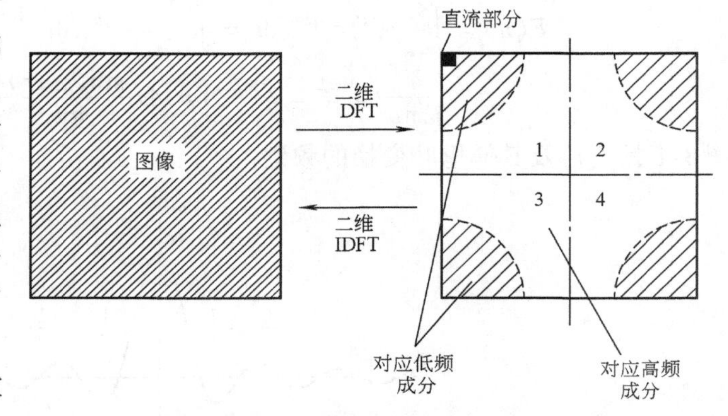

图3-2　图像的二维离散傅里叶变换的频率成分分布示意图

例3-2　lena图像的二维离散傅里叶变换频谱图如图3-3所示。

对于一幅图像，图像中灰度变化比较缓慢的区域可以用较低频率的正弦信号近似，而灰度变化比较大的边缘地带则需要用高频正弦信号近似。一幅图像中大部分都是灰度变化缓慢的区域，只有小部分是灰度变化比较大的边缘，因此，其变换域的图像，能量主要集中在低频部分(对应幅值较高)，只有小部分能量集中在高频部分(对应幅值较低)。

a) lena图像

b) 傅里叶变换的频谱图

图3-3　lena图像及其频谱强度示意图

3.1.3　二维离散傅里叶变换的性质

离散傅里叶变换建立了函数在空间域与频率域之间的转换关系，把空间域难以显示的特征在频率域中十分清楚地显示出来。在数字图像处理中，经常需要利用这种转换关系和转换规律。下面介绍二维离散傅里叶变换的基本性质。

1. 可分离性

由式(3-7)，有

$$F(u,v)=\frac{1}{N^2}\sum_{x=0}^{N-1}\sum_{y=0}^{N-1}f(x,y)\mathrm{e}^{-\mathrm{j}2\pi vy/N}\mathrm{e}^{-\mathrm{j}2\pi ux/N}$$

$$=\frac{1}{N}\sum_{x=0}^{N-1}\mathrm{e}^{-\mathrm{j}2\pi ux/N}\frac{1}{N}\sum_{y=0}^{N-1}f(x,y)\mathrm{e}^{-\mathrm{j}2\pi vy/N}\quad u,v=0,1,\cdots,N-1 \tag{3-10}$$

同理，式(3-8)可以分离成如下形式：

$$f(x,y)=\sum_{u=0}^{N-1}\mathrm{e}^{\mathrm{j}2\pi ux/N}\sum_{v=0}^{N-1}F(u,v)\mathrm{e}^{\mathrm{j}2\pi vy/N}\quad x,y=0,1,\cdots,N-1 \tag{3-11}$$

由上述的分离形式可以看出，一个二维离散傅里叶变换可以通过先后两次运用一维傅里叶变换来实现，即先沿$f(x,y)$的列方向求一维离散傅里叶变换得到$F(x,v)$，再对$F(x,v)$沿行的方向求一维离散傅里叶变换得到$F(u,v)$：

$$F(x,v)=\frac{1}{N}\sum_{y=0}^{N-1}f(x,y)\mathrm{e}^{-\mathrm{j}2\pi vy/N}\quad v=0,1,\cdots,N-1 \tag{3-12}$$

$$F(u,v)=\frac{1}{N}\sum_{x=0}^{N-1}F(x,v)\mathrm{e}^{-\mathrm{j}2\pi ux/N}\quad u,v=0,1,\cdots,N-1 \tag{3-13}$$

这个过程可用图3-4表示。

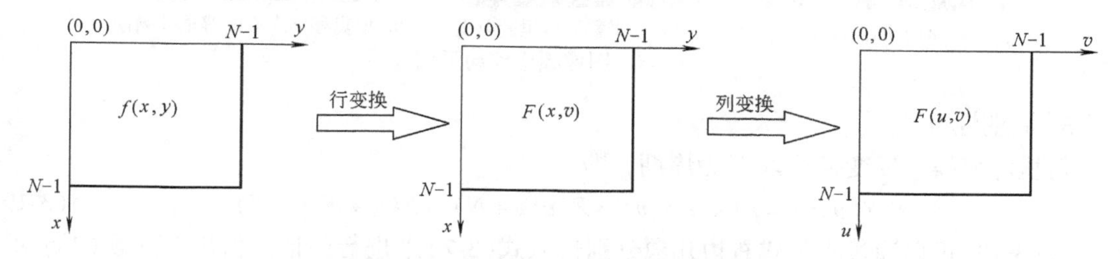

图3-4 二维离散傅里叶变换的分离过程

二维离散傅里叶反变换的分离过程与正变换的分离过程相似。

2. 平移性

傅里叶变换的平移性是指将$f(x,y)$乘以一个指数项相当于将其二维离散傅里叶变换$F(u,v)$的频域中心移动到新的位置。类似地，将$F(u,v)$乘以一个指数项，就相当于将其二维离散傅里叶变换$f(x,y)$的频域中心移动到新的位置。这个性质可以表示为

$$f(x,y)\mathrm{e}^{\mathrm{j}2\pi(u_0x+v_0y)/N}\Leftrightarrow F(u-u_0,v-v_0) \tag{3-14}$$

$$f(x-x_0,y-y_0)\Leftrightarrow F(u,v)\mathrm{e}^{-\mathrm{j}2\pi(ux_0+vy_0)/N} \tag{3-15}$$

从式(3-14)可以看出，对$f(x,y)$的平移不影响其傅里叶变换的幅值。

由式(3-15)可以看出，当空域中$f(x,y)$产生移动时，在频域中只发生相移，而傅里叶变换的幅值不变，因为

$$\left|F(u,v)\mathrm{e}^{-\mathrm{j}2\pi(ux_0+vy_0)/N}\right|=\left|F(u,v)\right| \tag{3-16}$$

反之，当频域中$F(u,v)$产生相移时，相应的$f(x,y)$在空域中也只发生相移，而幅值不变。

在数字图像处理中，常常需要将 $F(u,v)$ 的原点移到 $N\times N$ 方阵的中心，以使能清楚地分析傅里叶变换频谱的情况。要做到这一点，只需令

$$u_0=v_0=N/2$$

则

$$e^{j2\pi(u_0x+v_0y)/N}=e^{j\pi(x+y)}=(-1)^{x+y} \tag{3-17}$$

将式(3-17)代入式(3-14)中，可得

$$f(x,y)(-1)^{x+y}\Leftrightarrow F\left(u-\frac{N}{2},v-\frac{N}{2}\right) \tag{3-18}$$

式(3-18)说明：如果需要将图像频谱的原点从起始点(0,0)移到图像的中心点 $\left(\frac{N}{2},\frac{N}{2}\right)$，只要将 $f(x,y)$ 乘上 $(-1)^{x+y}$ 因子进行傅里叶变换即可实现。图3-5表明了这一过程。

a) lena图像

b) 无平移的傅里叶频谱

c) 原点移到中心的傅里叶频谱

图3-5 图像频谱移动示例

3. 周期性

傅里叶变换和反变换均以 N 为周期，即

$$F(u,v)=F(u+N,v)=F(u,v+N)=F(u+N,v+N) \tag{3-19}$$

式(3-19)可以通过将等式右边几项分别代入式(3-7)来进行验证。傅里叶变换的周期性表明，尽管 $F(u,v)$ 对无穷多个 u 和 v 的值重复出现，但只需根据在任意周期内的 N 个值就可以从 $F(u,v)$ 得到 $f(x,y)$。也就是说，只需一个周期内的变换就可以将 $F(u,v)$ 完全确定。这一性质对于 $f(x,y)$ 在空域里也同样成立。

4. 共轭对称性

如果 $f(x,y)$ 是实函数，则它的傅里叶变换具有共轭对称性：

$$F(u,v)=F^*(-u,-v) \tag{3-20}$$

$$|F(u,v)|=|F(-u,-v)| \tag{3-21}$$

式中，$F^*(u,v)$ 是 $F(u,v)$ 的复共轭。

5. 旋转不变性

若引入极坐标使

$$\begin{cases}x=r\cos\theta\\y=r\sin\theta\end{cases}\quad\begin{cases}u=\omega\cos\varphi\\v=\omega\sin\varphi\end{cases}$$

则 $f(x,y)$ 和 $F(u,v)$ 分别表示为 $f(r,\theta)$ 和 $F(\omega,\varphi)$。

在极坐标中，存在以下的变换对

$$f(r,\theta+\theta_0)\Leftrightarrow F(\omega,\varphi+\theta_0) \tag{3-22}$$

式(3-22)表明，如果$f(x,y)$在空域旋转θ_0角，则相应的傅里叶变换$F(u,v)$在频域上也旋转同一角度θ_0。二维离散傅里叶变换的旋转不变性如图3-6所示，其中图3-6a和图3-6b是原图及其傅里叶频谱，图3-6c和图3-6d则是旋转后的图像及其傅里叶频谱，由图可见，如果图像本身在空域上旋转，则其二维离散傅里叶变换在频率域上也会旋转，而且旋转的角度相同。

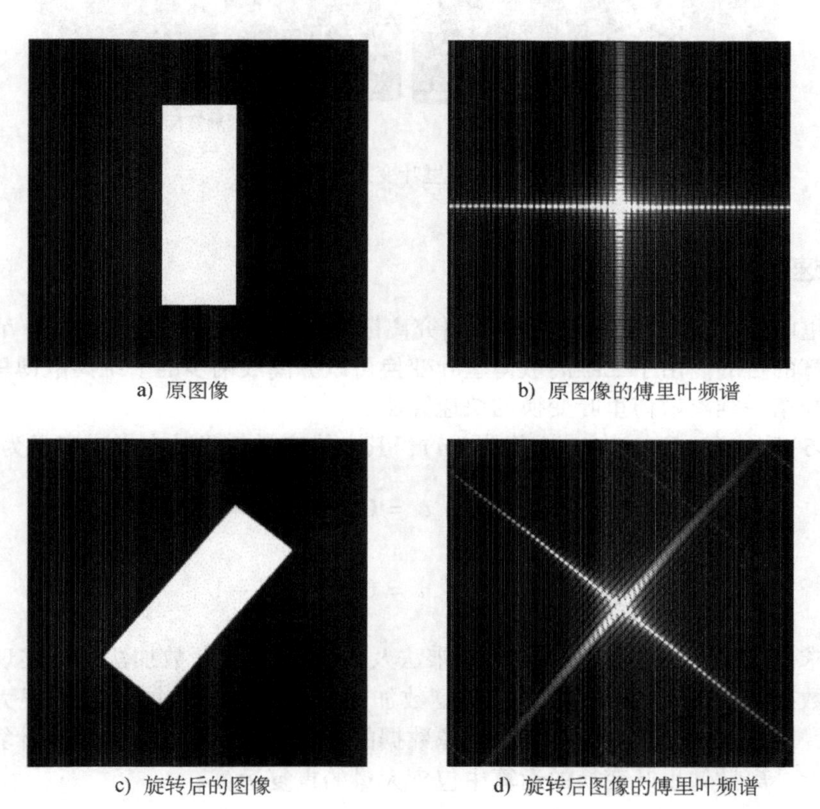

a) 原图像　b) 原图像的傅里叶频谱

c) 旋转后的图像　d) 旋转后图像的傅里叶频谱

图3-6　二维离散傅里叶变换的旋转不变性

6. 分配性和比例性

傅里叶变换的分配性表明傅里叶变换对于加法可以分配，而对乘法则不行，即

$$F(f_1(x,y)+f_2(x,y))=F(f_1(x,y))+F(f_2(x,y)) \tag{3-23}$$

$$F(f_1(x,y)f_2(x,y))\neq F(f_1(x,y))\cdot F(f_2(x,y)) \tag{3-24}$$

傅里叶变换的比例性表明对于两个标量a和b，有

$$af(x,y)\Leftrightarrow aF(u,v) \tag{3-25}$$

$$f(ax,by)\Leftrightarrow\frac{1}{|ab|}F\left(\frac{u}{a},\frac{v}{b}\right)\quad(a\neq0,b\neq0) \tag{3-26}$$

式(3-26)说明，在空间比例尺度的展宽，对应于在频域比例尺度的压缩，其幅值也减少为原来的$\frac{1}{|ab|}$，如图3-7所示。

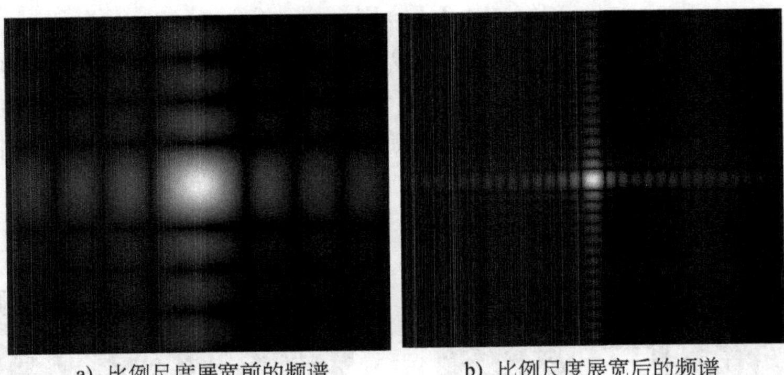

a) 比例尺度展宽前的频谱　　b) 比例尺度展宽后的频谱

图 3-7 傅里叶变换的比例性

3.1.4 快速傅里叶变换

快速傅里叶变换(FFT)的算法就是在研究离散傅里叶变换计算的基础上，节省计算量以达到快速计算的目的。由于二维离散傅里叶变换可以分离成两步的一维离散傅里叶变换来实现，这里只介绍一维离散傅里叶变换的快速算法。

由式(3-5)和式(3-6)，对 N 点序列 $f(n)$，其一维离散傅里叶变换对定义为

$$\begin{cases} F(u) = \dfrac{1}{N}\sum_{n=0}^{N-1} f(n)W_N^{nu} \quad u = 0,1,\cdots,N-1, W_N = \mathrm{e}^{-\mathrm{j}\frac{2\pi}{N}} \\ f(n) = \sum_{u=0}^{N-1} F(u)W_N^{-nu} \quad n = 0,1,\cdots,N-1 \end{cases} \tag{3-27}$$

显然，求出 N 点 $F(u)$ 需要 N^2 次复数乘法及 $N(N-1)$ 次复数加法，而实现一次复数乘需要四次实数乘和两次实数加，实现一次复数加则需要两次实数加，当 N 很大时，计算量是非常大的，难于实时实现。对于二维图像数据的离散傅里叶变换，其所需计算量更是大得惊人。事实上，离散傅里叶变换的运算中包含大量的重复运算。

令矩阵

$$\boldsymbol{W}_N = (W^{nu}) = \begin{pmatrix} W^0 & W^0 & W^0 & \cdots & W^0 \\ W^0 & W^1 & W^2 & \cdots & W^{N-1} \\ W^0 & W^2 & W^4 & \cdots & W^{2(N-1)} \\ \vdots & \vdots & \vdots & & \vdots \\ W^0 & W^{N-1} & W^{2(N-1)} & \cdots & W^{(N-1)(N-1)} \end{pmatrix} \tag{3-28}$$

$$\boldsymbol{F}_N = (F(0), F(1), \cdots, F(N-1))^{\mathrm{T}}$$

$$\boldsymbol{f}_N = (f(0), f(1), \cdots, f(N-1))^{\mathrm{T}}$$

则一维离散傅里叶的正变换可写成矩阵形式，即

$$\boldsymbol{F}_N = \frac{1}{N}\boldsymbol{W}_N\boldsymbol{f}_N \tag{3-29}$$

观察 $\boldsymbol{W}_N$ 矩阵，显然其中有 N^2 个元素，但由于 $\boldsymbol{W}_N$ 的周期性，其中只有 N 个独立的值，即 $W_N^0, W_N^1, \cdots, W_N^{N-1}$，且在这 N 个值中有一部分取的是简单的值，$\boldsymbol{W}_N$ 因子的取值有如下特点：

1） $W^0=1$，$W^{N/2}=-1$；

2） $W_N^{N+r}=W_N^r$，$W_N^{N/2+r}=-W_N^r$，$W_{2N}^{2r}=W_N^r$。

例如，对4点DFT，按式(3-27)直接计算需要 $4^2=16$ 次复数乘，按上述周期性和对称性，可写成如下的矩阵形式：

$$\begin{pmatrix}F(0)\\F(1)\\F(2)\\F(3)\end{pmatrix}=\begin{pmatrix}1&1&1&1\\1&W^1&-1&-W^1\\1&-1&1&-1\\1&-W^1&-1&W^1\end{pmatrix}\begin{pmatrix}f(0)\\f(1)\\f(2)\\f(3)\end{pmatrix}$$

将该矩阵的第二列和第三列交换，得

$$\begin{pmatrix}F(0)\\F(1)\\F(2)\\F(3)\end{pmatrix}=\begin{pmatrix}1&1&1&1\\1&-1&W^1&-W^1\\1&1&-1&-1\\1&-1&-W^1&W^1\end{pmatrix}\begin{pmatrix}f(0)\\f(2)\\f(1)\\f(3)\end{pmatrix}\tag{3-30}$$

由此得出

$$\begin{cases}F(0)=(f(0)+f(2))+(f(1)+f(3))\\F(1)=(f(0)-f(2))+(f(1)-f(3))W^1\\F(2)=(f(0)+f(2))-(f(1)+f(3))\\F(3)=(f(0)-f(2))-(f(1)-f(3))W^1\end{cases}$$

这样，求出4点DFT只需要一次复数乘法，问题的关键是如何巧妙地利用 W 因子的周期性和对称性，导出一个高效的快速算法。这一算法最早由J. W. Cooley和J. W. Tukey于1965年提出。自Cooley-Tukey的算法提出来后，新的算法不断涌现，总的来说，快速傅里叶的发展有两个，一是 N 等于2的整数次幂的算法，如基2算法、基4算法、实因子算法等，另一个是 N 不等于2的整数次幂的算法，如Winograd算法。限于篇幅，本书只介绍时间抽取(DIT)的基2FFT算法。

3.1.4.1 时间抽取(DIT)的基2FFT算法

根据式(3-28)以及 W_N 因子的取值特点，对于 $N=8$ 点的DFT可以写成如下的矩阵形式：

$$\begin{pmatrix}F(0)\\F(1)\\F(2)\\F(3)\\F(4)\\F(5)\\F(6)\\F(7)\end{pmatrix}=\begin{pmatrix}1&1&1&1&1&1&1&1\\1&W^1&W^2&W^3&-1&-W^1&-W^2&-W^3\\1&W^2&-1&-W^2&1&W^2&-1&-W^2\\1&W^3&-W^2&W^1&-1&-W^3&W^2&-W^1\\1&-1&1&-1&1&-1&1&-1\\1&-W^1&W^2&-W^3&-1&W^1&-W^2&W^3\\1&-W^2&-1&W^2&1&-W^2&-1&W^2\\1&-W^3&-W^2&-W^1&-1&W^3&W^2&W^1\end{pmatrix}\begin{pmatrix}f(0)\\f(1)\\f(2)\\f(3)\\f(4)\\f(5)\\f(6)\\f(7)\end{pmatrix}$$

对上式等号右端的矩阵进行一系列初等变换，可得如下形式：

$$
\begin{pmatrix} F(0) \\ F(1) \\ F(2) \\ F(3) \\ F(4) \\ F(5) \\ F(6) \\ F(7) \end{pmatrix} =
\begin{pmatrix}
1 & 1 & 1 & 1 & 1 & 1 & 1 & 1 \\
1 & -1 & W^2 & -W^2 & W^1 & -W^1 & W^3 & -W^3 \\
1 & 1 & -1 & -1 & W^2 & W^2 & -W^2 & -W^2 \\
1 & -1 & -W^2 & W^2 & W^3 & -W^3 & W^1 & -W^1 \\
1 & 1 & 1 & 1 & -1 & -1 & -1 & -1 \\
1 & -1 & W^2 & -W^2 & -W^1 & W^1 & -W^3 & W^3 \\
1 & 1 & -1 & -1 & -W^2 & -W^2 & W^2 & W^2 \\
1 & -1 & -W^2 & W^2 & -W^3 & W^3 & -W^1 & W^1
\end{pmatrix}
\begin{pmatrix} f(0) \\ f(4) \\ f(2) \\ f(6) \\ f(1) \\ f(5) \\ f(3) \\ f(7) \end{pmatrix} \tag{3-31}
$$

根据式(3-30)和式(3-31)，我们把4点和8点FFT用蝶形流程图表示出来，如图3-8和图3-9所示。

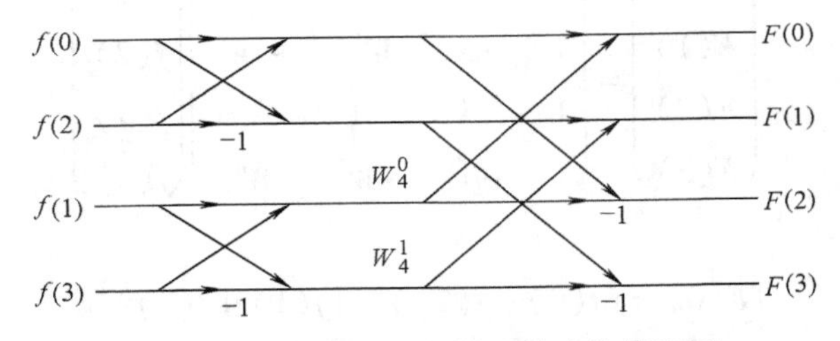

图3-8　4点FFT时间抽取算法信号流图

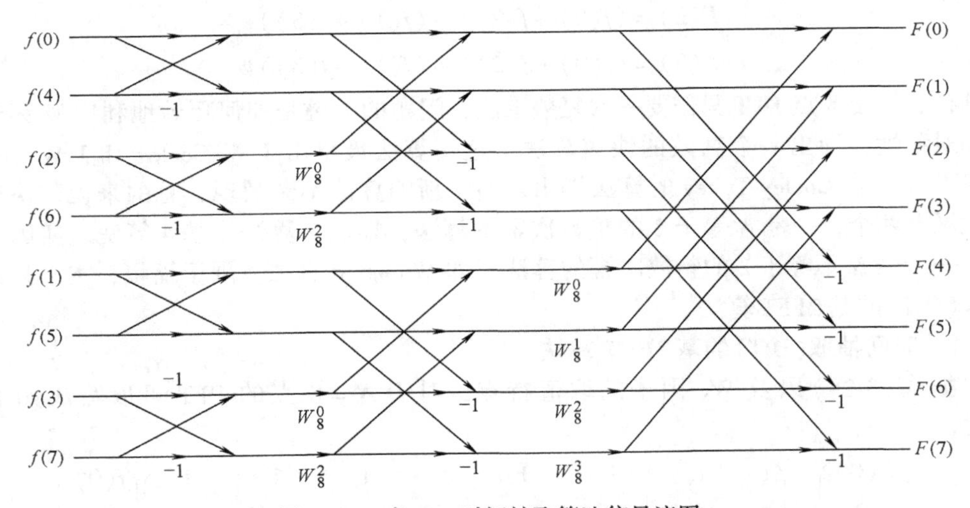

图3-9　8点FFT时间抽取算法信号流图

以上即是4点和8点的FFT算法信号流图，任何N是2的整数次幂的DFT，都可以用上面的流图形式来实现，有关时间抽取基2FFT算法的详细推导过程可以参考有关文献，此处不多做讨论。为了找到FFT算法流程的一般规律，我们在下节将对FFT进行几点讨论。

3.1.4.2　算法的讨论

1. “级”的概念

由图3-9可知，将N点DFT先分成两个$N/2$点DFT，再分成4个$N/4$点DFT，进而8个$N/8$点DFT，直至$N/2$个2点DFT。每分一次，称为一“级”运算，共可以分成$M=\log_2 N$级。8点DFT分级情况可以表示成如图3-10所示，从左至右，依次为$m=0$级，$m=1$级，$m=2$级。

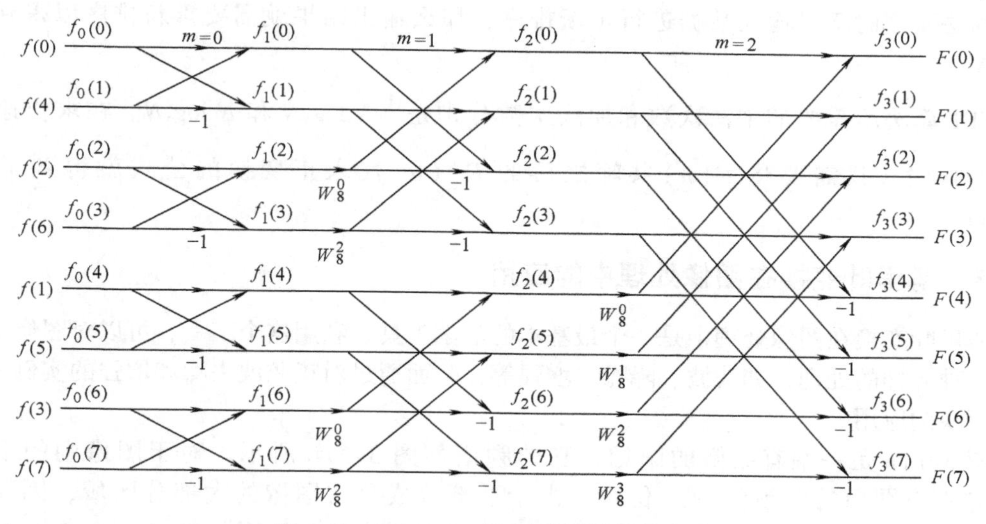

图 3-10 8 点 FFT 时间抽取算法信号流图

2. W^r 因子的分布

从图 3-10 可以发现，第一次将 N 点 DFT 分成两个 $N/2$ 点 DFT 时相当于图 3-10 最左边一级，这时出现的 W^r 因子是 W_N^r，而 $r=0,1,2,\cdots,\frac{N}{2}-1$。由于 $W_{2N}^{2r}=W_N^r$，因此算法再往下分时，W^r 依次是 $W_{N/2}^r, W_{N/4}^r, \cdots$，故每一级 W^r 因子的分布规律如下：

$$m=0\text{ 级},\ W_2^r,\ r=0$$

$$m=1\text{ 级},\ W_4^r,\ r=0,1$$

$$m=2\text{ 级},\ W_8^r,\ r=0,1,2,3$$

$$\cdots$$

$$m=M-1\text{ 级},\ W_N^r,\ r=0,1,\cdots,\frac{N}{2}-1$$

因此，不难总结出 W^r 因子分布的一般规律：

$$\text{第 } m \text{ 级},\ W_{2^{m+1}}^r \quad r=0,1,\cdots,2^m-1$$

3. 码位倒置

从图 3-10 可以看出，变换后的输出序列 $F(u)$ 是依照正序排列，但输入序列 $f(n)$ 的次序并不是原来的顺序，这正是将 $f(n)$ 按奇、偶分开产生的。对于 $N=8$，其自然序号是 0，1，2，3，4，5，6，7。第一次按奇、偶分开，得到两组 $\frac{N}{2}$ 点 DFT，$f(n)$ 的序号是

0，2，4，6 | 1，3，5，7

对每一组再按奇、偶分开，抽取后得到四组，每组的序号是

0，4 | 2，6 | 1，5 | 3，7

这就是 8 点 FFT 的输入端信号的排列顺序，同理我们可以得到 N 为 2 的更高次幂的输入信号的排列次序。

以上对输入数据的排序可以根据一个简单的位对换规则进行。如用 n 表示 $f(n)$ 的一个自变量值，那么它排序后对应的值可以通过把 n 表示成二进制数并左右对换各位得到。例如 $N=2^3$，$f(6)$ 排序后为 $f(3)$，因为 $6_{十进制}=110_{二进制}$，左右对换后为 $011_{二进制}=3_{十进制}$。

如果算法实现时不对输入数据进行重新排序，那么输出结果就需要重新排序以得到正常的次序。

FFT 算法所需要的乘法次数和加法次数分别是$\frac{1}{2}N\log_2 N$和$N\log_2 N$。在求快速傅里叶反变换时，只需要将$F(u)$共轭之后的$F^*(u)$代入正变换的公式就得到了所求的$f(n)$。

3.1.5 傅里叶变换在图像处理中的应用

傅里叶变换在图像处理中是一个最基本的数学工具。利用这个工具，可以对图像的频谱进行各种各样的处理，如滤波、降噪、增强等，下面通过对正弦波去噪和增强的实例介绍傅里叶变换的应用。

图 3-11a 是一幅有栅格的图像，它的频谱如图 3-11b 所示。对于图像中的平坦区域，它占有图像的低频（中心）位置，由于这部分成分占图像的大部分区域，因而其值较高。对于栅格部分，可以认为是一种正弦波，这种成分是图像的另一个重要组成成分，其对应的频率将在频谱图上出现较高的值，即图 3-11b 中原点两侧的亮点，之所以出现在横轴而不是纵轴是由该正弦波的方向决定的，当我们把对应正弦波的频率去除后再求傅里叶反变换，就会达到去除噪声的目的，如图 3-11c、d 所示。同样道理，当我们对一幅图像频谱的纵向中心轴上增加一个谱段上的强度时就会有相应的横向的波纹出现，如图 3-12 所示。

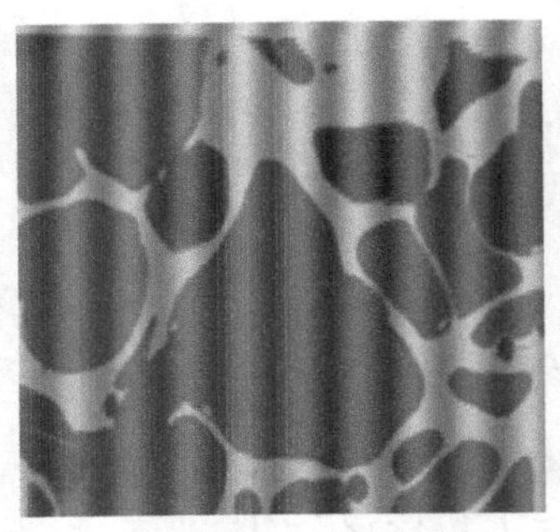

a）有栅格影响的原始图像

b）傅里叶变换频谱图

c）去除高频成分

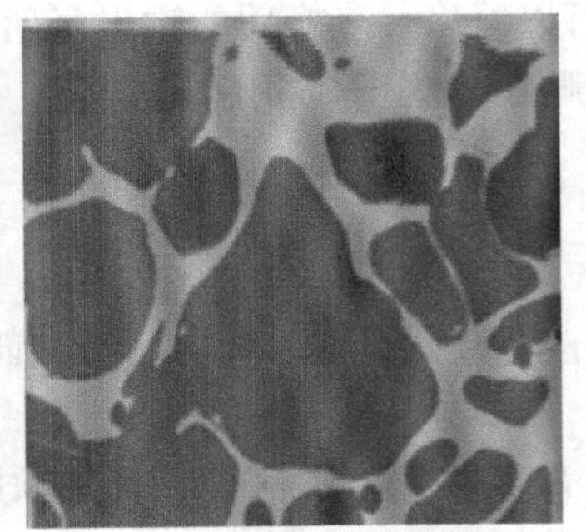

d）傅里叶反变换结果

图 3-11 用傅里叶变换去除正弦波噪声示例

a) lena图像
b) lena图像的频谱
c) 增强纵轴上某一谱段的强度
d) 傅里叶反变换的结果

图3-12 利用傅里叶变换对图像加正弦波的实例

3.2 离散余弦变换

3.2.1 离散余弦变换原理

傅里叶变换的一个最大的问题是：它的参数都是复数，在数据的描述上相当于实数的两倍，不易计算，因此希望有一种能够达到相同功能但数据量又不大的变换。在这个思想的指导下，产生了离散余弦变换。

函数$f(x)$的一维离散余弦变换(DCT)及反变换分别为

$$C(u)=a(u)\sum_{x=0}^{N-1}f(x)\cos\frac{(2x+1)u\pi}{2N}\quad u=0,1,\cdots,N-1 \tag{3-32}$$

$$f(x)=\sum_{u=0}^{N-1}a(u)C(u)\cos\frac{(2x+1)u\pi}{2N}\quad x=0,1,\cdots,N-1 \tag{3-33}$$

式中

$$a(u)=\begin{cases}\sqrt{1/N} & \text{当 } u=0 \text{ 时}\\ \sqrt{2/N} & \text{当 } u=1,2,\cdots,N-1 \text{ 时}\end{cases} \tag{3-34}$$

将一维离散余弦变换扩展到二维离散余弦变换

$$C(u,v)=a(u)a(v)\sum_{x=0}^{N-1}\sum_{y=0}^{N-1}f(x,y)\cos\frac{(2x+1)u\pi}{2N}\cos\frac{(2y+1)v\pi}{2N}$$
$$x,y=0,1,\cdots,N-1 \tag{3-35}$$

二维离散余弦反变换为

$$f(x,y) = a(u)a(v)\sum_{u=0}^{N-1}\sum_{v=0}^{N-1} C(u,v)\cos\frac{(2x+1)u\pi}{2N}\cos\frac{(2y+1)v\pi}{2N}$$

$$x,y = 0,1,\cdots,N-1 \tag{3-36}$$

将式(3-32)与式(3-35)进行比较，可以看出二维 DCT 变换是可分离的，因此二维正向或反向变换能够逐次应用一维 DCT 算法加以计算。事实上，DCT 的一个有趣的性质是它能够直接从 FFT 算法中求得。将表达式(3-32)变成等价的形式即可看出

$$C(u) = a(u)\mathrm{Re}\left\{\left[\exp\left(\frac{-\mathrm{j}2\pi u}{2N}\right)\right]\times\sum_{x=0}^{2N-1} f(x)\exp\left(\frac{-\mathrm{j}2\pi ux}{2N}\right)\right\}\quad u = 0,1,\cdots,N-1$$

式中，$a(u)$仍如式(3-34)；对 $x=N,N+1,\cdots,2N-1$ 有 $f(x)=0$；$\mathrm{Re}\{\cdot\}$代表括号内的项的实部。求和的项就是 $2N$ 个点上的离散傅里叶变换。类似地，$2N$ 个点上的反 FFT 能用来从 $C(u)$ 中求得 $f(x)$。

例 3-3 图像及其离散余弦变换频谱。

图 3-13a 为一幅原始图像，图 3-13b 为该图像的离散余弦变换频谱。在图 3-13b 中可以看到图像的低频能量都集中在左上角区域，而向着右下角方向，频率越来越高。与例 3-2 的离散傅里叶频谱图进行比较可以发现高低频的能量集中在不同的区域，这主要是因为离散傅里叶变换的变换核是复数，而离散余弦变换的变换核实际上是取其实部的原因。

a) 原始图像　　b) 离散余弦变换后的频谱

图 3-13 二维图像及其离散余弦变换频谱的显示

3.2.2 离散余弦变换在图像处理中的应用

离散余弦变换在图像处理中占有重要的位置，尤其是在图像的变换编码中有着非常成功的应用。近年来十分流行的静止图像压缩标准 JPEG 就采用了离散余弦变换。

离散余弦变换实际上是傅里叶变换的实数部分，但是它比傅里叶变换有更强的信息集中能力。对于大多数自然图像，离散余弦变换能将大多数的信息放到较少的系数上去，因此就更能提高编码的效率。如图 3-14 所示，其中图 a 为未经压缩的原始图像，图 b 是采用 JPEG 方式压缩存储的图像，可以看出图 b 基本上保留了原图的内容信息，看不出有什么损失。但是图 3-14b 的文件大小只是图 3-14a 的 1/6，可见离散余弦变换在图像压缩上发挥了很大的作用。

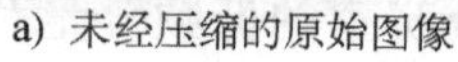

a) 未经压缩的原始图像　　b) 采用 JPEG 方式压缩存储的图像

图 3-14　离散余弦变换在图像压缩中的应用

3.3　小波变换及其应用

小波变换是当前数学领域中一个迅速发展的新领域，理论深刻，应用十分广泛。小波变换的概念是由法国地质物理学家 J. Morlet 在 1974 年首先提出的。1986 年著名数学家 Y. Meyer 偶然构造出了一个真正的小波基，并与 S. Mallat 合作建立了构造小波基的多尺度分析。之后，小波分析开始蓬勃发展起来。与傅里叶变换、窗口傅里叶变换(即 Gabor 变换)相比，小波变换是一个时间和频率的局域变换，因而能更有效地从信号中提取信息。通过伸缩和平移等运算对函数或信号进行多尺度细化分析，小波变换解决了傅里叶变换不能解决的许多困难问题，从而小波变换被誉为“数学显微镜”，它是数学分析发展史上里程碑式的进展。

小波分析需要有很强的数学背景，深刻地学习、理解和有效地应用好小波具有一定的难度。很多有关小波研究的参考书籍是从数学角度描述小波理论的，这种描述方法难为工程技术人员理解和接受。随着小波理论与应用的不断发展和成熟，国内外开始出现一些从工程角度介绍小波的书籍，为小波技术的学习和应用做出了贡献。本节内容的安排，是以哈尔(Haar)小波作为切入点，从工程的角度介绍小波的原理与应用。

3.3.1　多分辨率分析的背景知识

3.3.1.1　图像金字塔

1. 金字塔算法

以多分辨率来解释图像的一种有效且概念简单的结构就是图像金字塔，一幅图像的金字塔是一系列以金字塔形状排列的分辨率逐步降低的图像集合。如图 3-15 所示，金字塔的底部是待处理图像的高分辨率表示，而顶部是低分辨率近似。当向金字塔的上层移动时，尺寸和分辨率就降低。

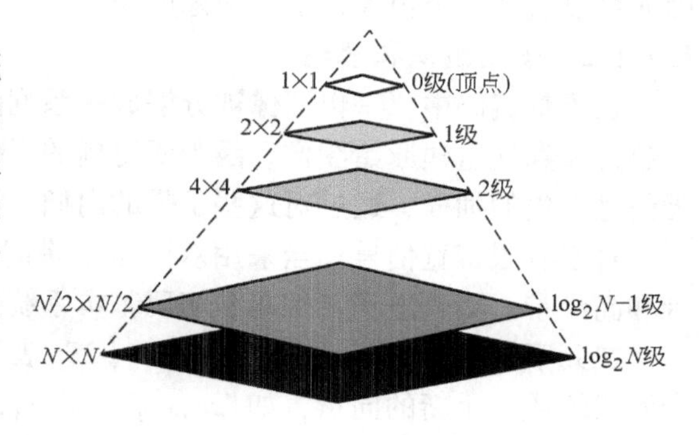

图 3-15　一个金字塔图像结构

对于数字图像(以 512 × 512 像素为例)，通过连续平均 2 × 2 的像素块并丢掉隔行隔列的像素，将得到缩小为原来1/4的图像(256×256像素)(行列各缩小为原来的1/2)。这样迭代进行，直到得到1×1像素的图像为止。如果利用同样尺寸的边缘检测算子(如3×3的Sobel算子)来执行边缘检测，在原始图像上则会得到小边缘，在256×256像素和128×128像素图像上能找到稍大的边缘，而在16×16像素和更小的图像上就会得到更大的边缘。

2. 高斯和拉普拉斯金字塔编码

首先对图像用高斯脉冲响应作低通滤波，滤波后的结果从原图像中减去，图像中的高频细节则保留在差值图像里；然后，对低通滤波后的图像进行间隔采样，细节并不会因此而丢失。具体过程为：

对原始图像$f_0(x,y)$($N\times N, N=2^n$)作高斯滤波，$g(x,y)$为高斯形状的低通滤波器脉冲响应。在编码过程的每一步中，图像都被分解为半分辨率的低频分量和整分辨率的高频分量。设$f_1(x,y)$和$h_1(x,y)$分别是第一步中的这两个分量：

$$f_1(x,y)=[f*g](2x,2y) \tag{3-37}$$

$$h_1(x,y)=f_0(x,y)-[f*g](x,y) \tag{3-38}$$

这一过程在间隔抽样后的图像上迭代进行，经过n次迭代得到一组$h_k(x,y)$和最终的低频图像$f_n(x,y)$(一个点)组成一个编码图像金字塔。过程如图3-16所示。

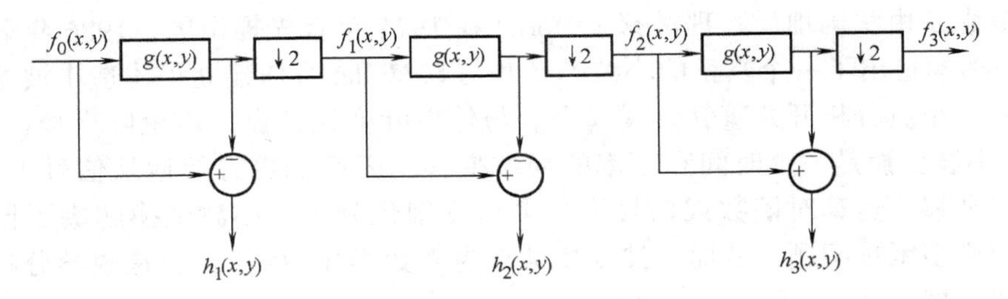

图3-16 拉普拉斯金字塔编码策略

其中↓2代表下采样，即每两个点抽掉一个点，$f_k(x,y)$，$k=0,1,\cdots,\log_2 N-1$称为近似值金字塔(此处又是高斯金字塔)，$h_k(x,y)$，$k=1,\cdots,\log_2 N-1$称为残差金字塔。

图像的解码过程以相反的次序进行。从最后一幅图像$f_n(x,y)$开始，对每一幅抽样图像$f_k(x,y)$都进行一个增频采样并与$g(x,y)$卷积进行内插。增频采样是在采样点之间插入零的过程，所得结果被添加到下一幅(前一幅)图像$f_{k-1}(x,y)$上，再对所得图像重复执行这一过程。这个过程能无误差地重建出原始图像。

由于$h_k(x,y)$图像在很大程度上降低了相关性和动态范围，可以使用较粗的量化等级，因而可以实现一个很大程度的图像压缩。

3.3.1.2 子带编码和解码

在子带编码中，一幅图像被分解成一系列限带分量的集合，称为子带，它们可以重组在一起无失真地重建原始图像。因为所得到的子带带宽要比原始图像的带宽小，子带可以进行无信息损失的抽样，通过对这些子带的内插、滤波和叠加就可以重建原始图像。

对于有限带宽信号，当采用双通道子带时，对应带宽划分为两个分量(子带)，如低半带和高半带，双通道子带编码和解码基本系统如图3-17所示。

二元下采样(Down sampling)用“↓2”表示，它用来从一个向量中每隔一个元素抽取一个元素组成一个新的向量，如$\{x_0,x_1,x_2,x_3,x_4,x_5\}$经二元下采样后的向量为$\{x_0,x_2,x_4\}$。

二元上采样(Up sampling)用“↑2”表示，它用来从一个向量中每隔一个元素填充一个

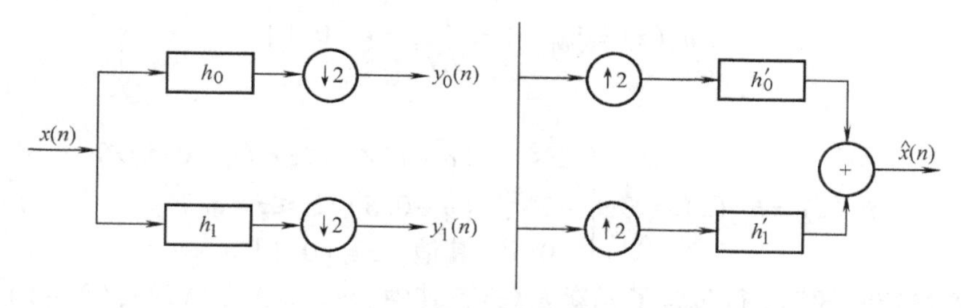

图3-17 双通道子带编码和重建

0元组成一个新的向量，如$\{x_0,x_2,x_4\}$经二元上采样后的向量为$\{x_0,0,x_2,0,x_4,0\}$。

分析滤波器组，即图3-17的左半边，它的作用是将输入信号通过滤波和下采样，得到低频信号和高频信号。即输入信号与低通滤波器h_0作卷积，然后再向下采样，得到低频信号$y_0(n)$；输入信号与高通滤波器h_1作卷积，然后再向下采样，得到高频信号$y_1(n)$。

综合滤波器，即图3-17的右半边，它的作用是重构原始信号，即$y_0(n)$经二元上采样后与h_0'作卷积，$y_1(n)$经二元上采样后与h_1'作卷积，将获得的两个序列相加即得重构信号。

以上是对一维信号的双通道子带编解码，当把滤波器设计成二维可分离滤波器时就可以处理图像数据的子带编解码了。如图3-18所示，可分离滤波器首先应用于某一维(如垂直方向)，再应用于另一维(如水平方向)。滤波后的输出结果，用图3-18中的$a(m,n)$，$d^V(m,n)$，$d^H(m,n)$和$d^D(m,n)$表示，分别称为近似值、垂直细节、水平细节和对角线细节子带。

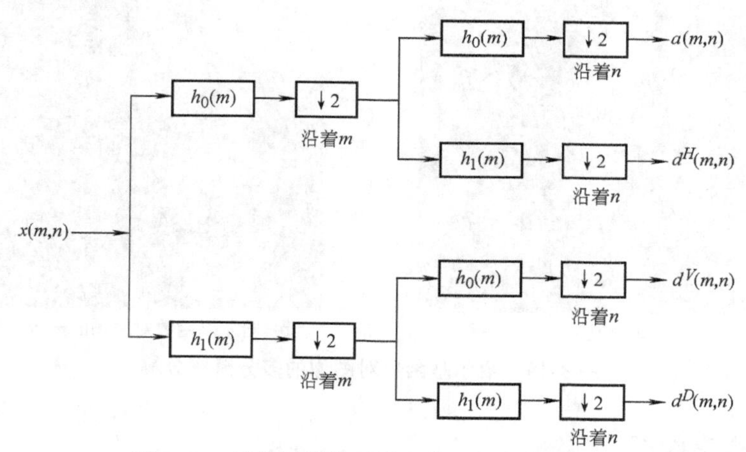

图3-18 子带图像编码的二维4频段滤波器组

3.3.1.3 哈尔变换

哈尔(Haar)基函数是众所周知的最古老也是最简单的正交小波。哈尔变换本身是可分离的，也是对称的，可以用下述矩阵形式表达：

$$\boldsymbol{T}=\boldsymbol{HFH} \tag{3-39}$$

式中，$\boldsymbol{F}$是一个$N\times N$图像矩阵；$\boldsymbol{H}$是$N\times N$变换矩阵；$\boldsymbol{T}$是$N\times N$变换的结果。对于哈尔变换，变换矩阵$\boldsymbol{H}$包含哈尔基函数$h_k(z)$，它们定义在连续闭区间$z\in[0,1]$，$k=0,1,\cdots,N-1$，这里，$N=2^n$。为生成$\boldsymbol{H}$矩阵，定义整数k，即$k=2^p+q-1$(这里$0\leqslant p\leqslant n-1,p=0$时,$q=0$或$1;p\neq0$时,$1\leqslant q\leqslant 2^p$)。可得哈尔基函数为

$$h_0(z)=h_{00}(z)=\frac{1}{\sqrt{N}},\ z\in[0,1] \tag{3-40}$$

且

$$h_k(z)=h_{pq}(z)=\frac{1}{\sqrt{N}}\begin{cases}2^{p/2} & (q-1)/2^p\leqslant z<(q-0.5)/2^p\\ -2^{p/2} & (q-0.5)/2^p\leqslant z<q/2^p\\ 0 & 其他,\ z\in[0,1]\end{cases} \tag{3-41}$$

$N\times N$ 哈尔变换矩阵的第 i 行包含了元素 $h_i(z)$，其中，$z=0/N,1/N,\cdots,(N-1)/N$。可以计算出，2×2 变换矩阵 $\boldsymbol{H}_2$ 和 4×4 变换矩阵 $\boldsymbol{H}_4$ 分别为

$$\boldsymbol{H}_2=\frac{1}{\sqrt{2}}\begin{pmatrix}1 & 1\\ 1 & -1\end{pmatrix} \tag{3-42}$$

$$\boldsymbol{H}_4=\frac{1}{\sqrt{4}}\begin{pmatrix}1 & 1 & 1 & 1\\ 2 & 1 & -1 & -1\\ \sqrt{2} & -\sqrt{2} & 0 & 0\\ 0 & 0 & \sqrt{2} & -\sqrt{2}\end{pmatrix} \tag{3-43}$$

例 3-4 哈尔基函数对图像的多分辨率分解。如图 3-19 所示，图 a 经一级哈尔小波分解，得到近似值、垂直细节、水平细节和对角线细节。其中近似值代表图像的低频分量，垂直、水平和对角线细节代表了图像的高频分量。

a) 原图

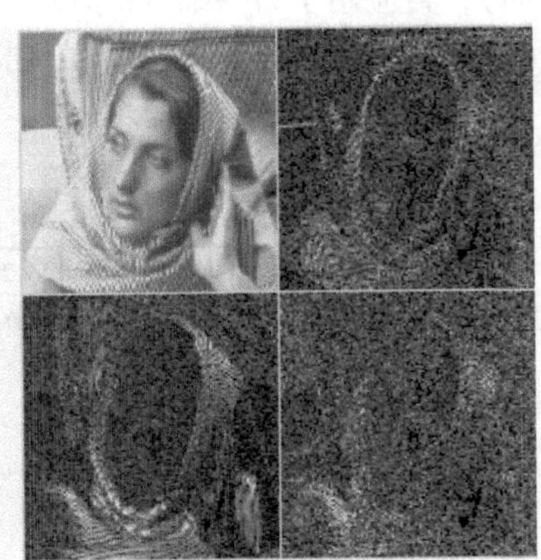

b) 哈尔基函数对原图的一级分解

图 3-19 哈尔基函数对图像的多分辨率分解

3.3.2 多分辨率展开

上节的内容为多分辨率分析(MRA)中的重要内容，本小节则通过一个简单的函数展开的例子说明序列展开、尺度函数及小波函数。在 MRA 中，尺度函数被用于建立某一函数的一系列近似值，相邻近似值之间的近似度相差 2 倍，而小波函数用于对相邻近似值之间的差异进行编码。

3.3.2.1 函数的伸缩和平移

给定一个基本函数 $\varphi(x)$，则 $\varphi(x)$ 的伸缩和平移公式可记为

$$\varphi_{a,b}(x)=\varphi(ax-b) \tag{3-44}$$

对于式(3-44)，当 a 大于 1 时，函数宽度较原函数缩小，反之增大；当 b 为正时，函数

向右移，反之向左移。

例 3-5 给定函数

$$\varphi(x)=\begin{cases}\sin x & 0\leqslant x<2\pi\\ 0 & 其他\end{cases}$$

其波形如图 3-20a 所示，则 $\varphi_{2,\pi}(x)$ 的波形如图 3-20b 所示。

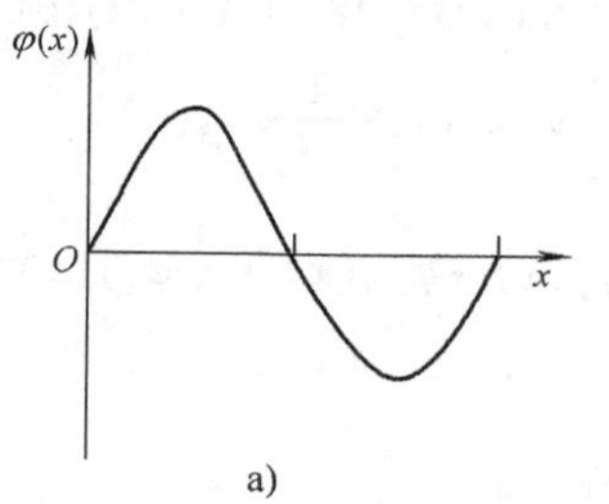

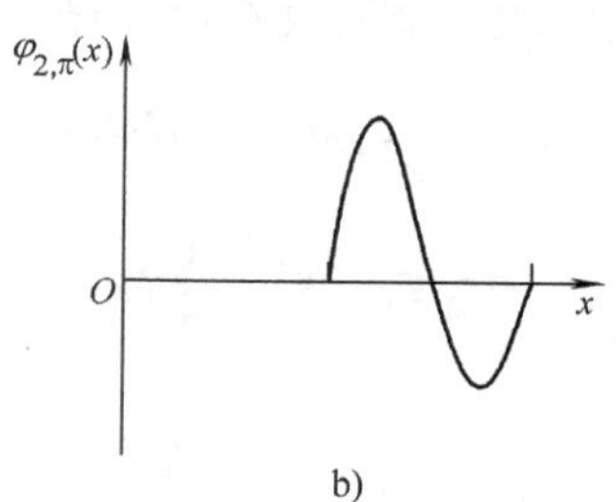

图 3-20 函数的伸缩和平移

3.3.2.2 序列展开

信号或函数常常可以被很好地分解为一系列展开函数的线性组合。

$$f(x)=\sum_k a_k\varphi_k(x) \tag{3-45}$$

式中，k 是有限或无限和的整数下标；a_k 是具有实数值的展开系数；$\varphi_k(x)$ 是具有实数值的展开函数。如果展开是唯一的，即对任何指定的 $f(x)$ 只有一个 a_k 序列与之相对应，则 $\varphi_k(x)$ 称为基函数，展开序列 $\{\varphi_k(x)\}$ 称为可被这样表示的一类函数的基。可展开的函数组成了一个函数空间，被称为展开集合的闭合跨度，表示为

$$V=\overline{\underset{k}{Span}\{\varphi_k(x)\}} \tag{3-46}$$

$f(x)\in V$ 表示 $f(x)$ 属于 $\{\varphi_k(x)\}$ 的闭合跨度，并能写成式(3-45)的形式。

对于任意函数空间 V 及其相应的展开集合 $\{\varphi_k(x)\}$ 都有一个二重函数集合，表示为 $\{\tilde{\varphi}_k(x)\}$，它可用于为任意 $f(x)\in V$ 计算式(3-45)的系数 a_k，这些系数可以通过 $\tilde{\varphi}_k(x)$ 与 $f(x)$ 作内积求得，即

$$a_k=\langle\tilde{\varphi}_k(x),f(x)\rangle=\int\tilde{\varphi}_k^*(x)f(x)\mathrm{d}x \tag{3-47}$$

式中，* 表示复共轭操作；$\langle\tilde{\varphi}_k(x),f(x)\rangle$ 代表二者的内积。

3.3.2.3 尺度函数

设 $\varphi(x)$ 是平方可积函数，即 $\varphi(x)\in L^2(\boldsymbol{R})$，其实数二值尺度伸缩和整数平移函数定义为

$$\varphi_{j,k}(x)=2^{j/2}\varphi(2^jx-k)\quad j\in z,\ k\in z \tag{3-48}$$

则集合 $\{\varphi_{j,k}(x)\}$ 是 $\varphi(x)$ 的展开函数集。从式(3-48)可以看出，k 决定了 $\varphi_{j,k}(x)$ 在 x 轴的位置，j 决定了 $\varphi_{j,k}(x)$ 的宽度，即沿 x 轴的宽或窄的程度，而 $2^{j/2}$ 控制其高度或幅度。由于 $\varphi_{j,k}(x)$ 的形状随 j 发生变化，$\varphi(x)$ 被称为尺度函数。通过选择适当的 $\varphi(x)$，$\{\varphi_{j,k}(x)\}$ 可以决定跨度 $L^2(\boldsymbol{R})$ 所有可度量的平方可积函数的集合。

$\varphi_{j,k}(x)$ 不为零的区间叫作该函数的支撑。对于长度和宽度都为 1 的哈尔函数，$\varphi_{j,k}(x)$ 的支撑为 $[k/2^j,(k+1)/2^j]$，支撑的宽度为 $\frac{1}{2^j}$，随着 j 的增加而减小。j 称为分辨率，$\frac{1}{2^j}$ 称为尺度。

对于给定的尺度函数 $\varphi_{j,k}(x)$，定义 j，k 上的跨度子空间为

$$V_j=\overline{\underset{k}{Span}\{\varphi_{j,k}(x)\}} \tag{3-49}$$

显然，$\boldsymbol{V}_j$ 是 $L^2(\boldsymbol{R})$ 中的一个子空间。

例 3-6 哈尔尺度函数及给定函数在该尺度函数下的表示。

给定尺度函数为宽度和高度均为1的哈尔函数

$$\varphi(x)=\begin{cases}1 & 0\leqslant x<1\\ 0 & \text{其他}\end{cases} \tag{3-50}$$

图3-21是哈尔尺度函数的6个展开式，它们分别属于 V_0、V_1 和 V_2 子空间，图3-22是给定的一个函数 $f(x)$，则从图中可以看出该函数可以用哈尔尺度函数表示为

$$\begin{aligned}f(x)&=\frac{1}{2\sqrt{2}}\varphi_{1,0}(x)+\sqrt{2}\varphi_{1,1}(x)+\frac{1}{\sqrt{2}}\varphi_{1,2}(x)+\frac{1}{4\sqrt{2}}\varphi_{1,3}(x)\\&=\frac{1}{4}\varphi_{2,0}(x)+\frac{1}{4}\varphi_{2,1}(x)+\varphi_{2,2}(x)+\varphi_{2,3}(x)+\frac{1}{2}\varphi_{2,4}(x)+\frac{1}{2}\varphi_{2,5}(x)+\frac{1}{8}\varphi_{2,6}(x)+\frac{1}{8}\varphi_{2,7}(x)\end{aligned}$$

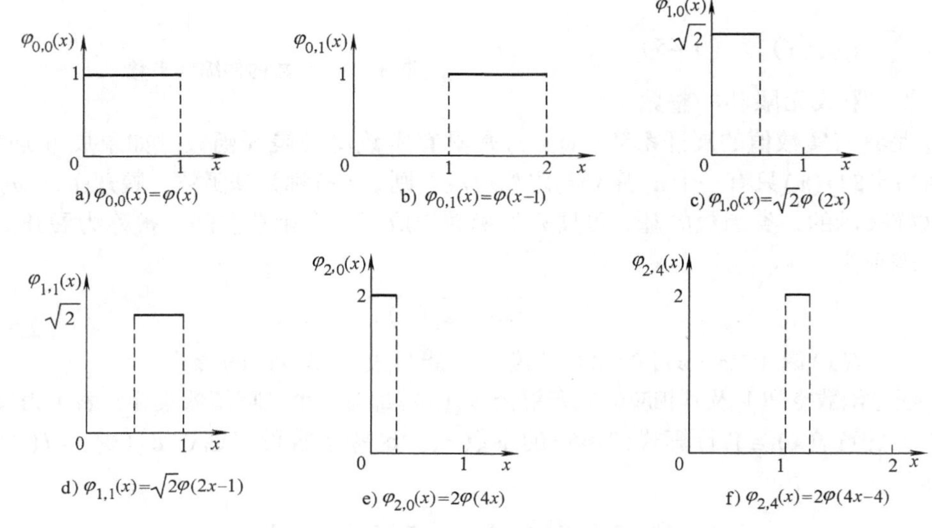

图3-21 哈尔函数的几个不同尺度下的展开形式

从 $f(x)$ 的表达中可以看出，$f(x)$ 不属于 V_0 子空间，这是因为 V_0 空间太粗糙而无法表达，显然 $f(x)$ 同时属于 V_1 和 V_2 子空间。从 $f(x)$ 展开式中还可以看出，任何 V_1 中的展开函数都可以由 V_2 中的展开函数来表达，因而 $V_1\subset V_2$。增加式(3-49)中的 j，将增加 V_j 的大小，允许具有变化较小的变量或细节函数包含在子空间中。

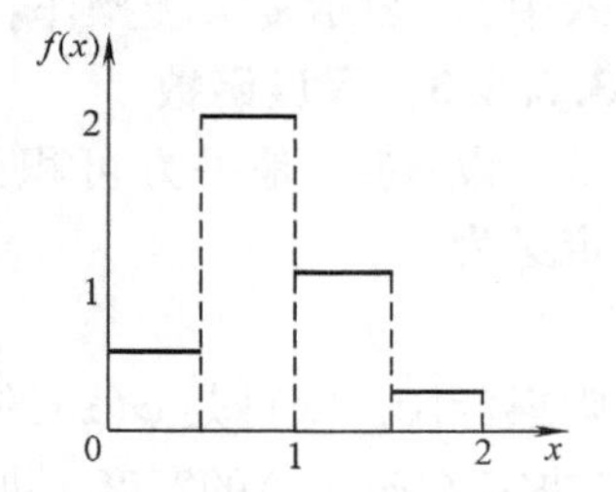

图3-22 子空间 V_1 中的一个函数 $f(x)$

从上面的例子，我们对尺度函数有以下说明：

说明1：$\{\varphi_{j,0},\varphi_{j,1},\cdots,\varphi_{j,2^j-1}\}$ 构成了 $\boldsymbol{V}_j$ 空间中的一组正交基。

由 $L^2(\boldsymbol{R})$ 空间的内积定义：

$$\langle\varphi_{j,k},\tilde{\varphi}_{j,t}\rangle=\int_0^1\varphi_{j,k}\tilde{\varphi}_{j,t}\mathrm{d}x=\begin{cases}1 & k=t\text{时}\\ 0 & k\neq t\text{时}\end{cases} \tag{3-51}$$

式中，$\tilde{\varphi}_{j,t}$ 为 $\varphi_{j,t}$ 的对偶。

又因为任何一个属于 V_j 中的函数都可以展开成 $\{\varphi_{j,0},\varphi_{j,1},\cdots,\varphi_{j,2^j-1}\}$ 的线性表示形式，因而，$\{\varphi_{j,0},\varphi_{j,1},\cdots,\varphi_{j,2^j-1}\}$ 是 V_j 空间中的一组正交基。

当 $\varphi_{j,k}=\tilde{\varphi}_{j,k}$ 时，$\{\varphi_{j,0},\varphi_{j,1},\cdots,\varphi_{j,2^j-1}\}$ 构成了 V_j 空间的标准(归一)正交基；否则，称 $\varphi_{j,k}$ 与其对偶 $\tilde{\varphi}_{j,k}$ 是双正交的，此时 $\{\varphi_{j,0},\varphi_{j,1},\cdots,\varphi_{j,2^j-1}\}$ 构成了 V_j 空间的双正交基。

说明2：由低尺度的尺度函数跨越的子空间包含在高尺度的尺度函数跨越的子空间内。

由例3-6可知，$V_0 \subset V_1 \subset \cdots \subset V_j \subset V_{j+1} \subset \cdots \subset V_\infty$，实际上，在$V_0$以外还可以有更低的分辨率，即$V_{-\infty} \subset \cdots \subset V_0 \subset V_1 \subset \cdots \subset V_j \subset V_{j+1} \subset \cdots \subset V_\infty$，其中$V_{-\infty} = \{0\}$。这些子空间还满足直观条件，即如果$f(x) \in V_j$，则$f(2x) \in V_{j+1}$。

说明3：任何函数都可以以任意精度表示。

对于给定的$L^2(\boldsymbol{R})$中的函数$f(x) \in V_j$，且$f(x) \notin V_{j-1}$，那么$f(x)$不可能在低于V_j分辨率的子空间中展开，但所有$f(x)$却都可以在V_∞子空间中展开，即

$$V_\infty = \{L^2(\boldsymbol{R})\}$$

由于子空间V_j中的展开函数可以被描述成子空间V_{j+1}的展开函数的加权和，令

$$\varphi_{j,k}(x) = \sum_k a_k \varphi_{j+1,k}(x)$$

将式(3-48)代入，并用$h_\varphi(k)$代替a_k，上式变成

$$\varphi_{j,k}(x) = \sum_k h_\varphi(k) 2^{(j+1)/2} \varphi(2^{j+1}x - k) \tag{3-52}$$

式中，$h_\varphi(k)$被称为尺度函数系数；h_φ称为尺度向量。式(3-52)表示，任意子空间的展开函数都可以从它自身的双倍分辨率复制中得到，即从相邻较高分辨率的空间中得到。

例3-7 哈尔尺度函数系数。

对于式(3-50)中的哈尔函数，根据式(3-52)，其尺度函数系数为$h_\varphi(0) = h_\varphi(1) = 1/\sqrt{2}$，与式(3-42)中矩阵$\boldsymbol{H}_2$的第一行数据对应。因此有展开式

$$\varphi(x) = \frac{1}{\sqrt{2}}[\sqrt{2}\varphi(2x)] + \frac{1}{\sqrt{2}}[\sqrt{2}\varphi(2x-1)]$$

3.3.2.4 小波函数

给定尺度函数，则小波函数$\psi(x)$所在的空间跨越了相邻两尺度子空间V_j和V_{j+1}的差异。令相邻两尺度子空间V_j和V_{j+1}的差异子空间为W_j，则图3-23表明了W_j与V_j和V_{j+1}间的关系。

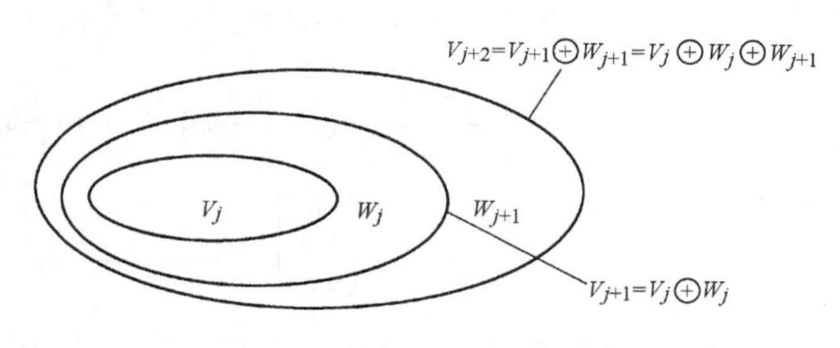

图3-23 尺度及小波函数空间的关系

令基本小波函数$\psi(x) \in W_j$，对任意$k \in Z$，为W_j空间定义小波集合$\{\psi_{j,k}(x)\}$及跨度子空间如下：

$$\psi_{j,k}(x) = 2^{j/2}\psi(2^j x - k) \tag{3-53}$$

$$W_j = \overline{\underset{k}{Span}\{\psi_{j,k}(x)\}} \tag{3-54}$$

$\psi_{j,k}(x)$是$\psi(x)$实数二值尺度伸缩和整数平移。如果一个给定的函数$f(x) \in W_j$，则$f(x)$可以展开成如下形式：

$$f(x) = \sum_k a_k \psi_{j,k}(x) \tag{3-55}$$

从图3-23中可以看出，对于V_{j+1}而言，W_j是V_j的正交补空间，V_{j+1}等于子空间V_j与W_j的直和。

$$V_{j+1} = V_j \oplus W_j \tag{3-56}$$

因而V_j中的所有成员与W_j中的所有成员都正交，即$\langle \varphi_{j,k}(x), \psi_{j,l}(x) \rangle = 0$，对任意$k$，$l \in Z$成立。

由此 $L^2(\boldsymbol{R})$ 可以写成

$$L^2(\boldsymbol{R}) = V_0 \oplus W_0 \oplus W_1 \oplus W_2 \cdots = V_1 \oplus W_1 \oplus W_2 \oplus \cdots \tag{3-57}$$

因为小波空间存在于相邻较高分辨率尺度函数跨越的空间中，可以表示成平移的双倍分辨率尺度函数的加权和。类似于式(3-52)，可以写成

$$\psi_{j,k}(x) = \sum_n h_\psi(n) 2^{(j+1)/2} \varphi(2^{j+1}x - n) \tag{3-58}$$

式中，$h_\psi(n)$ 称为小波函数系数。根据小波子空间 W_j 与 V_j 的直和等于更高分辨率尺度空间，且积分小波变换满足正交条件，可以求得小波系数为

$$h_\psi(n) = (-1)^n h_\varphi(1-n) \tag{3-59}$$

其中 $h_\varphi(n)$ 即为式(3-52)中的 $h_\varphi(k)$。

例 3-8 哈尔小波函数系数。

由于哈尔尺度系数为 $h_\varphi(0) = h_\varphi(1) = 1/\sqrt{2}$（例 3-7 的结论），根据式(3-59)，相应的小波系数为 $h_\psi(0) = 1/\sqrt{2}$ 和 $h_\psi(1) = -1/\sqrt{2}$，这些系数与式(3-42)矩阵 $\boldsymbol{H}_2$ 中第二行数据对应。将 $h_\psi(0)$、$h_\psi(1)$ 代入式(3-58)，且此时 j、k 均为 0，则哈尔小波函数为

$$\psi(x) = \begin{cases} 1 & 0 \leqslant x < 0.5 \\ -1 & 0.5 \leqslant x < 1 \\ 0 & \text{其他} \end{cases} \tag{3-60}$$

根据式(3-53)，可对哈尔小波函数进行伸缩和平移，得到小波集合 $\{\psi_{j,k}(x)\}$。图 3-24 是哈尔小波函数及其对给定函数的表达。$f(x)$ 可以展开为

$$f(x) = \frac{1}{2}\varphi_{1,0}(x) + \varphi_{1,1}(x) + \frac{1}{\sqrt{2}}\varphi_{1,3}(x)$$

$$= \frac{3\sqrt{2}}{4}\varphi_{0,0}(x) + \frac{1}{2}\varphi_{0,1}(x) + \frac{\sqrt{2}}{4}\psi_{0,0}(x) - \frac{1}{2}\psi_{0,1}(x)$$

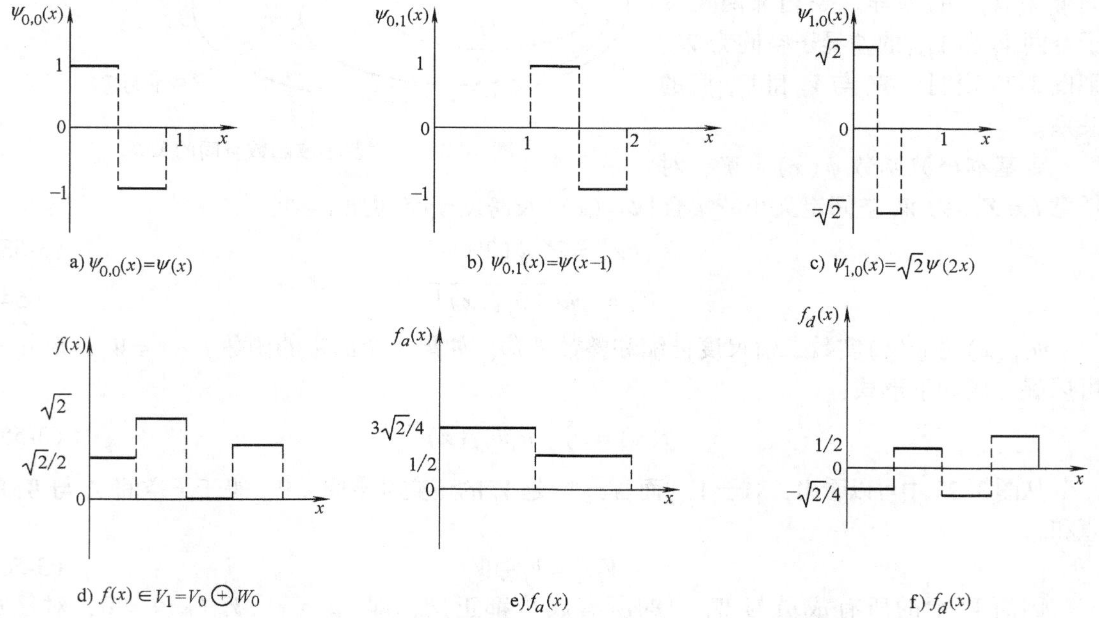

a) $\psi_{0,0}(x) = \psi(x)$　b) $\psi_{0,1}(x) = \psi(x-1)$　c) $\psi_{1,0}(x) = \sqrt{2}\,\psi(2x)$

d) $f(x) \in V_1 = V_0 \oplus W_0$　e) $f_a(x)$　f) $f_d(x)$

图 3-24 在 W_0 和 W_1 中的哈尔小波函数及给定函数的分解

令$f_a(x)=\frac{3\sqrt{2}}{4}\varphi_{0,0}(x)+\frac{1}{2}\varphi_{0,1}(x)$，$f_d(x)=\frac{\sqrt{2}}{4}\psi_{0,0}(x)-\frac{1}{2}\psi_{0,1}(x)$，则$f_a(x)$是$f(x)$在较低分辨率子空间$V_0$中的近似，$f_d(x)$是$f(x)-f_a(x)$的差值，代表$f(x)$中的细节信息，用$W_0$的小波函数表达。$f(x)$的这种分解类似于用高通和低通滤波器的方法将$f(x)$分成两部分，低频部分代表$f(x)$在每个积分区间上的平均值，高频部分代表$f(x)$的细节信息。

3.3.3 一维小波变换

3.3.3.1 小波序列展开

由例3-8，对于给定的函数$f(x)\in L^2(\boldsymbol{R})$，可以将其展开成如下形式：

$$f(x)=\sum_k a_{j_0}(k)\varphi_{j_0,k}(x)+\sum_{j=j_0}^{\infty}\sum_k b_j(k)\psi_{j,k}(x) \tag{3-61}$$

式中，$\psi(x)$为小波函数；$\varphi(x)$为尺度函数；j_0是任意开始尺度；a_{j_0}和b_j分别为尺度系数和小波系数。式(3-61)第一个求和公式代表$f(x)$在尺度空间V_{j_0}上的近似(当$f(x)\in V_{j_0}$时，该和式是$f(x)$的精确表达)。对于第二个求和公式中每一个较高分辨率尺度的$j\geqslant j_0$，更细分辨率的函数(一个小波和)被添加到近似中以获得细节的增加。如果展开函数形成了一个标准正交基或紧框架，则展开系数a_{j_0}和b_j可以通过下式求得：

$$a_{j_0}(k)=\langle f(x),\varphi_{j_0,k}(x)\rangle=\int f(x)\varphi_{j_0,k}(x)\mathrm{d}x \tag{3-62}$$

$$b_j(k)=\langle f(x),\psi_{j,k}(x)\rangle=\int f(x)\psi_{j,k}(x)\mathrm{d}x \tag{3-63}$$

如果展开函数是双正交基的一部分，式(3-62)和式(3-63)中的φ和ψ项要由它们的对偶函数代替。

3.3.3.2 一维离散小波变换

式(3-61)是对连续函数$f(x)$的序列展开。当待展开函数为离散序列时，其可以通过对$f(x)$采样得到，假设为$f(n)$，$n=0,1,\cdots,M-1$，并令M是2的整数次幂，即$M=2^J$，则定义$f(n)$的离散小波变换(DWT)对为

正变换：

$$W_{\varphi}(j_0,k)=\frac{1}{\sqrt{M}}\sum_{n=0}^{M-1}f(n)\varphi_{j_0,k}(n) \tag{3-64}$$

$$W_{\psi}(j,k)=\frac{1}{\sqrt{M}}\sum_{n=0}^{M-1}f(n)\psi_{j,k}(n) \tag{3-65}$$

反变换：对于$j\geqslant j_0$，有

$$f(n)=\frac{1}{\sqrt{M}}\sum_{k=0}^{2^{j_0}-1}W_{\varphi}(j_0,k)_{j_0,k}\varphi(n)+\frac{1}{\sqrt{M}}\sum_{j=j_0}^{J-1}\sum_{k}^{2^j-1}W_{\psi}(j,k)\psi_{j,k}(n) \tag{3-66}$$

W_{φ}和W_{ψ}分别对应于式(3-61)中的展开系数a_{j_0}和b_j。通常的小波变换是指$j_0=0$的情况。特别地，如果尺度函数$\varphi(n)$和基本小波$\psi(n)$是用二值尺度伸缩和整数平移时，如式(3-48)，上面的三个公式就形成了二进小波变换对。有关小波变换的严格数学基础及推导过程可参考有关文献。

哈尔变换是紧支、二进、正交归一小波变换最早的例子，其基本小波函数如图3-24a所示，它是常用的小波变换中最简单的一种。其他常用的小波变换有

Morlet 小波：

$$\psi(t) = e^{-t^2/2}e^{i\omega_0 t}$$
$$\hat{\psi}(\omega) = \sqrt{2\pi}e^{-(\omega-\omega_0)^2/2}$$

这是一个相当常用的小波，它的时频局部性能比较好，其小波函数图形如图 3-25 所示。

Mexihat 小波：

$$\psi(t) = \frac{2}{\sqrt{3\sqrt{\pi}}}(1-t^2)e^{-t^2/2}$$
$$\hat{\psi}(\omega) = \frac{2\sqrt{2}\sqrt[4]{\pi}}{\sqrt{3}}\omega^2 e^{-\omega^2/2}$$

Mexihat 小波在时频和频域具有很好的局部化，且满足允许条件。该小波在计算机视觉领域具有重要应用，适合于图像边缘提取、视觉分析和基音检测等。其小波函数图形如图 3-26 所示。

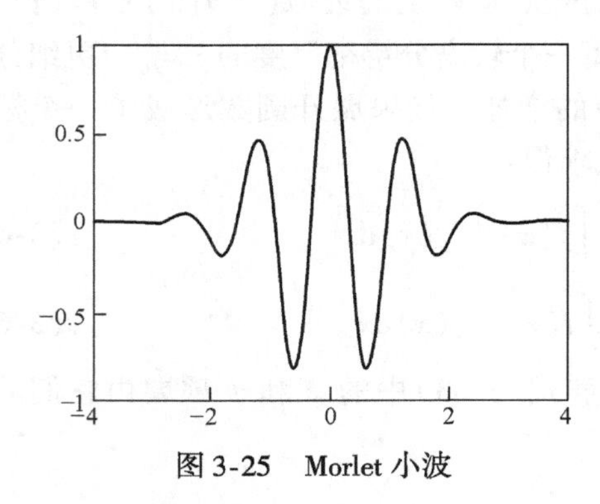

图 3-25 Morlet 小波

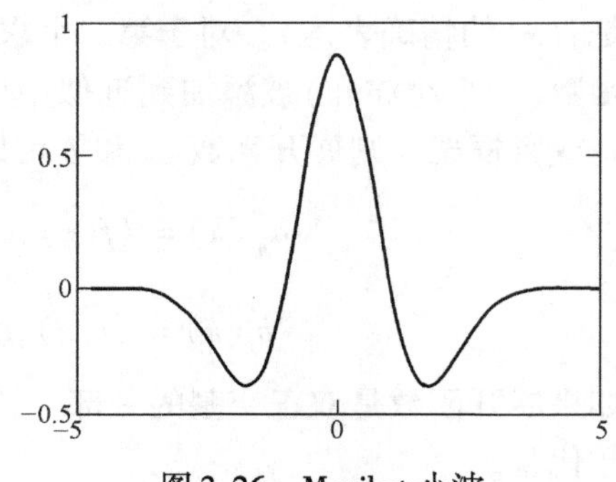

图 3-26 Mexihat 小波

3.3.4 快速小波变换算法

Mallat 在 1989 年建立了与经典快速傅里叶变换(FFT)相应的快速小波变换算法(Fast Wavelet Transform,FWT)，即 Mallat 算法。该变换根据相邻尺度 DWT 系数间的规律性，利用双带子带编码迭代地自底向上建立小波变换，实现了离散小波变换(DWT)的高效计算，其原理及实现过程如图 3-27 所示。

首先按照低半带和高半带进行子带编码后，对低半带再一次进行子带编码，得到一个 $N/2$ 点的高半带信号和对应于区间$[0,s_N]$的第一和第二个 1/4 区域的两个 $N/4$ 点的子带信号。

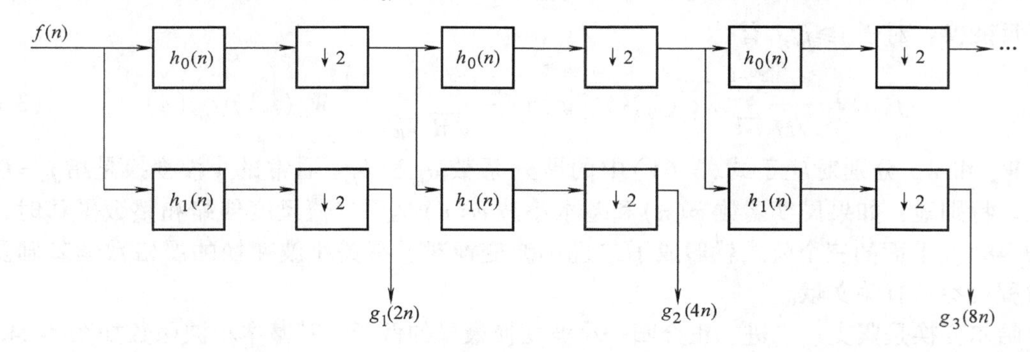

图 3-27 离散小波变换算法

然后，连续进行上述过程，每一步都保留高半带信号并进一步编码低半带信号直到得到了一个仅有一个点的低半带信号为止。这样，小波变换系数就是这个低半带点再加上全部用子带编码的高半带信号。

从 FWT 算法描述上可以看出，FWT 的实现过程就是一个小波分解的过程，每一个小的结构即是一个如图 3-27 所示的双频带编码中的分析滤波器组。

上述算法被称为快速小波变换，也因其形状而被称为 Mallat 的"鱼骨型算法"。其逆变换如图 3-28 所示。

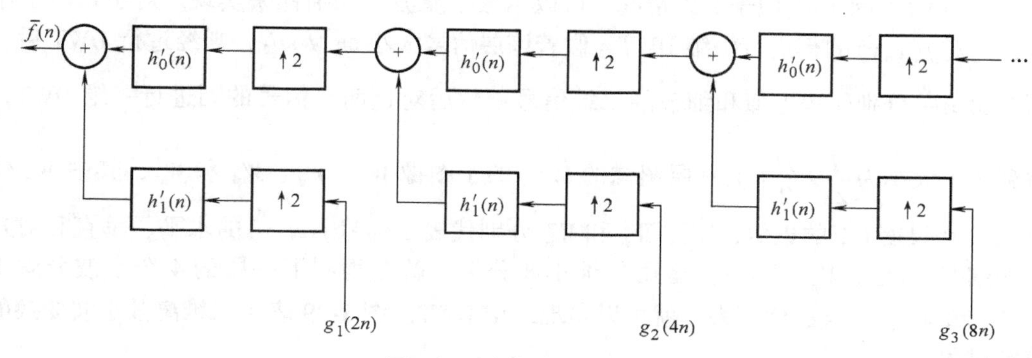

图 3-28 离散小波逆变换

3.3.5 二维离散小波变换

一维离散小波变换很容易推广到二维，这里只考虑尺度函数是可分离的情况，即

$$\varphi(x,y)=\varphi(x)\varphi(y) \tag{3-67}$$

式中，$\varphi(x)$是一个一维尺度函数。若$\psi(x)$是相应的小波，则下列的三个二维基本小波就建立了二维小波变换的基础：

$$\begin{aligned}\psi^1(x,y)&=\varphi(x)\psi(y)\\ \psi^2(x,y)&=\psi(x)\varphi(y)\\ \psi^3(x,y)&=\psi(x)\psi(y)\end{aligned} \tag{3-68}$$

这里的上标只是索引，不是指数。

根据一维尺度和小波函数的伸缩和平移公式，为二维尺度函数和小波函数定义一个尺度和平移基函数：

$$\varphi_{j,m,n}(x,y)=2^{j/2}\varphi(2^jx-m,2^jy-n) \tag{3-69}$$

$$\psi^l_{j,m,n}(x,y)=2^j\psi^l(2^jx-m,2^jy-n) \tag{3-70}$$

此处的$l\in\{1,2,3\}$，是上标索引。对于$M\times N$的离散函数$f(x,y)$的离散小波变换对为

正变换：

$$W_\varphi(j_0,m,n)=\frac{1}{\sqrt{MN}}\sum_{x=0}^{M-1}\sum_{y=0}^{N-1}f(x,y)\varphi_{j_0,m,n}(x,y) \tag{3-71}$$

$$W^l_\psi(j,m,n)=\frac{1}{\sqrt{MN}}\sum_{x=0}^{M-1}\sum_{y=0}^{N-1}f(x,y)\psi^l_{j,m,n}(x,y)\quad l=\{1,2,3\} \tag{3-72}$$

反变换：

$$f(x,y)=\frac{1}{\sqrt{MN}}\sum_{m}\sum_{n}W_{\varphi}(j_0,m,n)\varphi_{j_0,m,n}(x,y)+\frac{1}{\sqrt{MN}}\sum_{l=1}^{3}\sum_{j=j_0}^{\infty}\sum_{m}\sum_{n}W_{\psi}^{l}(j,m,n)\psi_{j,m,n}^{l}(x,y) \tag{3-73}$$

j_0 是任意开始尺度，通常取 $j_0=0$，且选择 $M=N=2^J, j=0,1,\cdots,J-1$ 和 $m=n=0,1,\cdots,2^j-1$。与一维情况相同，W_{φ} 系数定义了在尺度 j_0 的 $f(x,y)$ 的近似，W_{ψ}^{l} 系数对于 $j\geqslant j_0$ 附加了水平、垂直和对角方向的细节。

二维 DWT 的实现类似于一维情况，可以用数字滤波器和抽样来实现。对于每一层小波分解，先对 $f(x,y)$ 的行进行一维 DWT，假若该层信号大小是 $M\times N$，则经过行 DWT 后，得到两个 $M\times\frac{N}{2}$ 分别代表近似和细节的二维信号；然后对这两个信号的列进行一维 DWT，就会得到 4 个大小为 $\frac{M}{2}\times\frac{N}{2}$（上一层图像的 1/4）的子图像 W_{φ}、W_{ψ}^{1}、W_{ψ}^{2} 和 W_{ψ}^{3}，其中 W_{φ} 代表了 $f(x,y)$ 在尺度 j 下的近似，W_{ψ}^{1}、W_{ψ}^{2} 和 W_{ψ}^{3} 分别代表了信号 $f(x,y)$ 的水平、垂直和对角方向上的细节。针对 W_{φ}，再一次运用二维小波分解，就会得到下一层的 4 个小波分解 W_{φ}、W_{ψ}^{1}、W_{ψ}^{2} 和 W_{ψ}^{3}。一直迭代下去，就可以实现二维 DWT。图 3-29 表示二维离散小波变换的一次分解过程。

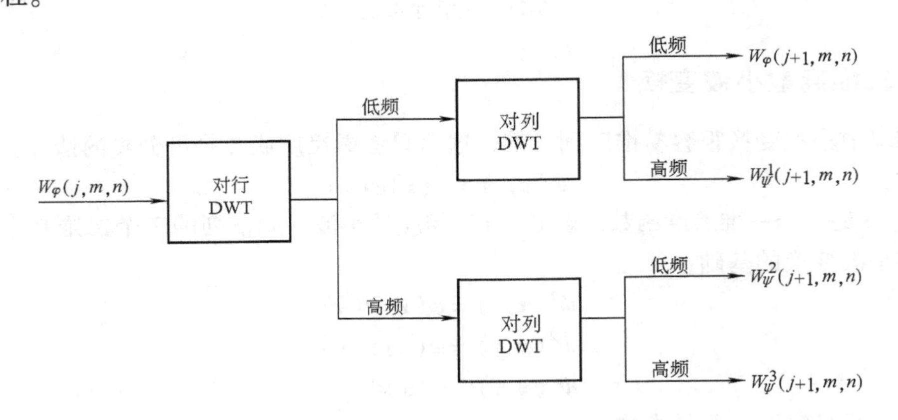

图 3-29 二维离散小波变换的一次分解

二维 DWT 的信号重构，对应了双子代编码中的综合滤波器组。其重建过程与一维 DWT 情况类似，即先将 W_{φ} 与 W_{ψ}^{1} 组合、W_{ψ}^{2} 与 W_{ψ}^{3} 组合分别进行列 DWT 反变换，得到的两个输出结果再进行一次行 DWT 反变换，这正好是二维 DWT 相反的过程。

例 3-9 图像的小波变换。

图 3-30 是一幅图像的二维小波变换，从图上可以看出，在每一层上，左上角是对上一层图像的近似，其他三个分别是图像的三个方向上的细节信息。如果把每一层上的近似图像从上到下叠起来，就对应了图 3-15 的金字塔结构，只是序号是相反的。不同层代表了图像的不同分辨率。从前面的学习中知道，给定任意一层图像的近似信息与各层的小波系数，可以重建出原始图像。这样的分解有一个好处，就是我们可以根据需要，在任意层上处理图像的数据。比如，在较高分辨率下检测图像边缘时，图像中较小的边缘也会检测到，而在较低分辨率下，只能检测到较粗的边缘；又如在图像的细节信息中，可以通过对低于门限的元素

置零的方式滤除噪声或进行压缩存储等，这就是图像的多分辨率分析的内容。

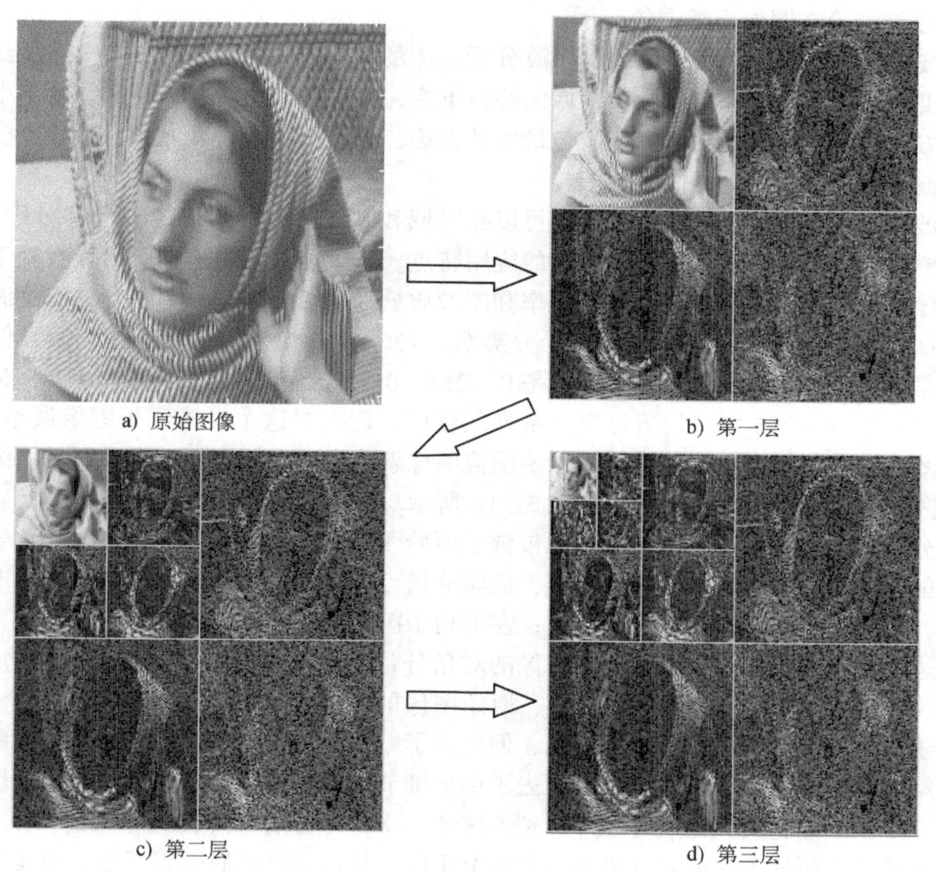

图 3-30 图像的二维离散小波变换

3.3.6 小波分析在图像处理中的应用

小波分析的应用是与小波分析的理论研究紧密地结合在一起的，现在它已经在信息产业领域取得了令人瞩目的成就。电子信息技术是高新技术中的重要领域之一，其重要方面是图像和信号处理。现今，信号处理已经成为当代科学技术工作的重要部分，信号处理的目的是准确地分析和诊断、编码压缩和量化、快速传递或存储、精确重构(或恢复)。从数学的角度来看，信号与图像处理可以统一看作是信号处理(图像可以看作是二维信号)，在小波分析的许多应用中，都可以归结为信号处理问题。目前，对于时间不变的信号，处理的理想工具仍然是傅里叶分析，但是在实际应用中绝大多数信号是时变的非稳定信号，因而小波分析就成为分析非稳定信号的有力工具。

小波分析的应用领域十分广泛，它包括：数学领域的许多学科；信号分析、图像处理；量子力学、理论物理；军事电子对抗与武器的智能化；计算机分类与识别；音乐与语言的人工合成；医学成像与诊断；地震勘探数据处理；大型机械的故障诊断等方面。例如，在数学方面，它已用于数值分析、构造快速数值方法、曲线曲面构造、微分方程求解、控制论等；在信号分析方面，它用于滤波、去噪声、压缩、传递等；在图像处理方面，它用于图像压缩、分类、识别与诊断，去污等；在医学成像方面，它用于减少 B 超、CT、核磁共振成像的时间，提高分辨率等。

1. 小波变换在图像压缩中的应用

小波分析用于信号与图像压缩是小波分析应用的一个重要方面。它的特点是压缩比高，压缩速度快，压缩后能保持信号与图像的特征不变，且在传递中可以抗干扰。基于小波分析的压缩方法很多，比较成功的有小波包最优基方法、小波域纹理模型方法、小波变换零树压缩、小波变换向量压缩等。

小波变换是一种复杂的数学变换，可以在时域和频域上对原始信号进行多分辨率分解，在此简要地介绍一下其在图像压缩方面的应用特点。为了能够直观地理解为什么基于小波变换的图像编码能够很好地实现图像分辨率和图像质量的多级伸缩性，举一个二级小波分解的例子，如图3-31所示。图3-31a是一个分辨率为256×256像素的灰度图像，假设像素的量化精度是8bit，则每个像素的取值范围是0~255，0对应最低灰度值“黑”，255对应最高灰度值“白”，0~255之间的值对应一系列灰度值。现在对这个二维原始图像做小波变换，对二维图像做小波变换实际上就是把原始图像的像素值矩阵变换成另一个有利于压缩编码的系数矩阵，该系数矩阵对应的图像如图3-31b所示。可以看出，经过一级小波变换后，原始图像被分解成几个子图像，每个子图像包含了原始图像中的不同频率成分。左上角子图包含了图像的低频分量，即图像的主要特征，低频分量可再次分解；右上角子图包含了图像的垂直分量，即包含了较多的垂直边缘信息；左下角子图包含了图像的水平分量，即包含了较多的水平边缘信息；右下角子图包含了图像的对角分量，即同时包含了垂直和水平边缘信息。从图3-31b中可以看出，经过小波变换，原始图像的全部信息被重新分配到了四个子图中，左上角子图包含了原始图像的低频信息，但失去了一部分边沿细节信息，这些失去的细节信息被分配到了其他三个子图中。由于失去了部分细节信息，所以左上角子图比原始图像模糊了一些，不仅如此，其长宽尺寸也降低到原来的一半，即分辨率降低到原来的1/4。一种最容易理解的图像压缩方法就是，丢弃三个细节子图，只保留并编码低频子图。但实际上，并不是通过这么简单的处理来进行图像压缩，三个细节子图不会被丢掉，而是与低频子图一起编入码流，这样才可能在解码时恢复出完整的原始图像，当然，如果用户只需要一个小尺寸的图像，那就只需从码流中解码出低频子图即可。低频子图可以进一步分解，经过二级分解后，系数矩阵所对应的图像如图3-31c所示。图3-31c中，低频子图的尺寸降到了原始图像的1/16，可见每一级小波分解都是对空间分辨率和频率分量的进一步细分。从此例可以看出，小波变换为在一个码流中实现图像多级分辨率提供了基础。前面提到，为了能在解码端恢复出完整的原始图像，所有的细节子图都一起编入了码流，不扔掉这些细节，那图像的数据量又怎能被压缩呢？对图像进行了小波变换，并不代表图像的数据量就被压缩了，因为变换后，系数的总量并未减少，那么变换的意义何在呢？在于使图像的能量分布(频域内的系数分布)发生改变，从而利于压缩编码。要真正地压缩数据量，还要对变换后的系数进行量化、扫描和熵编码。这里所说的量化不同于把模拟信号转换成数字信号过程中所用到的量化概念，因为这里的系数矩阵中的系数已经是数字量了，此处的量化实际上是二次量化，即用一个大于1的量化步长，对这些系数再次量化，使它们的幅度进一步减小，量化步长越大，量化后的系数幅度越小，甚至出现很多的零系数，按照一定的规律把这些系数排成一列(一维序列)，使零系数尽可能多地排在一起，这个过程称为系数扫描，然后再对重新排列后的系数进行熵编码(如算术编码)，零系数越多越集中，熵编码后所剩的数据量就越少，图像压缩比就越大。在JPEG2000中，通过对系数进行多层量化来实现图像质量的多级伸缩性，通过对量化后的系数进行算术熵编码来实现比特分配，经过量化和算术编码，数据量得以大幅压缩。所以，小波变换为实现多级图像分辨率提供了基础，而多层量化与算术编码为实现多级图像质量（精度）提供了可能，这两项是JPEG2000图像压缩编码中的关键技术。

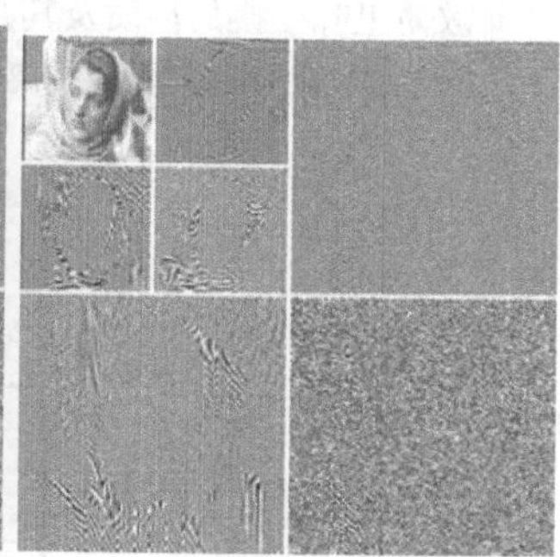

a）原始灰度图像　　b）一级小波分解后的图像　　c）二级小波分解后的图像

图3-31　小波变换在图像压缩中的应用

2. 小波变换在去除光照不均预处理中的应用

如图3-32a所示，相机逆光从洞穴向外拍摄，洞内一部分区域比较暗，看不清细节。为了提高图像质量，看清楚洞内墙壁上的细节，可以在预处理阶段对光照不均现象进行去除。去除光照不均的最常用方法是同态增晰法，然而常规的同态增晰方法虽然能够消除光照不均现象，但同时也会一定程度上造成图像原有纹理细节的丢失。如图3-32b所示，同态增晰后的洞内墙壁比原图清晰了许多，但洞口外的树木却在细节上有所丢失。由于小波变换的低频（左上角图像）保持了原图的概貌，而高频区域主要对应了图像的纹理细节，那么，如果在对原图像进行一次小波变换后，只在小波变换的左上角区域进行同态增晰，然后再进行小波反变换，则既可以去除图像中的光照不均，又可以较单纯的同态增晰算法保留更多的纹理细节，如图3-33所示。

a）原图　　b）同态增晰的结果

图3-32　图像的同态增晰效果图

a）对图3-32a进行小波变换　　b）对图a中左上角区域进行同态增晰并小波反变换的结果

图3-33　小波基础上进行同态增晰的结果

习 题

3-1 离散傅里叶变换的性质及其在图像处理中的应用有哪些？

3-2 求图3-34所示图像的二维离散傅里叶变换。

$$f(x,y)=\begin{cases}E & |x|<a,|y|<b\\0 & \text{其他}\end{cases}$$

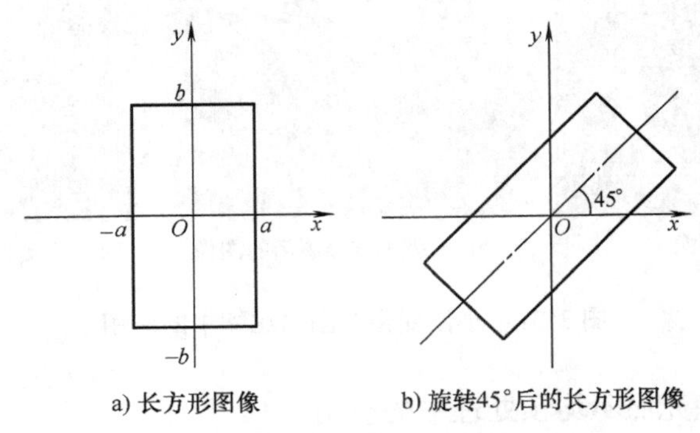

a) 长方形图像 b) 旋转45°后的长方形图像

图3-34 题3-2图

3-3 给定一幅图像，试通过傅里叶变换对图像加入一个斜向的正弦波。

3-4 请用C或者Matlab编程做出图3-35所示图像的二维离散余弦变换。

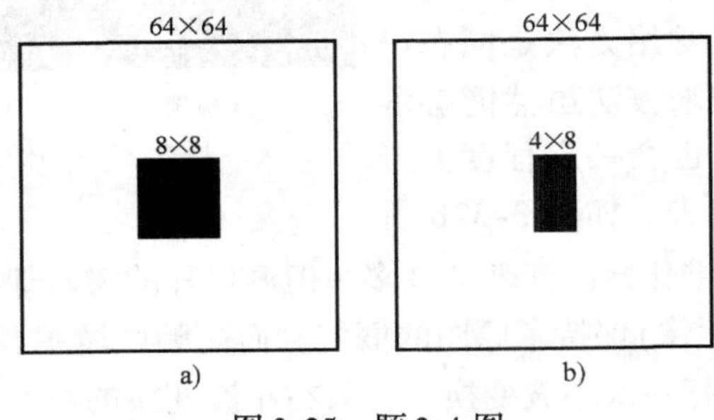

a) b)

图3-35 题3-4图

3-5 构造 $N=8$ 的哈尔变换矩阵。

3-6 用哈尔尺度函数，将例3-6中 $f(x)$ 表达成 $j=3$ 尺度下的展开函数的线性表示。

3-7 对于哈尔小波函数，画出小波 $\psi_{3,3}(x)$，试对例3-6中的 $f(x)$ 进行一次小波分解。

3-8 试分析小波变换过程与金字塔分解过程的相似点。

3-9 给定一幅行和列均为2的整数次幂的图像，用哈尔小波基对其进行二维小波变换，试着将最低尺度近似分量 W_φ 置零再反变换，你看到的是什么？如果把垂直方向的细节置零，反变换后你看到的又是什么？试解释一下原因。

第4章　图像增强

4.1　引言

在图像的生成、传输或变换的过程中，由于多种因素的影响，总会造成图像质量的下降，这就需要进行图像增强。图像增强是基本的图像处理技术之一，其主要目的有两个：一是改善图像的视觉效果，提高图像的清晰度。“改善”是指针对给定图像的模糊状况以及其应用场合，通过图像处理算法，达到有目的性地强调图像整体或局部特性的效果。例如在图4-1中，原来的照片由于存放年代久远，因此数字化后的图像中有很多模糊的杂点，经过图像平滑处理后图像的视觉效果得到提高。二是将图像转换成一种更适合于人类或机器进行分析处理的形式，以便从图像中获取更多有用的信息。例如在图4-2中，通过锐化处理可以突出图像的边缘轮廓线，以便于后续的各种特征分析。

a) 原图

b) 平滑处理后的图像

图4-1　图像平滑处理的效果

图像增强与感兴趣物体的特性、观察者的习惯和处理目的相关，因此，图像增强算法的应用是有针对性的，并不存在通用的增强算法。近十多年来，图像处理工作者提出了不少颇有成效的增强算法，其中相当一部分已付诸实用。但目前的增强技术大多属于试探式和面向问题的，而且由于评价图像质量的优劣标准凭观察者的主观而定，衡量图像增强质量的通用标准和通用的定量判据并不存在，因此图像增强方法的有效性目前尚无统一的权威性定义。在实用中，针对某个应用场合的具体图像，可同时选几种适当的增强算法进行试验，从中选出视觉效果比较好、计算复杂性相对小又合乎应用要求的一种算法。

图像增强技术包括：扩展对比度、增强图像中对象的边缘、消除或抑制噪声或保留图像中感兴趣的某些特性而抑制另一些特性等。

图像增强方法按其处理的空间不同，可分为空间域法和频率域法两大类：

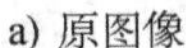

a) 原图像

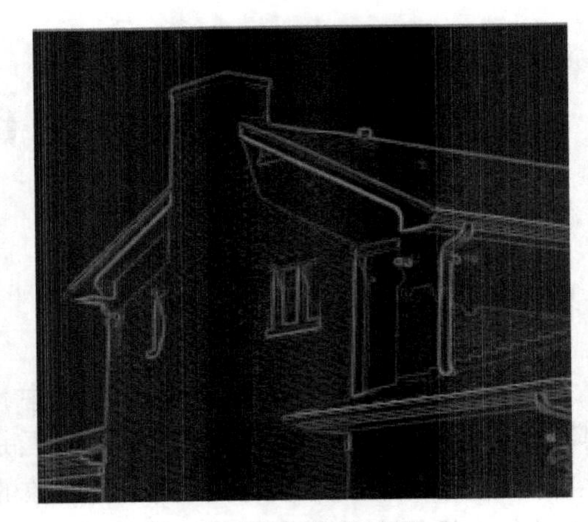

b) 边缘突出后的图像

图 4-2 图像边缘轮廓线的突出效果

1. 空间域法

空间域法是在空间域内直接对像素灰度值进行运算处理，如图 4-3 所示。常用的空间域法有图像的直接灰度变换、直方图修正、图像空域平滑和锐化处理、伪彩色处理等。

2. 频率域法

频率域法就是在图像的某种变换域内，对图像的变换值进行运算，然后通过逆变换获得图像增强效果。这是一种间接处理方法，其过程如图 4-4 所示。其中，$f(x,y)$是输入图像函数，$F(u,v)$是$f(x,y)$经变换后的频域函数(这里的变换并不一定是傅里叶变换，也可能是其他变换)，$G(u,v)$是经过频域处理后的函数，$g(x,y)$是$G(u,v)$经反变换后得到的空域函数。

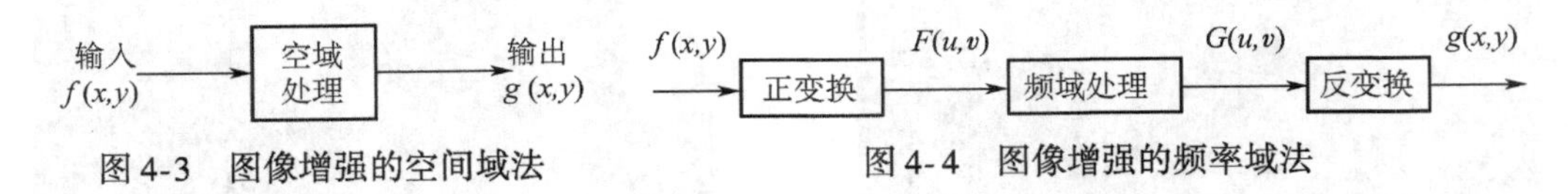

图 4-3 图像增强的空间域法

图 4-4 图像增强的频率域法

根据图像的频率特性分析，一般认为整个图像的对比度和动态范围取决于图像信息的低频部分，而图像中的边缘轮廓及局部细节取决于高频部分。因此可以采用二维数字滤波方法来进行图像处理。如采用高通滤波器，有助于突出边缘轮廓和图像细节部分，而用低通滤波器可以减少图像噪声。

本章主要介绍几种常用的图像增强处理方法。

4.2 直接灰度变换

一般的成像系统具有一定的亮度范围，我们称亮度的最大值与最小值之差为对比度。由于成像系统亮度范围有限，常出现对比度不足的弊病，使人眼观察图像时视觉效果很差。通过灰度变换可使图像动态范围加大、图像对比度扩展、图像清晰、图像特征明显，从而大大改善了图像的视觉效果。灰度变换是图像增强的重要手段之一。灰度变换法又分为灰度线性变换和灰度非线性变换两种。

4.2.1 灰度线性变换

1. 全域线性变换

假定原图像$f(x,y)$的灰度范围为$[a,b]$，希望变换后图像$g(x,y)$的灰度范围扩展至$[c,d]$，则线性变换的表示式为

$$g(x,y)=[(d-c)/(b-a)][f(x,y)-a]+c \tag{4-1}$$

此关系可用图4-5表示。

如果图像中大部分像素的灰度级分布在区域$[a,b]$之间，小部分灰度级超出了此区域，为了改善增强效果，可以用如下所示的变换关系：

$$g(x,y)=\begin{cases} c & 0\leqslant f(x,y)<a \\ \dfrac{d-c}{b-a}[f(x,y)-a]+c & a\leqslant f(x,y)<b \\ d & b\leqslant f(x,y)\leqslant M \end{cases} \tag{4-2}$$

此关系可用图4-6表示。

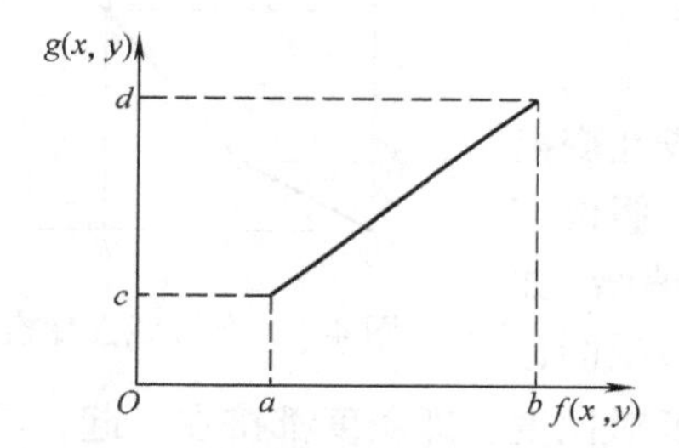

图4-5 灰度范围线性变换关系

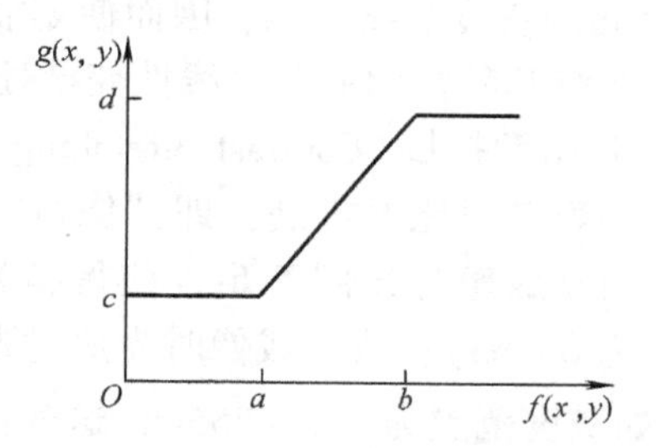

图4-6 式(4-2)的线性变换关系

在灰度线性变换中有一种比较特别的情况，就是图像的负相变换。对图像求反是将原图灰度值翻转，简单地说就是将黑的变成白的、将白的变成黑的。普通黑白照片和底片就是这种关系。负相变换的关系可用图4-7表示，图中的a为图像灰度的最大值。

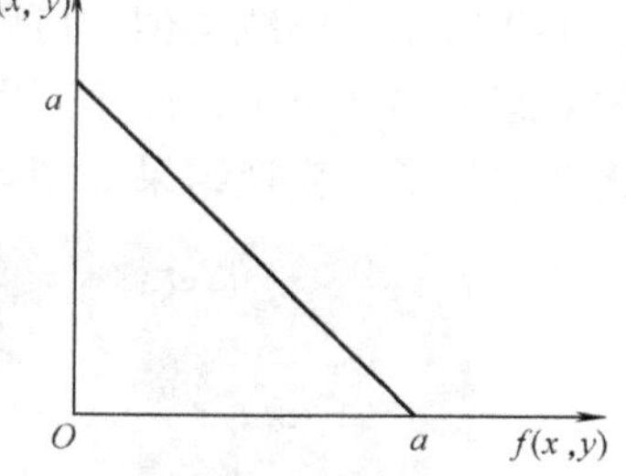

图4-7 图像的负相变换关系

负相变换有时是很有用的，如图4-8所示，原图中黑色区域占绝大多数，这样打印起来很费墨，可以先进行负相变换处理再打印，省墨的同时同样能反映原图的基本内容。

2. 分段线性变换

在图像增强中，为了突出感兴趣的目标或灰度区间，相对抑制那些不感兴趣的灰度区间，可以采用分段线性变换。常用的方法是分三段作线性变换，如图4-9所示，其数学表达式为

$$g(x,y)=\begin{cases} (c/a)f(x,y) & 0\leqslant f(x,y)<a \\ [(d-c)/(b-a)][f(x,y)-a]+c & a\leqslant f(x,y)<b \\ [(M_g-d)/(M_f-b)][f(x,y)-b]+d & b\leqslant f(x,y)\leqslant M_f \end{cases} \tag{4-3}$$

图中对灰度区间$[a,b]$进行了线性变换，而灰度区间$[0,a]$和$[b,M_f]$受到了压缩。通过细心调整折线拐点的位置及控制分段直线的斜率，可对任意灰度区间进行扩展或压缩。这种变换适用于在黑色或白色附近有噪声干扰的情况。例如图4-10中的照片，在女孩的帽檐上

a) 原图

b) 进行负相变换后的图

图4-8 图像的负相变换

有一条白色的划痕，在女孩后面的镜框上有一条黑色的划痕，对原图进行分段线性变换处理，由于变换后$[0,a]$和$[b,M_f]$之间的灰度受到压缩，因而使划痕得到减弱。

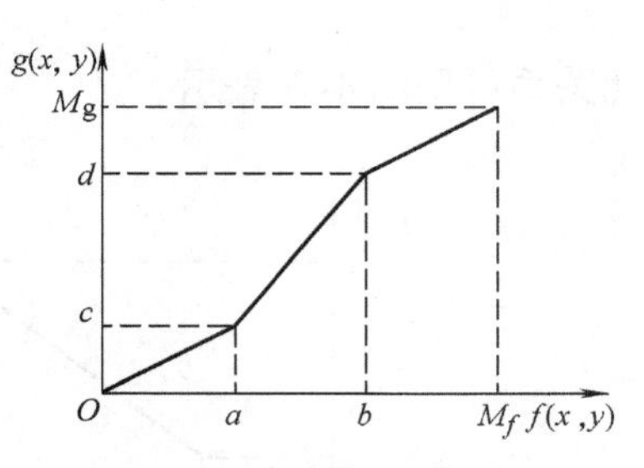

图4-9 分段线性变换关系

下面介绍几种常用的分段线性变换处理。

（1）对比度扩展（Contrast Stretching） 分段线性变换中最常见的就是对比度扩展，即图像对比度增强。假设有一幅图，由于成像时光照不足，使得整幅图色调偏暗（如灰度范围为0～63）；或者成像时光照过强，使得整幅图色调偏亮（如灰度范围为200～255），这些情况称为低对比度，即灰度都挤在一起，没有拉开。对比度扩展的意思就是把感兴趣的灰度范围拉开，使得该范围内的像素值，高的更高，低的更低，从而达到增强对比度的目的。增强对比度实际上就是增强原图各部分的反差，实际中往往是通过增加原图里某两个灰度值间的动态范围来实现的。增强对比度的典型变换曲线与图4-9所示的曲线类似，可以看出，通过这样一个变换，原图中灰度值在$0\sim a$和$b\sim M_f$间的动态范围减小了，而原图中灰度值在a和b之间的动态范围增加了，从而这个范围内的对比度增强了。变换结果如图4-11所示。

a) 原图

b) 进行分段线性变换后的图

图4-10 图像的分段线性变换

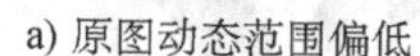

a) 原图动态范围偏低

b) 原图动态范围偏高

c) 对比度扩展后的图

图 4-11 图像的对比度扩展

实际应用中 a、b、c、d 可取不同的值进行组合，从而得到不同的效果。如果 $a=c$、$b=d$，则变换曲线为一条斜率为 1 的直线，增强图将和原图相同。

（2）削波(Clipping) 削波可以看作是对比度扩展的一个特例，在图 4-9 所示的对比度扩展曲线中，如果 $c=0$、$d=M_g$，则变换后的图像抑制了 $[0,a]$ 和 $[b,M_f]$ 两个灰度区间内的像素，增强了 $[a,b]$ 之间像素的动态范围，其变换关系如图 4-12 所示。

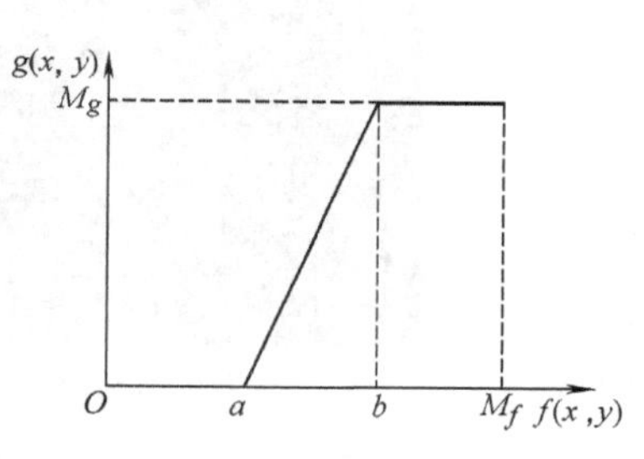

图 4-12 削波的变换关系

图 4-13 所示是一个削波的实例。

a) 原图

b) 削波处理后的图

图 4-13 图像的削波处理

（3）阈值化(Thresholding) 阈值化可以看作是削波的一个特例，在图 4-9 所示的对比度扩展曲线中如果 $a=b$、$c=0$、$d=M_g$，则变换后的图像只剩下两个灰度级，对比度最大但细节全部丢失。阈值就好像一个门槛，比它大的就是白，比它小的就是黑。经过阈值化处理后的图像变成了黑白二值图，阈值化是灰度图转二值图的一种常用方法。图 4-14 所示是阈值化的变换关系。

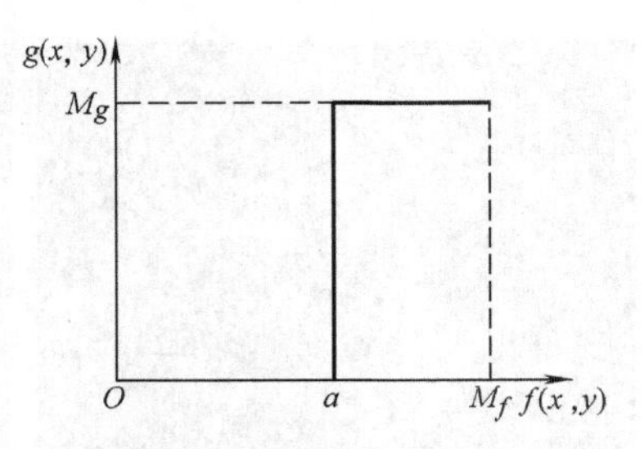

图 4-14 阈值化的变换关系

图 4-15 所示是阈值化处理的一个例子，图像经阈值化处理后，变成了一幅黑白二值图。

（4）灰度窗口变换(Slicing) 灰度窗口变换是将某一区间的灰度级和其他部分(背景)分开。灰度窗口变换有两种，一种是清除背景，一种是保留背景。前者把不在灰度窗口范围内的像素都赋值为最小灰度级，在灰度窗口范围内的像素都赋值为最大灰度级，这实际上是一种窗口二值化处理，其变换关系如图 4-16 所示；后者是把不在灰度窗口范围内的像素保留原灰度值，而在灰度窗口范围内的像素都赋值为最大灰度级，其变换关系如图 4-17 所示。

a) 原图

b) 阈值化处理后的图

图 4-15 图像的阈值化处理

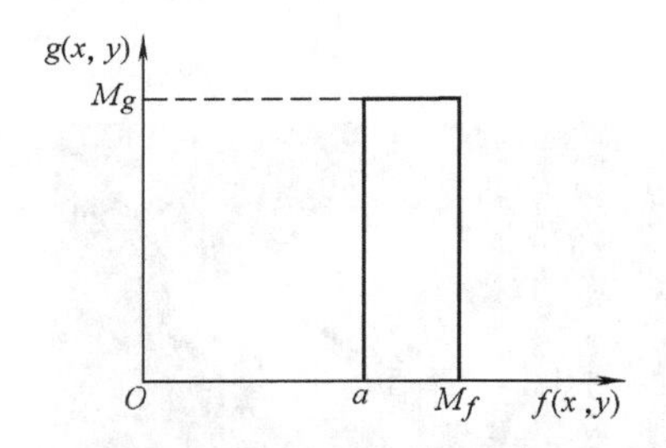

图 4-16 清除背景的灰度窗口变换关系

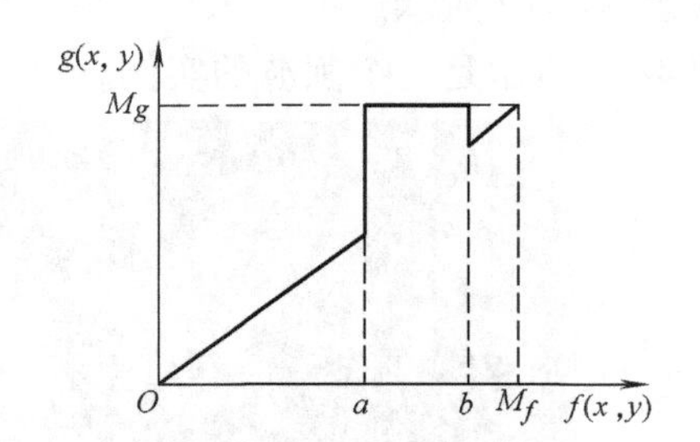

图 4-17 保留背景的灰度窗口变换关系

灰度窗口变换可以检测出在某一灰度窗口范围内的所有像素，是图像灰度分析中的一个有力工具。如图 4-18 所示，经过清除背景的灰度窗口变换处理后，原图夜景中大厦里的灯光被提取了出来，而保留背景的灰度窗口变换在将夜景中大厦里的灯光提取出来的同时还保留了大厦的背景，可以看出它们的差别还是很明显的。

灰度窗口变换的应用十分广泛，现在的电影特技制作中广泛使用的“蓝幕”技术就用到了这一原理。例如在电影《阿甘正传》中那个断腿的丹尼上校，就是应用了类似灰度窗口变换的思想来实现的：先拍一幅没有演员出现的背景画面，然后拍一幅有演员出现、其他背景不变的画面，此时演员的腿用蓝布包裹。把前后两幅图输入计算机进行处理，在第二幅图中凡是遇到蓝色的像素，就用第一幅图中对应位置的背景像素代替，这样，一位断腿的上校就逼真地出现在屏幕上了。

a) 原图

b) 清除背景的灰度窗口变换

c) 保留背景的灰度窗口变换

图 4-18 图像的灰度窗口变换

4.2.2 灰度非线性变换

当用某些非线性函数，如对数函数作为图像的映射函数时，可实现图像灰度的非线性变换，对数变换的一般形式为

$$g(x,y)=a+\frac{\ln[f(x,y)+1]}{b\ln c} \tag{4-4}$$

式中，a、b、c 是为了便于调整曲线的位置和形状而引入的参数，它使低灰度范围的 f 得以扩展而高灰度范围的 f 得到压缩，以使图像分布均匀，与人的视觉特性相匹配。图像的对数变换关系如图 4-19 所示。

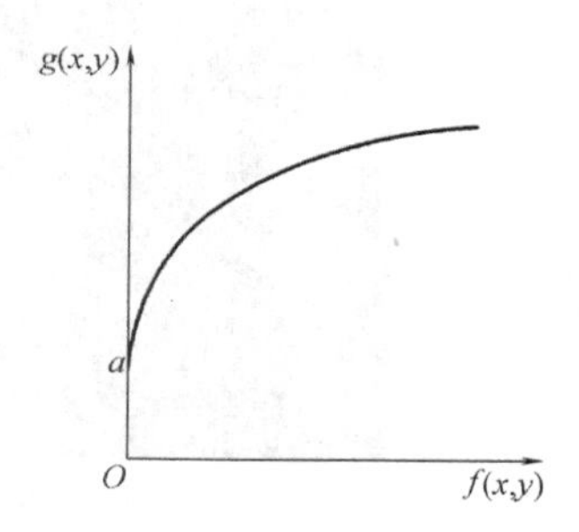

图 4-19 图像的对数变换关系

指数变换的一般形式为

$$g(x,y)=b^{c[f(x,y)-a]}-1 \tag{4-5}$$

式中，a、b、c 三个参数同样是用来调整曲线的位置和形状。它的效果与对数变换相反，使图像的高灰度范围得到扩展。灰度非线性变换的一个例子是动态范围压缩，该方法的目标与增强对比度相反，有时原图的动态范围太大，超出某些显示设备的允许动态范围，这时如直接使用原图则一部分细节可能丢失，解决的办法是对原图进行灰度压缩。一种常用的压缩方法是借助图 4-19 所示的对数形式变换，动态范围压缩的效果如图 4-20 所示。

a) 原图

b) 进行动态范围压缩后的图

图 4-20 图像的动态范围压缩

4.3 直方图修正法

在数字图像处理中，灰度直方图是最简单且最有用的工具之一，可以说，对图像的分析与观察乃至形成一个有效的处理方法，都离不开直方图。

4.3.1 灰度直方图的定义

灰度直方图是表示一幅图像灰度分布情况的统计图表。直方图的横坐标是灰度级，一般用 r 表示，纵坐标是具有该灰度级的像素个数或出现这个灰度级的概率 $P(r_k)$。已知

$$P(r_k) = n_k/N \tag{4-6}$$

式中，N 为一幅图像中像素的总数；r_k 表示灰度值为 k 的灰度级；n_k 为第 r_k 级灰度的像素数；$P(r_k)$表示该灰度级出现的概率。因为 $P(r_k)$给出了对 r_k 出现概率的一个估计，所以直方图提供了原图的灰度值分布情况，也可以说给出了一幅图所有灰度值的整体描述。图 4-21 给出了图像的直方图。

a) 原图

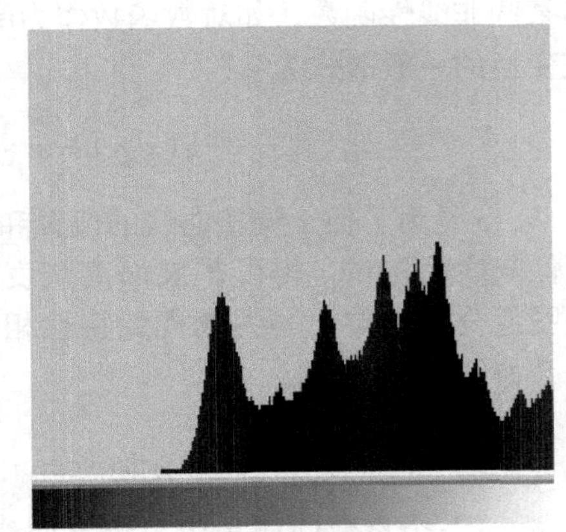

b) 原图的直方图

图 4-21 图像的直方图

对于相同的场景，由于获得图像时的亮度或对比度不同，所对应的直方图也不同。如图 4-22 所示，图 a 对应偏暗的图像，图 b 对应偏亮的图像，图 c 对应动态范围偏小的图像，图 d 对应动态范围正常的图像。由此看出，可以通过改变直方图的形状来达到增强图像对比度的效果。

直方图仅能统计灰度像素出现的概率，具有一维特征，反映不出该像素在图像中的二维坐标，即在直方图中，失去了图像本身具有的像素空间位置信息(二维特征)。一幅图像对应一个直方图，但一个直方图并不一定只对应一幅图像，几幅图像只要灰度分布密度相同，那么它们的直方图也是相同的。假定有一个只有两个灰度级且分布规律相同的直方图如图 4-23a 所示，其相对应的图像可以是图 4-23b 所示的几种不同的图像。虽然在图像的灰度直方图中，所有的空间信息全部丢失，不能判断图像的内容，但是每一个灰度级上的像素个数可直接得到，通过灰度直方图的形状，能判断该图像的清晰度和黑白对比度。

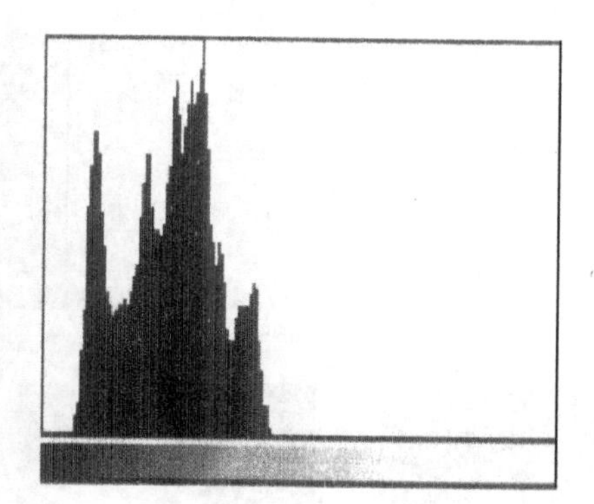

a) 偏暗的图像及其直方图

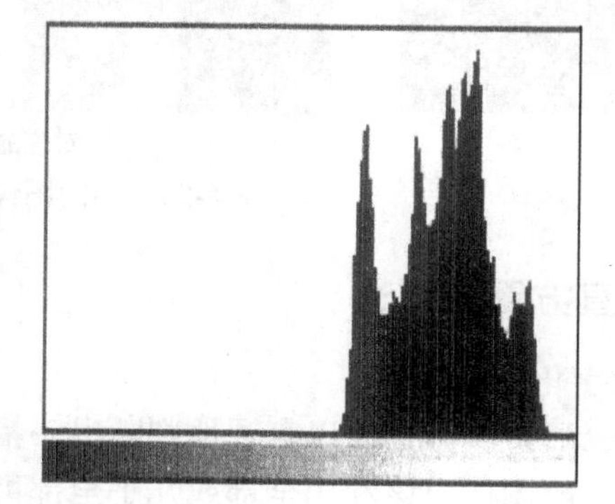

b) 偏亮的图像及其直方图

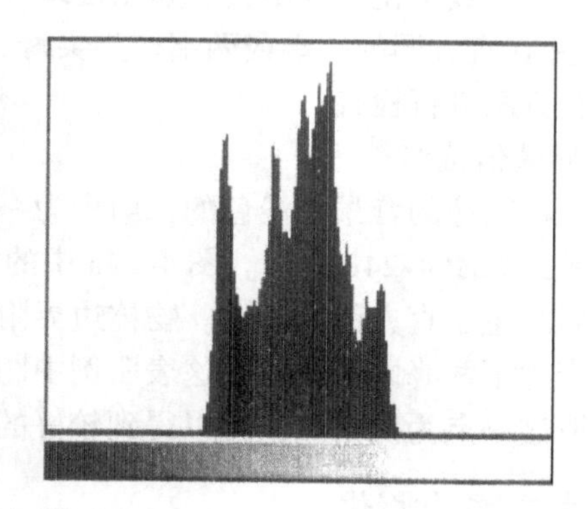

c) 动态范围偏小的图像及其直方图

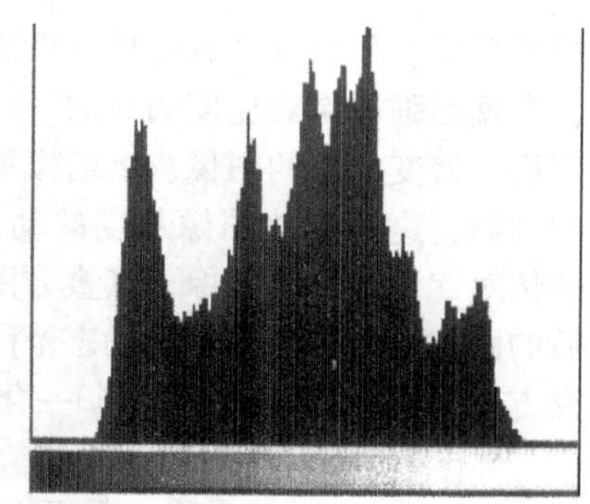

d) 动态范围正常的图像及其直方图

图 4-22 不同类型图像的直方图

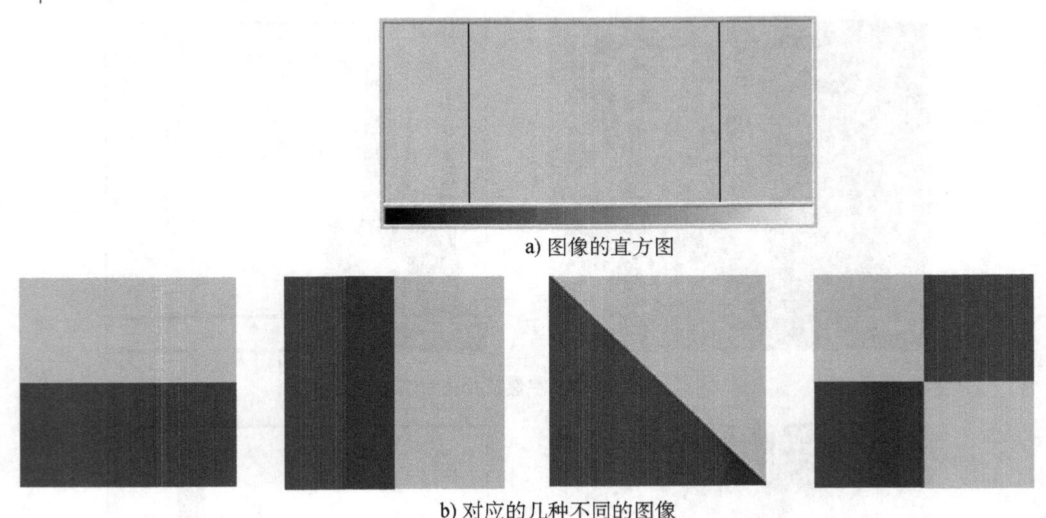

a) 图像的直方图

b) 对应的几种不同的图像

图4-23 不同图像对应相同的直方图

4.3.2 直方图的用途

1. 数字化参数

首先，通过直方图可以直观地判断出一幅图像是否合理地利用了全部被允许的灰度级范围，一般一幅图像应该利用全部或几乎全部可能的灰度级，否则就等于增加了量化间隔。其次，如果图像在数字化过程中具有超出处理能力范围的亮度，则这些像素的灰度级将被置为0或255，并在直方图的一端或两端产生尖峰，为避免这个问题，最好的办法是在图像数字化时对其直方图进行检查。

2. 边界阈值选取

假定一幅图像的背景是浅色的，前景为一个深色的物体，则即图像的灰度直方图具有两个峰值区域，如图4-24c所示。图4-24a中的浅色背景像素产生了直方图的右峰，而图像前景中的房屋产生了直方图的左峰。物体边界附近具有两个峰值之间灰度级的像素数目相对较少，从而产生了两峰之间的谷，这表明例中图像较亮的背景区域和较暗的前景区域可以较好地分离，取这一点为阈值点，可以得到较好的二值化处理效果，如图4-24b所示。

4.3.3 直方图均衡化

对于获得的图像，如果其视觉效果不理想，可以通过直方图均衡化处理技术对其直方图作适当修改，实现增强图像对比度的目的。这种方法的基本思想是对原始图像中的像素灰度作某种映射变换，使变换后的图像灰度的概率密度是均匀分布的，即变换后图像是一幅灰度级均匀分布的图像，这意味着图像灰度的动态范围得到了增加，即图像的对比度得到了提高。例如，一幅对比度较小的图像，其直方图分布一定集中在某一比较小的范围之内，经过均衡化处理后的图像，增加了图像的动态范围和对比度。

为了研究方便，用r和s分别表示归一化的原始图像灰度和变换后的图像灰度，即

$$0\leqslant r\leqslant 1,\ 0\leqslant s\leqslant 1 \quad (0\text{代表黑},1\text{代表白})$$

在[0,1]区间内的任意一个r值，都可以产生一个s值，且$s=T(r)$，$T(r)$为变换函数。为使这种灰度变换具有实际意义，$T(r)$应满足下列条件：

a) 原图

b) 阈值分割后的二值图

c) 直方图

图 4-24 利用直方图选取边界阈值

1）在 $0 \leqslant r \leqslant 1$ 区间，$T(r)$ 为单调递增函数；

2）在 $0 \leqslant r \leqslant 1$ 区间，有 $0 \leqslant T(r) \leqslant 1$。

这里，条件1)保证灰度级从黑到白的次序，条件2)保证变换后的像素灰度仍在原来的动态范围内。

由 s 到 r 的反变换为

$$r = T^{-1}(s) \quad (0 \leqslant s \leqslant 1)$$

这里 $T^{-1}(s)$ 对 s 也满足条件1)和2)。

由概率论可知，若原图像灰度级的概率密度函数 $P_r(r)$ 和变换函数 $T(r)$ 已知，且 $T^{-1}(s)$ 是单调增加函数，则变换后的图像灰度级的概率密度函数 $P_s(s)$ 如下式所示：

$$P_s(s) = P_r(r)\frac{\mathrm{d}r}{\mathrm{d}s}\bigg|_{r=T^{-1}(s)} \tag{4-7}$$

对于连续图像，当直方图均衡化(并归一化)后有 $P_s(s) = 1$，即

$$\mathrm{d}s = P_r(r)\,\mathrm{d}r = \mathrm{d}T(r) \tag{4-8}$$

两边取积分得

$$s = T(r) = \int_0^r P_r(r)\,\mathrm{d}r \tag{4-9}$$

式(4-9)就是所求的变换函数，它表明变换函数是原图像的累计分布函数，是一个非负的递增函数。

图4-25所示为连续情况下非均匀概率密度函数 $P_r(r)$ 经变换函数 $T(r)$ 转换为均匀概率分布 $P_s(s)$ 的情况。变换后图像的动态范围与原图一致。

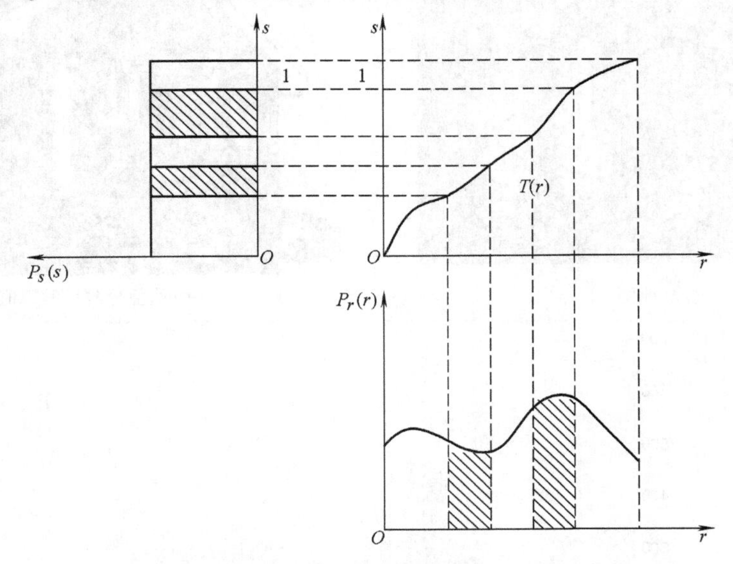

图4-25 将非均匀概率密度变换为均匀概率密度

例4-1 给定一幅图像的灰度级概率密度函数为

$$P_r(r)=\begin{cases}-2r+2 & 0\leqslant r\leqslant 1\\ 0 & 其他\end{cases} \tag{4-10}$$

要求其直方图均匀化，计算出变换函数 $T(r)$。

解 由式(4-9)得

$$s=T(r)=\int_0^r P_r(r)\,\mathrm{d}r=\int_0^r(-2r+2)\,\mathrm{d}r=-r^2+2r \tag{4-11}$$

根据 $T(r)$ 即可由 r 计算 s，亦即由 $P_r(r)$ 分布的图像得到 $P_s(s)$ 分布的图像。

对于离散图像，假定数字图像中的总像素为 N、灰度级总数为 L 个、r_k 表示灰度值为 k 的灰度级、n_k 为第 r_k 级灰度的像素数，则该图像中灰度级 r_k 的像素出现的概率(或称频数)为

$$P_r(r_k)=\frac{n_k}{N}\quad(0\leqslant r_k\leqslant 1;k=0,1,\cdots,L-1) \tag{4-12}$$

对其进行均匀化处理的变换函数为

$$s_k=T(r_k)=\sum_{j=0}^{k}P_r(r_j)=\sum_{j=0}^{k}\frac{n_j}{N} \tag{4-13}$$

相应的逆变换函数为

$$r_k=T^{-1}(s_k)\quad(0\leqslant s_k\leqslant 1) \tag{4-14}$$

利用式(4-13)对图像作灰度变换，即可得到直方图均衡化后的图像。下面举例说明数字图像直方图均衡化处理的详细过程。

例4-2 假设有一幅图像，共有64×64个像素、8个灰度级，各灰度级概率分布见

表4-1，将其直方图均衡化。

表4-1 各灰度级概率分布($N=4096$)

灰度级 r_k	$r_0=0$	$r_1=1/7$	$r_2=2/7$	$r_3=3/7$	$r_4=4/7$	$r_5=5/7$	$r_6=6/7$	$r_7=1$
像素数 n_k	790	1023	850	656	329	245	122	81
概率 $P_r(r_k)$	0.19	0.25	0.21	0.16	0.08	0.06	0.03	0.02

解 根据表4-1做出的此图像直方图如图4-26所示，应用式(4-13)可求得变换函数为

$$s_0=T(r_0)=\sum_{j=0}^{0}P_r(r_j)=P_r(r_0)=0.19$$

$$s_1=T(r_1)=\sum_{j=0}^{1}P_r(r_j)=P_r(r_0)+P_r(r_1)=0.19+0.25=0.44$$

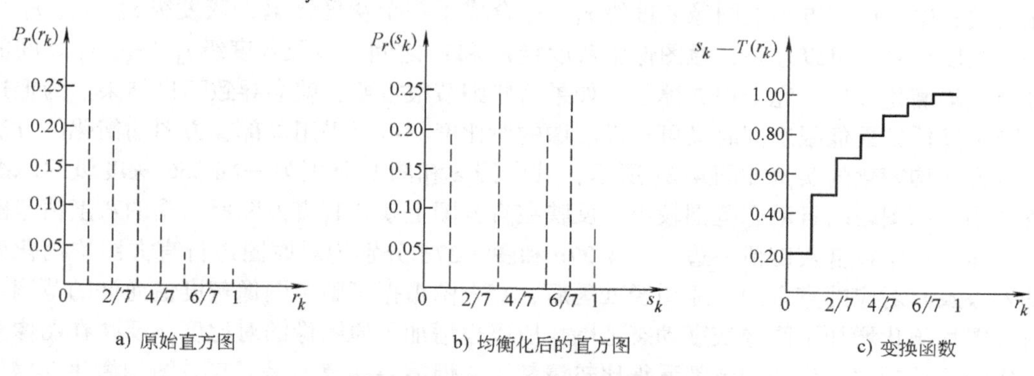

a) 原始直方图　b) 均衡化后的直方图　c) 变换函数

图4-26 例4-2的直方图均衡化

按此同样的方法计算出 s_2、s_3、s_4、s_5、s_6、s_7 如下：

$s_2=0.65$　$s_5=0.95$　$s_3=0.81$　$s_6=0.98$　$s_4=0.89$　$s_7=1.00$

图4-26c表示出了 s_k 与 r_k 之间的曲线，根据变换函数 $T(r_k)$ 可以逐个将 r_k 变成 s_k，从表4-1中看出原图像给定的 r_k 是等间隔的，即在0、1/7、2/7、3/7、4/7、5/7、6/7和1中取值，而经过 $T(r_k)$ 求得的 s_k 就不一定再是等间隔的，从图4-26c中可以明显地看出这一点，表4-2中列出了重新量化后得到的新灰度 s'_0、s'_1、s'_2、s'_3、s'_4。

表4-2 直方图均衡化过程

原灰度级	变换函数 $T(r_k)$ 值	像素数	量化级	新灰度级	新灰度级分布
$r_0=0$	$T(r_0)=s_0=0.19$	790	0		0
$r_1=1/7$	$T(r_1)=s_1=0.44$	1023	1/7=0.14	$s'_0(790)$	790/4096=0.19
$r_2=2/7$	$T(r_2)=s_2=0.65$	850	2/7=0.29		
$r_3=3/7$	$T(r_3)=s_3=0.81$	656	3/7=0.43	$s'_1(1023)$	1023/4096=0.25
$r_4=4/7$	$T(r_4)=s_4=0.89$	329	4/7=0.57		
$r_5=5/7$	$T(r_5)=s_5=0.95$	245	5/7=0.71	$s'_2(850)$	850/4096=0.21
$r_6=6/7$	$T(r_6)=s_6=0.98$	122	6/7=0.86	$s'_3(985)$	985/4096=0.24
$r_7=1$	$T(r_7)=s_7=1.00$	81	1	$s'_4(448)$	448/4096=0.11

把计算出来的 s_k 与量化级数相比较，可以得出：

$$s_0=0.19\rightarrow\frac{1}{7}\quad s_1=0.44\rightarrow\frac{3}{7}\quad s_2=0.65\rightarrow\frac{5}{7}\quad s_3=0.81\rightarrow\frac{6}{7}\quad s_4=0.89\rightarrow\frac{6}{7}$$

$$s_5=0.95\rightarrow1\quad s_6=0.98\rightarrow1\quad s_7=1\rightarrow1$$

由上可知，经过变换后的灰度级不再需要8个，而只需要5个就可以了，它们是

$$s_0'=\frac{1}{7}\quad s_1'=\frac{3}{7}\quad s_2'=\frac{5}{7}\quad s_3'=\frac{6}{7}\quad s_4'=1$$

把相应原灰度级的像素数相加就得到新灰度级的像素数。均衡化以后的直方图示于图4-26b，从图中可以看出均衡化后的直方图比原直方图4-26a均匀了，但它并不能完全均匀，这是由于在均衡化的过程中，原直方图上有几个像素较少的灰度级合并到一个新的灰度级上，而像素较多的灰度级间隔被拉大了。

虽然直方图均衡化能够提高图像对比度，但它是以减少图像的灰度等级为代价的。在均衡化的过程中，原直方图上图像灰度级 r_3、r_4 合成了一个灰度级 s_3'，灰度级 r_5、r_6、r_7 合成了一个灰度级 s_4'。可以理解，原图像中灰度级 r_3 和 r_4 之间，以及灰度级 r_5、r_6、r_7 之间的图像细节经均衡化以后，完全损失掉了，如果这些细节很重要，就会导致不良结果。为把这种不良结果降低到最低限度同时又可提高图像的对比度，可以采用局部直方图均衡化的方法。

直方图均衡化的实例如图4-27所示，其中图a和图b分别为一幅256灰度级的原图和其直方图。原图较暗且动态范围较小，反映在直方图上就是其直方图所占据的灰度值范围比较窄，而且集中在低灰度值一边。图4-27c和图4-27d分别为对原图进行直方图均衡化处理后的效果及其对应的直方图。原图经处理后，直方图占据了整个图像灰度值允许的范围。由于直方图均衡化增加了图像灰度动态范围，所以也增加了原图像的对比度，反映在图像上就是图像的反差较大，许多细节都看得比较清楚了。但需要注意的是，直方图均衡化在增加图像对比度的同时，也增加了图像的颗粒感(Graininess,Patchness)。

如果希望得到一个直方图完全平均而且灰度等级又不减少的均衡化处理，则必须用一些拟合技术，下面举例说明这种技术。以上述例4-2图像为例，要求处理后每一灰度级出现的概率相等，则每一灰度级的像素个数总和必须都是512，见表4-3。

表4-3　均匀处理结果

	s_0	s_1	s_2	s_3	s_4	s_5	s_6	s_7	处理前
r_0	512	278							790
r_1		234	512	277					1023
r_2				235	512	103			850
r_3						409	247		656
r_4							265	64	329
r_5								245	245
r_6								122	122
r_7								81	81
处理后	512	512	512	512	512	512	512	512	4096

从表4-3可以看出，为了得到均匀输出，原灰度为 $r_0\sim r_4$ 的像素都必须分成两部分或三部分。例如某一像素点原来的灰度值为 r_1，变换后它可以属于 s_1、s_2 或 s_3。如何确定其确切

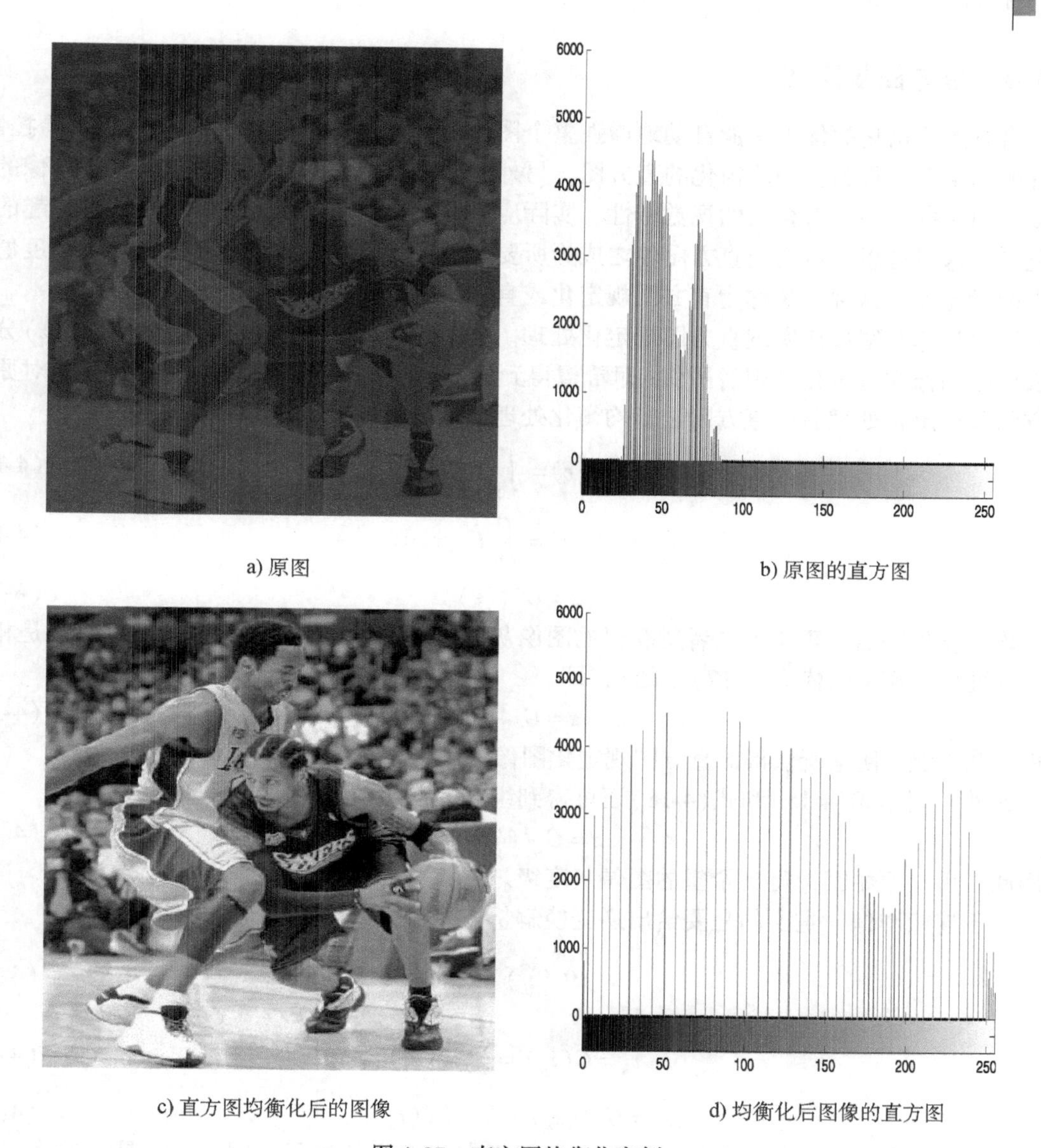

a) 原图　　b) 原图的直方图

c) 直方图均衡化后的图像　　d) 均衡化后图像的直方图

图 4-27　直方图均衡化实例

的灰度值，有两个办法。

（1）随机取数法　以上例的 r_3 为例，原图中属于 r_3 的有 656 个像素。按表 4-3 所列，其中 409 个应归入 s_5，247 个应归入 s_6。为确定某个灰度为 r_3 的像素应归入 s_5 还是归入 s_6，用计算机产生一个值为 0 ~ 1 间均匀分布的随机数，每遇到一个 r_3，就让随机数发生器产生一个随机数。由于 409/656 = 0.623、247/656 = 0.377，因此，如产生的随机数在 0 ~ 0.623 之间，就把这个灰度为 r_3 的像素转为 s_5；如产生的随机数在 0.623 ~ 1 之间，就把这个灰度为 r_3 的像素转为 s_6。

（2）按像素的邻域点的灰度来决定这个像素应属于哪个输出级　例如对灰度为 r_3 的像素，要看这个像素的邻域点（4 邻域或 8 邻域）有没有 s_5 和 s_6 的像素，以具有 s_5 和 s_6 灰度的像素多少来确定 r_3 属于 s_5 或属于 s_6；如 r_3 的邻域没有 s_5 或 s_6 的，则看其邻域有没有 s_4 或 s_7 的，以确定其输出属于 s_5 或属于 s_6，邻域中 s_4 多则 r_3 属于 s_5，s_7 多则属于 s_6。

4.3.4 直方图规定化

直方图均衡化的优点是能自动地增强整个图像的对比度，但具体的增强效果不易控制，处理的结果总是得到全局均衡化的直方图。另外，均衡化处理后的图像虽然增强了图像的对比度，但它并不一定符合人的视觉特性。实际应用中，有时要求突出图像中人们感兴趣的灰度范围，这时可以通过变换直方图使之成为所要求的形状，从而有选择地增强某个灰度值范围内的对比度，这种方法称为直方图规定化或直方图匹配。

下面具体介绍如何实现直方图规定化处理。先讨论连续的情况：设 $P_r(r)$ 和 $P_z(z)$ 分别代表原始图像和规定化处理后图像(即希望得到的图像)的灰度概率密度函数，分别对原始直方图和规定化处理后的直方图进行均衡化处理，则有

$$s = T(r) = \int_0^r P_r(r)\,\mathrm{d}r \tag{4-15}$$

$$v = G(z) = \int_0^z P_z(z)\,\mathrm{d}z \tag{4-16}$$

$$z = G^{-1}(v) \tag{4-17}$$

均衡化处理后，理论上二者所获得的图像灰度概率密度函数 $P_s(s)$ 和 $P_v(v)$ 应该是相等的，为此可以用 s 代替式(4-17)中的 v，即

$$z = G^{-1}(s) \tag{4-18}$$

这里的灰度级 z 便是所求得的直方图规定化图像的灰度级。

此外，利用式(4-15)和式(4-18)还可得到组合变换函数

$$z = G^{-1}(T(r)) \tag{4-19}$$

利用此式可从原始图像得到希望的图像灰度级。

对于连续图像，重要的是要给出逆变换解析式。对于离散图像而言，有

$$P_z(z_k) = \frac{n_k}{N} \tag{4-20}$$

$$v_k = G(z_k) = \sum_{j=0}^{k} P_z(z_i) \tag{4-21}$$

$$z_k = G^{-1}(s_k) = G^{-1}(T(r_k)) \tag{4-22}$$

下面仍以例4-2的图像为例，说明直方图规定化增强的过程。图4-28a是原始直方图，图4-28b是希望得到的直方图，把计算过程用表4-4列出。

表4-4 直方图规定化过程

序号	运算	步骤和结果							
1	原始图像灰度级	0	1	2	3	4	5	6	7
2	原始直方图各灰度级像素 n_k	790	1023	850	656	329	245	122	81
3	原始直方图 $P(r)$	0.19	0.25	0.21	0.16	0.08	0.06	0.03	0.02
4	原始累积直方图 s_k	0.19	0.44	0.65	0.81	0.89	0.95	0.98	1.00
5	规定化直方图 $P(z)$	0	0	0	0.15	0.20	0.30	0.20	0.15
6	规定化累积直方图 v_k	0	0	0	0.15	0.35	0.65	0.85	1.00
7	映射 $\lvert s_k - v_k \rvert$ 最小	3	4	5	6	6	7	7	7
8	确定映射关系	0→3	1→4	2→5	3,4→6		5,6,7→7		
9	变换后直方图	0	0	0	0.19	0.25	0.21	0.24	0.11

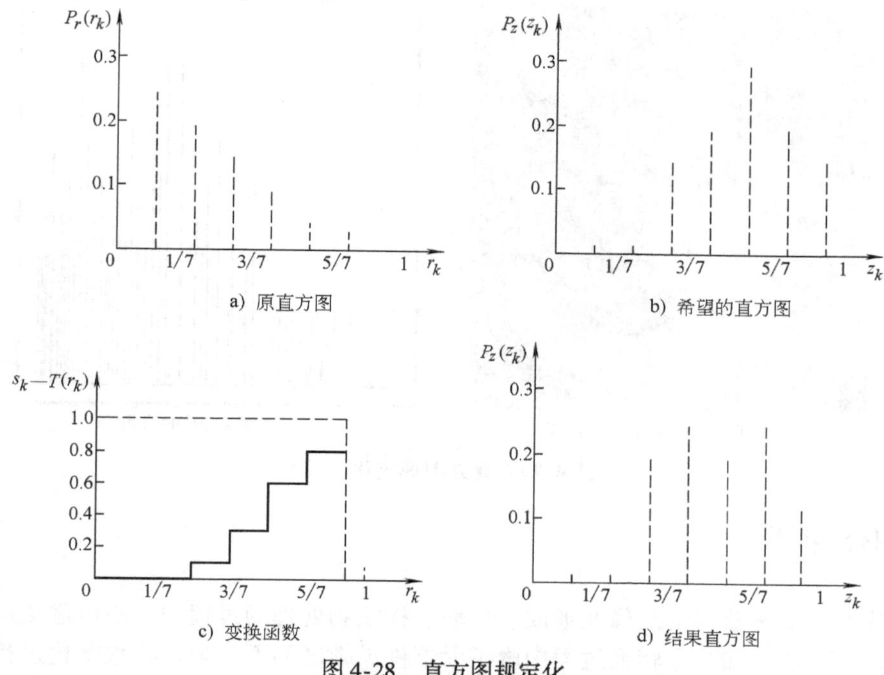

图 4-28　直方图规定化

以上步骤整理如下：

1）重复例 4-2 的均衡化过程，8 个灰度级并为 5 个灰度级；

2）对规定化的图像用同样的方法进行直方图均衡化处理，$v_k = G(z_k) = \sum_{j=0}^{k} P_z(z_j)$；

3）使用与 v_k 靠近的 s_k 代替 v_k，并用 $G^{-1}(s)$求逆变换即可得到 z'_k；

4）图像总像素点为 $64 \times 64 = 4096$，根据一系列 z'_k 求出相应的 $P_z(z_k)$，其结果如图 4-28d 所示。

例 4-3　直方图规定化示例。

图 4-29a 为原图，利用如图 4-29b 所示的规定化函数对原始图进行直方图规定化的变换，得到的结果如图 4-29c 所示，其直方图如图 4-29d 所示。

a) 原图

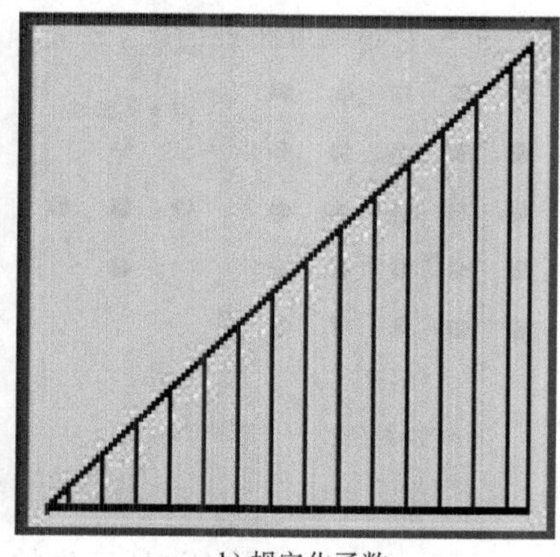

b) 规定化函数

图 4-29　直方图规定化

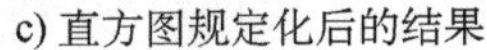

c) 直方图规定化后的结果

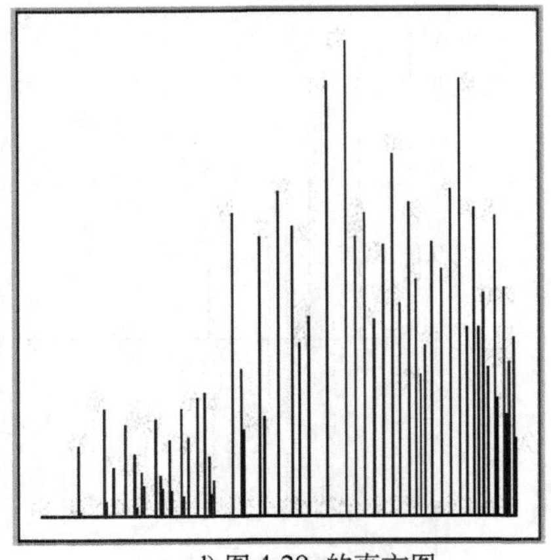

d) 图4-29c的直方图

图4-29 直方图规定化（续）

4.4 图像平滑

众所周知，实际获得的图像在形成、传输、接收和处理的过程中，不可避免地存在着外部干扰和内部干扰，如光电转换过程中敏感元器件灵敏度的不均匀性、数字化过程的量化噪声、传输过程中的误差以及人为因素等，均会使图像质量变差，需要进行图像的平滑处理，图像平滑的目的是为了消除噪声。图像的平滑可以在空间域进行，也可以在频率域进行。空间域常用的方法有邻域平均法、中值滤波和多图像平均法等；在频率域，因为噪声频谱多在高频段，因此可以采用各种形式的低通滤波方法进行平滑处理。

4.4.1 邻域平均法

邻域平均法就是对含噪声的原始图像$f(x,y)$的每个像素点取一个邻域S，计算S中所有像素灰度级的平均值，作为邻域平均处理后的图像$g(x,y)$的像素值，即

$$g(x,y)=\frac{1}{M}\sum_{(i,j)\subset S}f(i,j) \tag{4-23}$$

式中，S是预先确定的邻域；M为邻域S中像素的个数。关于邻域S的选取，图4-30所示为4个邻域点和8个邻域点两种情况。

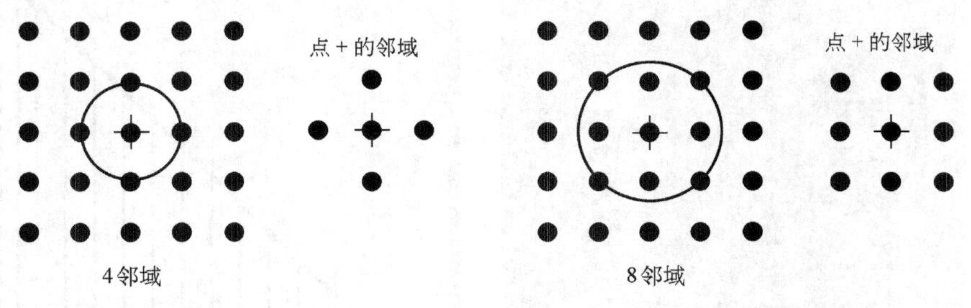

a) 邻域半径为一个像素间隔Δx　　b) 邻域半径为$\sqrt{2}\,\Delta x$

图4-30 邻域选择示例

如图4-31所示为用邻域平均法所产生的平滑效果，图a是含有噪声的原图，图b和图c是采用邻域平均法进行平滑处理的图，其中图b进行邻域平均时的邻域半径为1，图c的邻

域半径为2。由图可以看出，图像平滑的直观效果是图像的噪声得以消除或衰减，但同时图像变得比处理前模糊了，特别是图像边缘和细节部分，并且所选的邻域半径越大，平滑作用越强，图像就越模糊。

a) 含有噪声的原图

b) 半径为1的邻域平均法处理结果

c) 半径为2的邻域平均法处理结果

图4-31 邻域平均法实例

为了减轻这种效应，可以采用阈值法，即根据下列准则对图像进行平滑：

$$g(x,y)=\begin{cases}\dfrac{1}{M}\sum\limits_{(i,j)\in S}f(i,j) & \left|f(x,y)-\dfrac{1}{M}\sum\limits_{(i,j)\in S}f(i,j)\right|>T\\ f(x,y) & \text{其他}\end{cases} \tag{4-24}$$

式中，T是预先设定的阈值，当某些点的灰度值与其邻域点的灰度平均值之差不超过阈值T时，仍保留这些点的灰度值。当某些点的灰度值与其邻域点的灰度平均值差别较大时，这些点必然是噪声，这时取其邻域平均值作为这些点的灰度值。这样平滑后的图像比单纯地进行邻域平均后的图像要清晰一些，抑噪效果仍然很好。

在实际处理过程中，选择合适的阈值是非常重要的。若阈值选得太大，则会减弱噪声的去除效果；若阈值太小，则会增强图像平滑后的模糊效应。选择阈值需要根据图像的特点作具体分析，如果事先知道一些噪声的灰度级范围等先验知识，将有助于阈值的选择。

为了克服简单局部平均的弊病，目前已提出许多既保留边缘又保留细节的局部平滑算法。它们的区别在于如何选择邻域的大小、形状和方向，如何选择参与平均的像素点数以及邻域各点的权重系数等，主要算法有：灰度最相近的k个邻点平均法、梯度倒数加权平滑、最大均匀性平滑、小斜面模型平滑等。

4.4.2 中值滤波

中值滤波是一种非线性处理技术，由于它在实际运算过程中并不需要知道图像的统计特性，所以实现起来比较简单。中值滤波最初是应用在一维信号处理技术中，后来被二维的图像信号处理技术所引用。在一定的条件下，中值滤波可以克服线性滤波器所带来的图像细节模糊，而且对滤除脉冲干扰及图像扫描噪声非常有效，但是对一些细节多，特别是点、线、尖顶细节较多的图像则不宜采用中值滤波的方法。中值滤波的目的是保护图像边缘的同时去除噪声。

1. 中值滤波的原理

中值滤波实际上就是用一个含有奇数个像素的滑动窗口，将窗口正中点的灰度值用窗口内各点的中值代替。例如若窗口长度为5，窗口中像素的灰度值分别为80、90、200、110、

120，则中值为110，因为如果按从小到大排列，结果为80、90、110、120、200，其中间位置上的值为110。于是原来窗口正中的灰度值200就由110代替。如果200是一个噪声的尖峰，则将被滤除。然而，如果它是一个信号，那么此法处理的结果将会造成信号的损失。

设有一个一维序列$f_1, f_2, \cdots, f_n$，用窗口长度为m(m为奇数)的窗口对该序列进行中值滤波，就是从输入序列$f_1, f_2, \cdots, f_n$中相继抽出m个数$f_{i-v}, \cdots, f_{i-1}, f_i, f_{i+1}, \cdots, f_{i+v}$，其中$f_i$为窗口的中心值，$v=\frac{m-1}{2}$，再将这$m$个点的值按其数值大小排列，取其序号为正中间的那个值作为滤波器的输出值。用数学公式可表示为

$$Y_i = Med\{f_{i-v}, \cdots, f_i, \cdots, f_{i+v}\} \quad i \in Z, v=\frac{m-1}{2} \tag{4-25}$$

例4-4 有一个序列为$\{0,3,4,0,7\}$，当窗口$m=5$时，试分别求出采用中值滤波和均值滤波的结果。

解 该序列重新排序后为$\{0,0,3,4,7\}$，则中值滤波的结果$Med\{0,0,3,4,7\}=3$。

如果采用平滑滤波，则平滑滤波的输出为

$$Z_i = (x_{i-v} + \cdots + x_i + \cdots + x_{i+v})/m = (0+3+4+0+7)/5 = 2.8$$

图4-32所示是采用中值滤波的方法对几种信号的处理结果，窗口长度为5。可以看到中值滤波不影响阶跃函数和斜坡函数，因而对图像的边缘有保护作用但对于持续周期小于1/2窗口尺寸的脉冲将进行抑制(见图4-32c和图4-32d)，因而可能损坏图像中的某些细节。

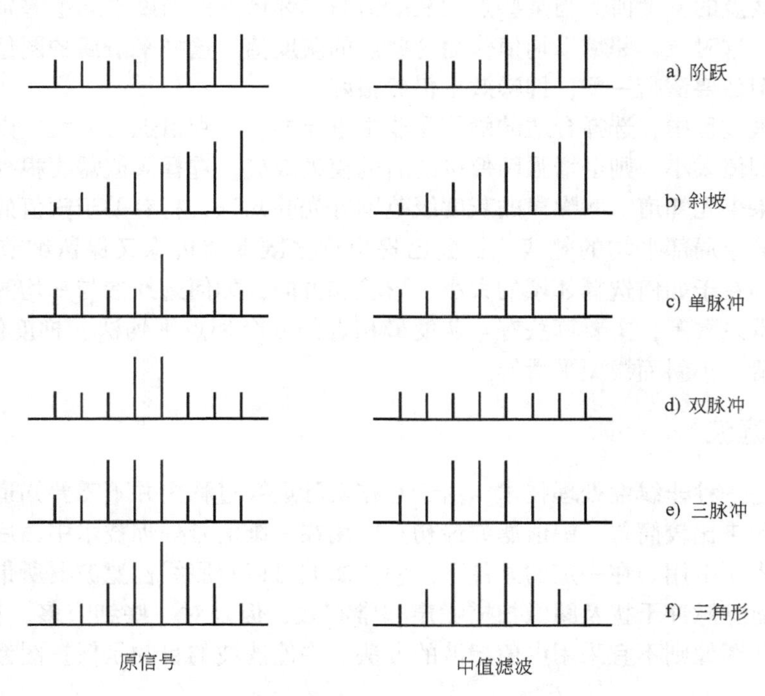

图4-32 对几种信号进行中值滤波示例(窗口$m=5$)

对二维序列$\{X_{ij}\}$进行中值滤波时，滤波窗口也是二维的，只不过这种二维窗口可以有各种不同的形状，如线状、方形、圆形、十字形和圆环形等。二维数据的中值滤波可以表

示为

$$Y_{ij} = \underset{A}{Med}\{X_{ij}\} \quad A\text{ 为窗口} \tag{4-26}$$

在对图像进行中值滤波时，如果窗口关于中心点对称，并且包含中心点在内，则中值滤波能保持任意方向的跳变边缘。图像中的跳变边缘是指图像中不同灰度区域之间的灰度突变边缘。

在实际使用窗口时，窗口的尺寸一般先取 3 再取 5，依次增大直到滤波效果满意为止。对于有较长轮廓线物体的图像，采用方形或圆形窗口较合适；对于包含尖顶角物体的图像，采用十字形窗口较合适。使用二维中值滤波最应注意的是要保持图像中有效的细线状物体，如果图像中点、线、尖角细节较多，则不宜采用中值滤波。

2. 中值滤波的主要特性

（1）对某些输入信号中值滤波具有不变性　对某些特定的输入信号，中值滤波的输出保持输入信号值不变。例如输入信号为在窗口 $2n+1$ 内单调增加或单调减少的序列。二维序列的中值滤波不变性要复杂得多，它不但与输入信号有关，还与窗口的形状有关。图 4-33 列出了几种二维中值滤波窗口及与之对应的最小尺寸的不变输入图形。一般地，与窗口对顶角线垂直的边缘经滤波后将保持不变。利用这个特点，中值滤波既能去除图像中的噪声，又能保持图像中一些物体的边缘。

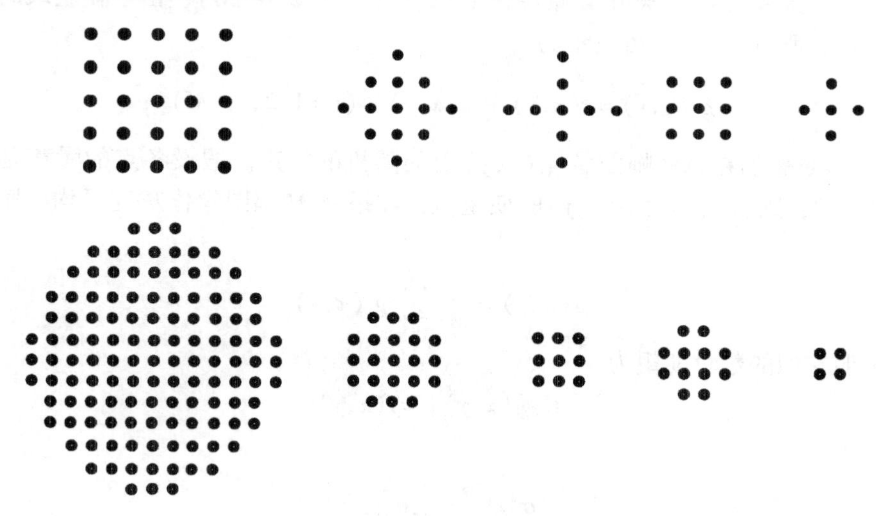

图 4-33　几种二维中值滤波的常用窗口及其对应的不变图形

（2）中值滤波去噪声性能　中值滤波可以用来减弱随机干扰和脉冲干扰。由于中值滤波是非线性的，因此对随机输入信号数学分析比较复杂。中值滤波的输出与输入噪声的概率密度分布有关，而邻域平均法的输出与输入分布无关。中值滤波在抑制随机噪声上要比邻域平均法差一些，但对于脉冲干扰（特别是脉冲宽度小于 $m/2$ 且相距较远的窄脉冲干扰），中值滤波是非常有效的。

图 4-34 所示的是中值滤波与邻域平均法的比较，其中图 a 是含有噪声的原图，图 b 是用中值滤波处理后的图，滤波窗口为 3×3，图 c 是用邻域平均法处理后的图，邻域半径为 2。可见，中值滤波后的图像边缘得到了较好的保护。

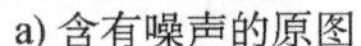
a) 含有噪声的原图　　b) 中值滤波处理后的图　　c) 邻域平均法处理后的图

图 4-34 中值滤波与邻域平均法的比较

4.4.3 多图像平均法

多图像平均法是利用对同一景物的多幅图像取平均值来消除噪声产生的高频成分，在图像采集中常应用这种方法去除噪声。

假定对同一景物$f(x,y)$摄取 M 幅图像 $g_i(x,y)(i=1,2,\cdots,M)$，由于在获取时可能有随机的噪声存在，所以 $g_i(x,y)$可表示为

$$g_i(x,y)=f(x,y)+n_i(x,y) \quad (i=1,2,\cdots,M) \tag{4-27}$$

式中，$n_i(x,y)$是叠加在每一幅图像 $g_i(x,y)$上的随机的噪声。假设各点的噪声是互不相关的，且均值为 0，则$f(x,y)$为$g(x,y)$的期望值，如果对 M 幅图像作灰度平均，则平均后的图像为

$$\overline{g}(x,y)=\frac{1}{M}\sum_{i=1}^{M}g_i(x,y) \tag{4-28}$$

那么可以证明它们的数学期望为

$$E\{\overline{g}(x,y)\}=f(x,y) \tag{4-29}$$

均方差为

$$\sigma^2_{\overline{g}(x,y)}=\frac{1}{M}\sigma^2_{n(x,y)} \tag{4-30}$$

式(4-30)表明，对 M 幅图像平均可把噪声方差减少为原来的 $1/M$，当 M 增大时，$\overline{g}(x,y)$将更加接近于$f(x,y)$。多图像平均处理常用于摄像机中，用来减少电视摄像机光导析像管的噪声，这时可对同一景物连续摄取多幅图像并数字化，再对多幅图像取平均值，一般选用 8 幅图像取平均值。这种方法的实际应用困难是难于把多幅图像配准，以便使相应的像素能正确地对应排列。

例 4-5 用多图像平均法消除随机噪声。

图 4-35 所示的是用多图像平均法消除随机噪声的例子。图 4-35a 是一幅叠加了零均值高斯随机噪声的灰度图像，图 4-35b 和图 4-35c 分别为用 4 幅和 8 幅同类图像(噪声类型相同,均值和方差也相同)进行叠加平均的结果。由图可见，随着参与平均的图像数量增加，噪声的影响逐步减少。

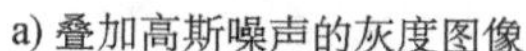

a) 叠加高斯噪声的灰度图像

b) 4幅图像叠加平均的结果

c) 8幅图像叠加平均的结果

图4-35 用多图像平均法消除随机噪声

4.4.4 频域低通滤波法

图像的边缘以及噪声干扰在图像的频域上对应于图像傅里叶变换中的高频部分，而图像的背景区则对应于低频部分，因此可以用频域低通滤波法去除图像的高频部分，以去掉噪声使图像平滑。

根据信号系统的理论，低通滤波法的一般形式可以写为

$$G(u,v)=H(u,v)F(u,v) \tag{4-31}$$

式中，$F(u,v)$是含噪图像的傅里叶变换；$G(u,v)$是平滑后图像的傅里叶变换；$H(u,v)$是传递函数。利用$H(u,v)$使$F(u,v)$的高频分量得到衰减，得到$G(u,v)$后再经过傅里叶反变换就可以得到所希望的图像$g(x,y)$。低通滤波法的系统框图如图4-36所示。

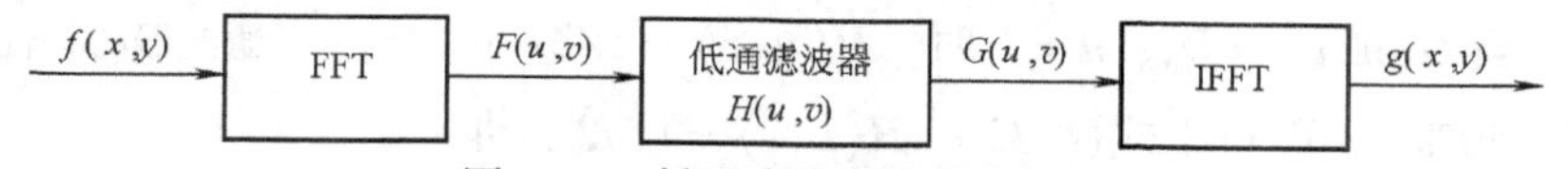

图4-36 低通滤波法的系统框图

选择不同的$H(u,v)$可产生不同的平滑效果，常用的四种传递函数分述如下。

（1）理想低通滤波器(ILPF) 一个理想的低通滤波器的传递函数由下式表示：

$$H(u,v)=\begin{cases}1 & D(u,v)\leqslant D_0\\ 0 & D(u,v)>D_0\end{cases} \tag{4-32}$$

式中，D_0是一个事先设定的非负量，称为理想低通滤波器的截止频率；$D(u,v)$代表从频率平面的原点到(u,v)点的距离，即

$$D(u,v)=\sqrt{u^2+v^2} \tag{4-33}$$

图4-37是理想低通滤波器的特性曲线，这种理想低通滤波器如同一维理想滤波器一样不能用硬件来实现，这是因为实际的元器件无法实现$H(u,v)$从1到0如此陡峭的突变。另外，理想低通滤波器在消减噪声的同时，随着所选截止频率D_0的不同，会发生不同程度的“振铃”现象。理想低通滤波器在消除噪声的同时会导致图像变模糊，且截止频率D_0越低，滤除噪声越彻底，高频分量损失就越严重，图像就越模糊。

（2）巴特沃斯低通滤波器(BLPF) 一个n阶巴特沃斯低通滤波器的传递系数为

$$H(u,v)=\frac{1}{1+\left[\frac{D(u,v)}{D_0}\right]^{2n}} \tag{4-34}$$

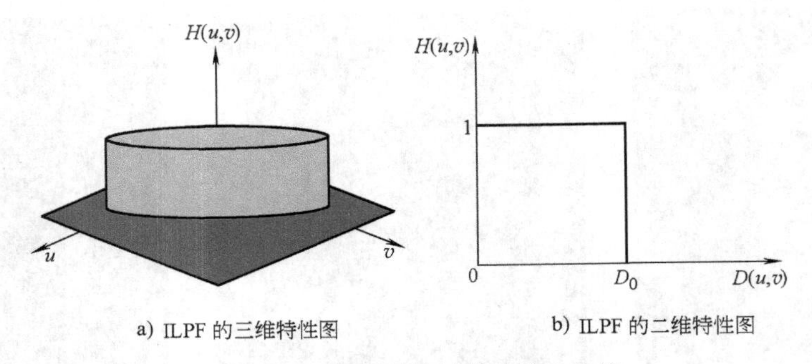

a) ILPF 的三维特性图　　b) ILPF 的二维特性图

图 4-37 理想低通滤波器的特性曲线

或

$$H(u,v)=\frac{1}{1+(\sqrt{2}-1)\left[\frac{D(u,v)}{D_0}\right]^{2n}} \tag{4-35}$$

图 4-38 是巴特沃斯低通滤波器的特性曲线。巴特沃斯低通滤波器又称作最大平坦滤波器。与理想低通滤波器不同，它的通带与阻带之间没有明显的不连续性，在高低频率间的过渡比较光滑，所以用巴特沃斯滤波器得到的输出图其振铃效应不明显。从传递函数特性曲线 $H(u,v)$ 可以看出，在它的尾部保留有较多的高频，因此对噪声的平滑效果不如理想低通滤波器。一般情况下，常将 $H(u,v)$ 下降到最大值的某一分数值的那一点，定义为截止频率。对于式(4-34)，当 $D(u,v)=D_0$、$n=1$ 时，$H(u,v)=1/2$（下降到最大值的50%）；而对于式(4-35)，$H(u,v)=1/\sqrt{2}$，即截止频率值使 $H(u,v)$ 下降到最大值的 $1/\sqrt{2}$。这说明两种 $H(u,v)$ 具有不同的衰减特性，可以根据需要来选择。

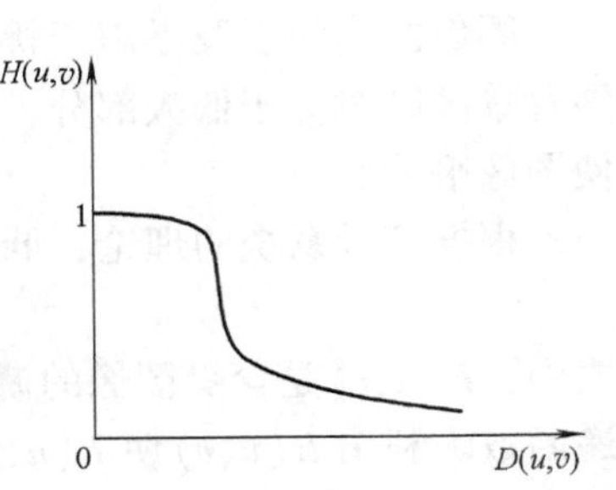

图 4-38 巴特沃斯低通滤波器的特性曲线

（3）指数低通滤波器(ELPF) 指数低通滤波器的传递函数 $H(u,v)$ 表示为

$$H(u,v)=\mathrm{e}^{-\left[\frac{D(u,v)}{D_0}\right]^n} \tag{4-36}$$

或

$$H(u,v)=\mathrm{e}^{-\ln\sqrt{2}\left[\frac{D(u,v)}{D_0}\right]^n} \tag{4-37}$$

图 4-39 是指数低通滤波器的特性曲线。当 $D(u,v)=D_0$、$n=1$ 时，对于式(4-36)，$H(u,v)=1/\mathrm{e}$，而对于式(4-37)，$H(u,v)=1/\sqrt{2}$，所以两者的衰减特性仍有不同。由于指数低通滤波器具有比较平滑的过渡带，因此平滑后的图像“振铃”现象也不明显。指数低通滤波器与巴特沃斯低通滤波器相比，具有更快的衰减特性，所以经指数低通滤波器滤波的图像比巴特沃斯低通滤波器处理的图像稍微模糊一些。

（4）梯形低通滤波器(TLPF) 梯形低通滤波器的传递函数介于理想低通滤波器和具有平滑过渡带的低通滤波器之间，梯形低通滤波器的特性曲线如图 4-40 所示。它的传递函数为

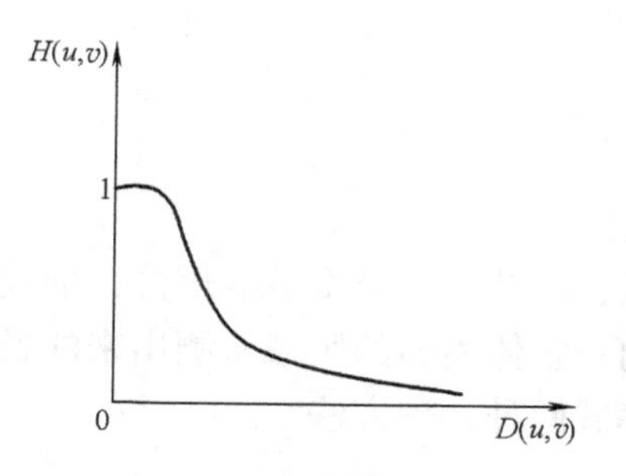

图4-39 指数低通滤波器的特性曲线

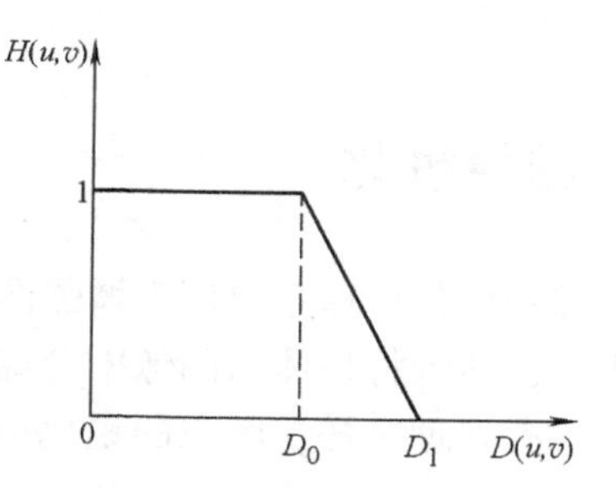

图4-40 梯形低通滤波器的特性曲线

$$H(u,v)=\begin{cases}1 & D(u,v)<D_0\\ \dfrac{1}{D_0-D_1}[D(u,v)-D_1] & D_0\leqslant D(u,v)\leqslant D_1\\ 0 & D(u,v)>D_1\end{cases} \tag{4-38}$$

在规定 D_0 和 D_1 时，要满足 $D_0<D_1$ 的条件。一般为了方便起见，把 $H(u,v)$ 的第一个转折点 D_0 定义为截止频率，第二个变量 D_1 可以任意选取，只要满足 $D_0<D_1$ 的条件就可以了。

例 4-6 频域低通滤波消除虚假轮廓。

图 4-41a 原来是一幅 256 级灰度的图像，再次量化为 12 个灰度级后图像质量变差，出现了虚假轮廓。图 4-41b 和图 4-41c 分别为用理想低通滤波器和用阶数为 1 的巴特沃斯低通滤波器进行平滑处理所得到的结果，比较发现，理想低通滤波器的结果中有较明显的振铃现象，而巴特沃斯低通滤波器的滤波效果较好。

a) 出现虚假轮廓的图

b) 理想低通滤波器平滑结果

c) 巴特沃斯滤波器平滑结果

图 4-41 低通滤波消除虚假轮廓

四种低通滤波器的比较见表 4-5。

表 4-5 四种低通滤波器的比较

类　别	振铃程度	图像模糊程度	噪声平滑效果
理想低通滤波器	严重	严重	最好
梯形低通滤波器	较轻	轻	好
指数低通滤波器	无	较轻	一般
巴特沃斯低通滤波器	无	很轻	一般

4.5 图像锐化

图像的锐化处理主要用于增强图像中的轮廓边缘、细节以及灰度跳变部分，形成完整的物体边界，达到将物体从图像中分离出来或将表示同一物体表面的区域检测出来的目的。与图像的平滑处理一样，图像的锐化也有空间域和频率域两种处理方法。

4.5.1 微分法

图像模糊的实质就是图像受到平均或积分运算，因此，图像的锐化，可以用它的反运算——“微分”来实现。微分运算的实质是求信号的变化率，有加强高频分量的作用，从而使图像轮廓清晰。

为了把图像中任何方向伸展的边缘和轮廓变得清晰，对图像的某种导数运算应是各向同性的，可以证明偏导数的平方和运算是各向同性的，梯度法和拉普拉斯运算法都符合上述条件。

对于图像函数$f(x,y)$，它在点$f(x,y)$处的梯度是一个向量，定义为

$$\nabla f(x,y)=\left(\frac{\partial f}{\partial x}\quad\frac{\partial f}{\partial y}\right)^{\mathrm{T}} \tag{4-39}$$

梯度的方向在函数$f(x,y)$最大变化率的方向上，梯度的幅度$|\nabla f(x,y)|$可由下式算出：

$$|\nabla f(x,y)|=\left[\left(\frac{\partial f}{\partial x}\right)^2+\left(\frac{\partial f}{\partial y}\right)^2\right]^{1/2} \tag{4-40}$$

由式(4-40)可知，梯度的数值就是$f(x,y)$在其最大变化率方向上单位距离所增加的量。对于数字图像而言，微分$\partial f/\partial x$和$\partial f/\partial y$可用差分来近似。式(4-40)按差分运算近似后的梯度表达式为

$$|\nabla f(x,y)|=\{[f(x,y)-f(x+1,y)]^2+[f(x,y)-f(x,y+1)]^2\}^{1/2} \tag{4-41}$$

为便于编程和提高运算速度，在计算精度允许的情况下，式(4-41)可采用绝对差算法近似为

$$|\nabla f(x,y)|=|f(x,y)-f(x+1,y)|+|f(x,y)-f(x,y+1)| \tag{4-42}$$

式中各像素的位置如图4-42a所示，这种梯度法又称为水平垂直差分法。

另一种梯度法是交叉地进行差分计算，如图4-42b所示，称为罗伯特梯度法（Robert Gradient），表示为

$$|\nabla f(x,y)|=\{[f(x,y)-f(x+1,y+1)]^2+[f(x+1,y)-f(x,y+1)]^2\}^{1/2} \tag{4-43}$$

同样可以采用绝对差算法近似为

$$|\nabla f(x,y)|=|f(x,y)-f(x+1,y+1)|+|f(x+1,y)-f(x,y+1)| \tag{4-44}$$

运用以上两种梯度近似算法，在图像的最后一行或最后一列无法计算像素的梯度，这时一般就用前一行或前一列的梯度值近似代替。

由梯度的计算可知，在图像中灰度变化较大的边沿区域其梯度值大，在灰度变化平缓的区域其梯度值较小，而在灰度均匀的区域其梯度值为零。图4-43a是一幅二值图像，图4-43b为经过梯度运算后的图像，可以看出，图像经过梯度运算后只留下灰度值急剧变化的边缘处的点。

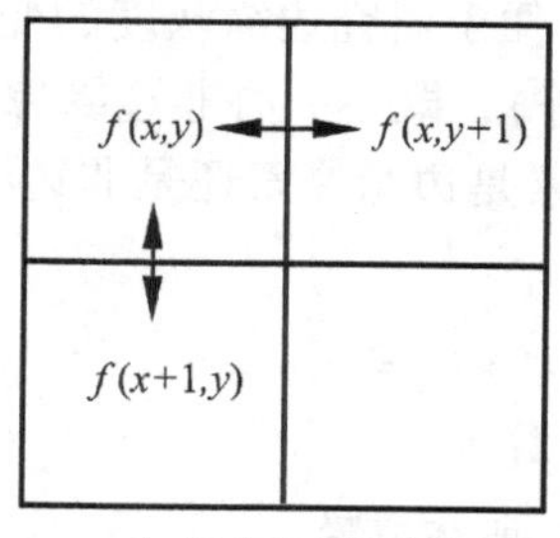

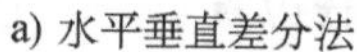
a) 水平垂直差分法

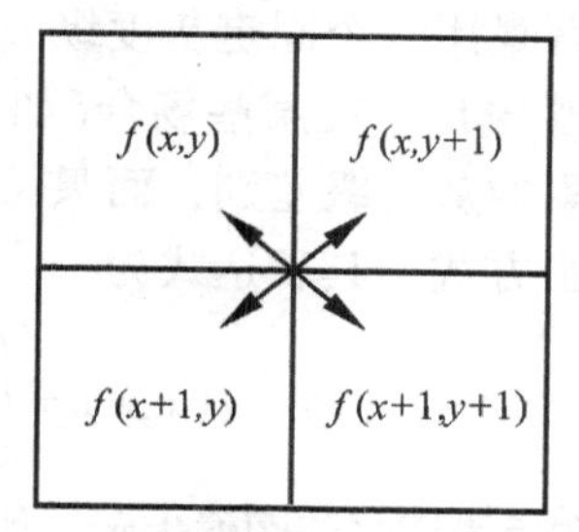

b) 罗伯特梯度法

图 4-42 求梯度的两种差分算法

a) 二值图像

b) 经过梯度运算后的图像

图 4-43 二值图像的梯度法处理

当梯度计算完之后，采用什么形式来突出图像的轮廓，即确定锐化输出 $g(x,y)$ 呢？下面介绍几种方法，可根据具体需要选择使用。

（1）梯度图像直接输出 使各点的灰度 $g(x,y)$ 等于该点的梯度幅度 $|\nabla f(x,y)|$，即

$$g(x,y)=|\nabla f(x,y)| \tag{4-45}$$

这种方法直接、简单，但增强的图像仅显示灰度变化比较陡的边缘轮廓，而灰度变化平缓的区域则呈暗色。

（2）加阈值的梯度输出 加阈值的梯度输出表达式为

$$g(x,y)=\begin{cases}|\nabla f(x,y)| & |\nabla f(x,y)|\geqslant T\\ f(x,y) & \text{其他}\end{cases} \tag{4-46}$$

式中，T 是一个非负的阈值，适当选取 T，既可使明显的边缘轮廓得到突出，又不会破坏原来灰度变化比较平缓的背景。

（3）给边缘规定一个特定的灰度级

$$g(x,y)=\begin{cases}L_G & |\nabla f(x,y)|\geqslant T\\ f(x,y) & \text{其他}\end{cases} \tag{4-47}$$

式中，L_G 是根据需要指定的一个灰度级，它将明显的边缘用一个固定的灰度级来表现，而其他非边缘区域的灰度级仍保持不变。

（4）给背景规定特定的灰度级

$$g(x,y)=\begin{cases}|\nabla f(x,y)| & |\nabla f(x,y)|\geqslant T\\ L_G & \text{其他}\end{cases} \tag{4-48}$$

这种方法将背景用一个固定灰度级 L_G 来表现，便于研究边缘灰度的变化。

（5）二值图像输出　在某些场合(如字符识别等)，既不关心非边缘像素的灰度级差别，又不关心边缘像素的灰度级差别，而只关心每个像素是边缘像素还是非边缘像素，这时可采用二值化图像输出方式，其表达式为

$$g(x,y)=\begin{cases}L_G & |\nabla f(x,y)|\geqslant T\\ L_B & \text{其他}\end{cases} \tag{4-49}$$

此法将背景和边缘用二值图像表示，便于研究边缘所在位置。

拉普拉斯算子是常用的边缘增强处理算子，它是各向同性的二阶导数，其详细的公式推导过程参见 6.2.2 节内容，常用的拉普拉斯运算模板如图 4-44 所示。

0	1	0
1	−4	1
0	1	0

图 4-44　拉普拉斯运算模板

例 4-7　梯度法和拉普拉斯运算法的对比。

图 4-45a 是有 256 个灰度级的原图，图 4-45b 为采用梯度法进行锐化处理的结果，图4-45c 为采用拉普拉斯运算法进行锐化处理的结果，增强后的图像按式(4-45)的方法输出。

a) 原图

b) 梯度法增强后的图像

c) 拉普拉斯运算法增强后的图像

图 4-45　梯度法和拉普拉斯算法的对比

4.5.2　高通滤波法

图像中的边缘或线条与图像频谱中的高频分量相对应，因此采用高通滤波器让高频分量顺利通过而抑制低频分量，可以使图像的边缘或线条变得更清楚，从而实现图像的锐化。高通滤波同样可用空域和频域两种方法来实现。

1. 空域高通滤波

高通滤波在空间域是用卷积方法实现的，建立在离散卷积基础上的空间域高通滤波关系式为

$$g(x,y)=\sum_{m}\sum_{n}f(m,n)H(x-m+1,y-n+1) \tag{4-50}$$

式中，$g(x,y)$ 为锐化输出；$f(m,n)$ 为输入图像；$H(x-m+1,y-n+1)$ 为系统单位冲激响应阵列。

下面列出了几种常用的高通卷积模板：

$$H_1=\begin{pmatrix}0&-1&0\\-1&5&-1\\0&-1&0\end{pmatrix}\quad H_2=\begin{pmatrix}-1&-1&-1\\-1&9&-1\\-1&-1&-1\end{pmatrix}\quad H_3=\begin{pmatrix}1&-2&1\\-2&5&-2\\1&-2&1\end{pmatrix}$$

$$H_4=\frac{1}{7}\begin{pmatrix}-1&-2&-1\\-2&19&-2\\-1&-2&-1\end{pmatrix}\quad H_5=\frac{1}{2}\begin{pmatrix}-2&1&-2\\1&6&1\\-2&1&-2\end{pmatrix}$$

2. 频域高通滤波

频域高通滤波的方法形式上与频域低通滤波的方法类似，几种常用高通滤波器的传递函数见表4-6。

表4-6 几种常用高通滤波器的传递函数

滤波器名称	传递函数 $H(u,v)$
理想高通滤波器(IHPF)	$H(u,v)=\begin{cases}0 & D(u,v)\leqslant D_0\\1 & D(u,v)>D_0\end{cases}$
巴特沃斯高通滤波器(BHPF)	$H(u,v)=\dfrac{1}{1+[D_0/D(u,v)]^{2n}}$或$H(u,v)=\dfrac{1}{1+(\sqrt{2}-1)[D_0/D(u,v)]^{2n}}$
指数高通滤波器(EHPF)	$H(u,v)=\mathrm{e}^{-[D_0/D(u,v)]^n}$或$H(u,v)=\mathrm{e}^{-\ln\sqrt{2}[D_0/D(u,v)]^n}$
梯形高通滤波器(THPF)	$H(u,v)=\begin{cases}0 & D(u,v)<D_0\\\dfrac{1}{D_1-D_0}[D(u,v)-D_0] & D_0\leqslant D(u,v)\leqslant D_1\\1 & D(u,v)>D_1\end{cases}$

以上四种频域高通滤波器的传递函数 $H(u,v)$ 的特性曲线如图4-46所示。

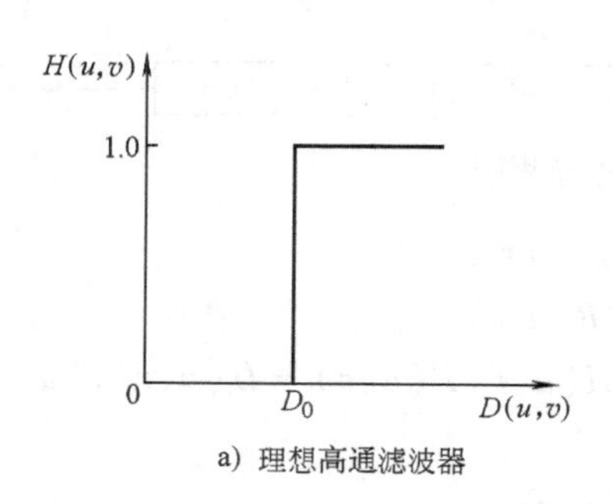

a) 理想高通滤波器

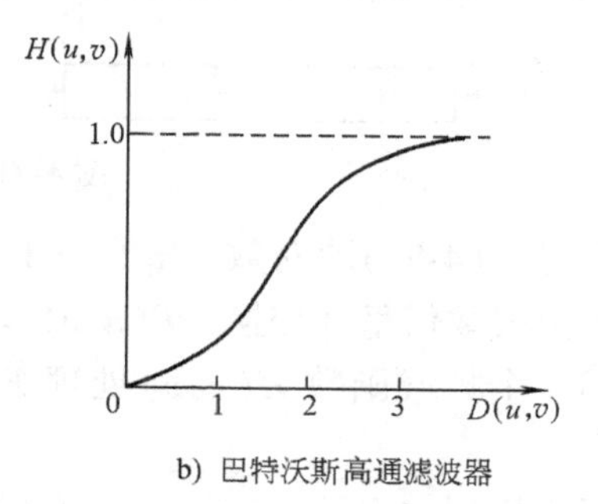

b) 巴特沃斯高通滤波器

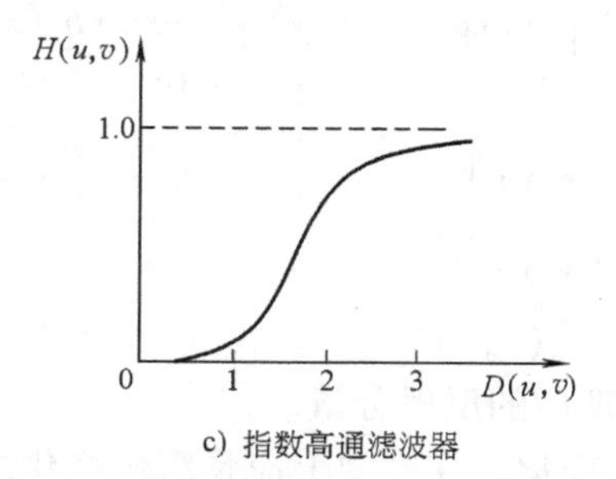

c) 指数高通滤波器

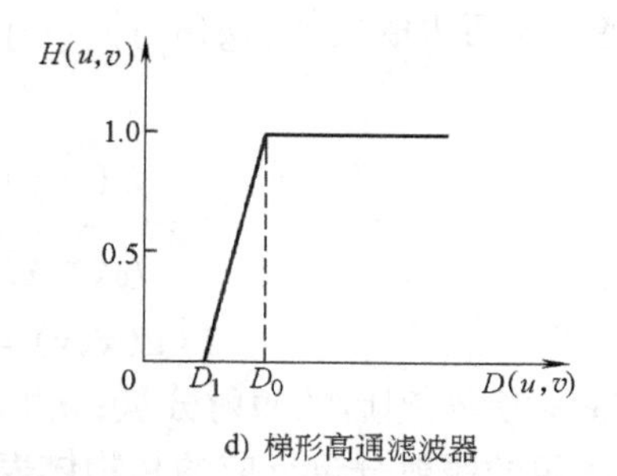

d) 梯形高通滤波器

图4-46 高通滤波器的传递函数 $H(u,v)$ 特性曲线

例 4-8　频域高通滤波增强示例。

图 4-47a 为一幅比较模糊的图像，图 4-47b 是用阶数为 1 的巴特沃斯高通滤波器进行处理后所得到的结果，图 4-47c 是用梯形高通滤波器进行处理后所得到的结果。

a) 模糊图像

b) 巴特沃斯高通滤波器增强结果

c) 梯形高通滤波器增强结果

图 4-47　频域高通滤波增强示例

4.6　同态增晰

同态增晰是一种在频域中将图像动态范围进行压缩并将图像对比度进行增强的方法，常用于处理图像光照不均引起的图像降质，是一种基于图像成像模型的图像增强方法。一幅图像 $f(x,y)$ 可以用它的照明分量 $i(x,y)$ 及反射分量 $r(x,y)$ 来表示，即

$$f(x,y)=i(x,y)\cdot r(x,y) \tag{4-51}$$

根据这个模型可用下列方法把两个分量分开分别进行滤波，如图 4-48 所示。

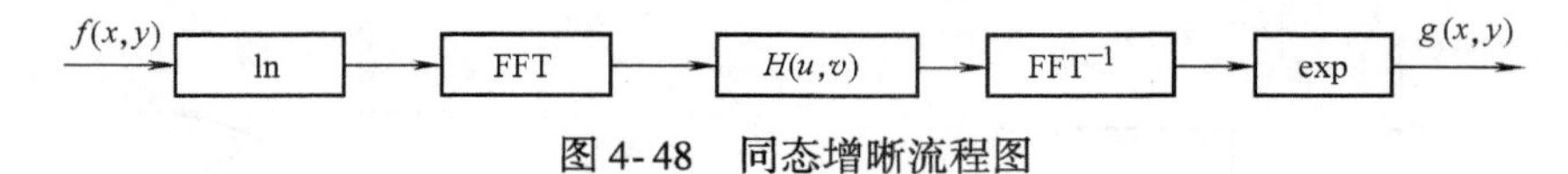

图 4-48　同态增晰流程图

1）先对式(4-51)取对数，$\ln f(x,y)=\ln i(x,y)+\ln r(x,y)$

2）对上式取傅里叶变换，$F(u,v)=I(u,v)+R(u,v)$

3）用一个频域函数 $H(u,v)$ 处理 $F(u,v)$，$H(u,v)F(u,v)=H(u,v)I(u,v)+H(u,v)R(u,v)$

4）反变换到空间域，$h_f(x,y)=h_i(x,y)+h_r(x,y)$

5）将上式两边取指数，$g(x,y)=\exp\left|h_f(x,y)\right|=\exp\left|h_i(x,y)\right|\cdot\exp\left|h_r(x,y)\right|$

令

$$i_0(x,y)=\exp\left|h_i(x,y)\right|$$

$$r_0(x,y)=\exp\left|h_r(x,y)\right|$$

则

$$g(x,y)=i_0(x,y)\cdot r_0(x,y)$$

式中，$i_0(x,y)$ 是处理后的照射分量；$r_0(x,y)$ 是处理后的反射分量。

一幅图像的照射分量反应的是物体表面的亮度变化，在空间上应是缓慢变化的，属于低频段。反射分量在不同物体的边缘处是急剧变化的，反应的是景物中目标之间的差别包含较多的高频信息。因此，可以把一幅图像取对数后的傅里叶变换的低频分量和照射分量联系起来，而把反射分量与高频分量联系起来。以上特性表明，设计一个对傅里叶变换的高频和低频分量影响不同的滤波函数 $H(u,v)$，使它对图像的某些灰度进行动态范围压缩，而对图像的另外一些灰度进行动态范围拉伸。从图4-49可看出，低频段被压缩，高频段得到增强，结果是同时压缩了图像的动态范围和增加了图像局部区域之间的对比度。图4-50所示为同态增晰滤波增强效果。

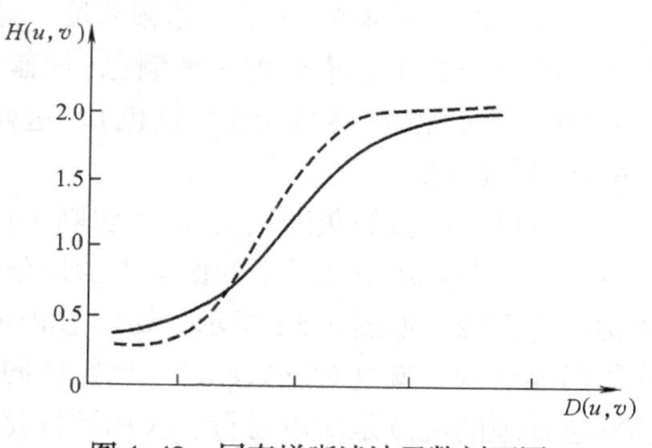

图4-49 同态增晰滤波函数剖面图

a) 光照不均的原图

b) 同态增晰后的效果图

图4-50 同态增晰滤波增强效果

4.7 彩色增强

彩色图像处理技术是从可视性角度实现图像增强的有效方法之一。对于灰度图像，人眼能分辨的灰度级只有十几到二十几，而对不同亮度和色调的彩色图像则能达到几百甚至上千。例如当彩色电视从彩色显示调到黑白显示时，原来能看到的一些画面细节就看不出来了。利用人类视觉系统的这一特性，将颜色信息用于图像增强之中能提高图像的可分辨性。将灰度图像变成彩色图像，或者改变已有的颜色分布，都能够改善图像的可视性，一般采用的彩色增强方法可分为伪彩色增强方法和真彩色增强方法。

4.7.1 伪彩色增强

伪彩色增强是针对灰度图像提出的，其目的是把离散灰度图像 $f(x,y)$ 的不同灰度级按照线性或者非线性关系映射成不同的彩色，以提高图像内容的可辨识度。伪彩色图像处理可在空间域内实现，也可在频率域内实现。伪彩色图像可以是分离的彩色图像，也可以是连续的彩色图像。下面介绍几种常用的伪彩色处理方法。

1. 亮度切割技术

亮度切割是伪彩色图像增强技术中原理最简单、操作最简便的一种，又称为强度分层。设一幅灰度图像 $f(x,y)$，在某一灰度级如 $f(x,y)=l_1$ 上设置一个平行于 xy 平面的切割面，其剖面图如图 4-51 所示。这幅灰度图像被切割成只有两个灰度级，对切割平面以下的，即灰度级小于 l_1 的像素分配一种颜色（如蓝色）；相应地，对切割平面以上的，即灰度级大于 l_1 的像素分配另一种颜色（如红色）。这样切割的结果就可以将灰度图像变为只有两个颜色的伪彩色图像。

若将以上图像的灰度级用 M 个切割平面去切割，就会得到 M 个不同灰度级的区域 $s_1, s_2, \cdots, s_M$。对这 M 个区域中的像素人为地分配 M 个不同的颜色，就可以得到具有 M 种颜色的伪彩色图像，如图 4-52 所示。切割过程可以是均匀切割，也可以是非等间隔切割。所谓非等间隔切割，就是对感兴趣的灰度级区间切割得密一些，其他区间分得稀疏些。亮度切割伪彩色处理的优点是简单易行，仅用硬件就可以实现，并且可以扩大用途，如用来计算图像中某灰度级的面积等。但此种方法的缺点是伪彩色图像的视觉效果不理想，伪彩色生硬且不够调和，量化噪声大等。亮度切割技术的效果与切割层数成正比，层数越多，细节越丰富，彩色越柔和，但切割的层数受显示系统的硬件性能约束。

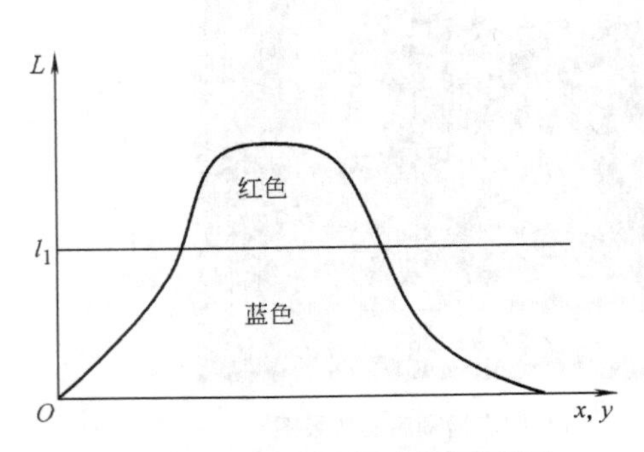

图 4-51 亮度切割的剖面示意图

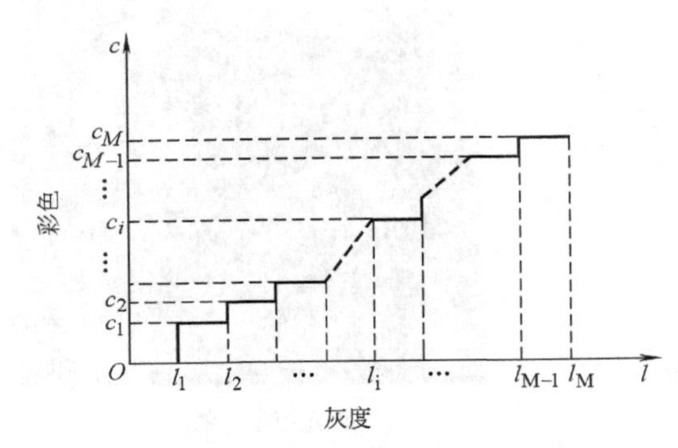

图 4-52 多级伪彩色切割

2. 灰度级彩色变换（变换合成法）

这种伪彩色处理技术可以将灰度图像变换为具有多种颜色渐变的连续彩色图像，其方法是先将灰度图像 $f(x,y)$ 送入具有不同变换特征的红、绿、蓝三个变换器，然后再将三个变换器的不同输出 $I_R(x,y)$、$I_G(x,y)$、$I_B(x,y)$ 分别送到彩色显像管的红、绿、蓝电子枪，这样就可得到其颜色内容由三个变换函数调制的与 $f(x,y)$ 幅度相对应的彩色混合图像。这里受调制的是像素的灰度值而不是像素的位置。对于同一个灰度级，由于三个变换器对其实施不同的变换，因此三个变换器的输出不同，在彩色显像管里合成某一种彩色，而且对不同大小灰度级可以合成不同彩色。灰度级彩色变换的示意图如图 4-53 所示。三个变换器典型的彩色变换特性如图 4-54 所示，其中，图 a、b、c 分别是红、绿、蓝三基色的变换曲线，图 d 是前三种特性曲线的合成表示。

灰度级彩色变换法产生的伪彩色是渐变的，色分量的形成受变换函数特性支配。从图 4-54 中可见，若 $f(x,y)=0$，则 $I_B(x,y)=L$、$I_R(x,y)=I_G(x,y)=0$，这时显示蓝色。若 $f(x,y)=L/2$，则 $I_G(x,y)=L$、$I_R(x,y)=I_B(x,y)=0$，这时显示绿色。若 $f(x,y)=L$，则 $I_R(x,y)=L$、$I_B(x,y)=I_G(x,y)=0$，这时显示红色。除此之外，将由三基色合成而产生不同的彩色。不难理解，若灰度图像 $f(x,y)$ 的灰度级在 $0\sim L$ 之间变化，$I_R(x,y)$、$I_G(x,y)$、$I_B(x,y)$ 会合成不同的输出，从而合成伪彩色图像。

前面讨论的亮度切割方法可以看作是用一个分段的线性函数实现从灰度到彩色的变换，

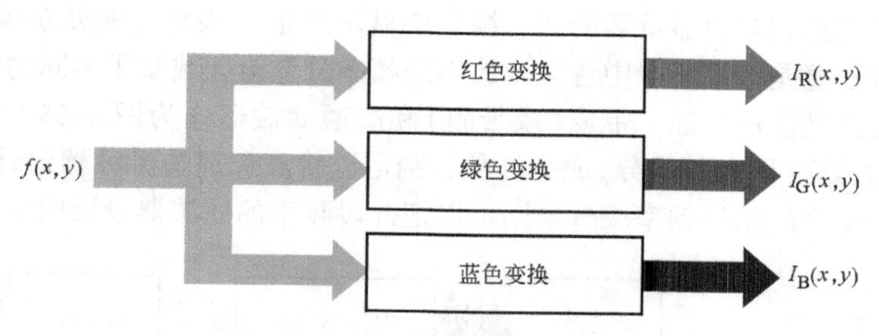

图 4-53 灰度级彩色变换示意图

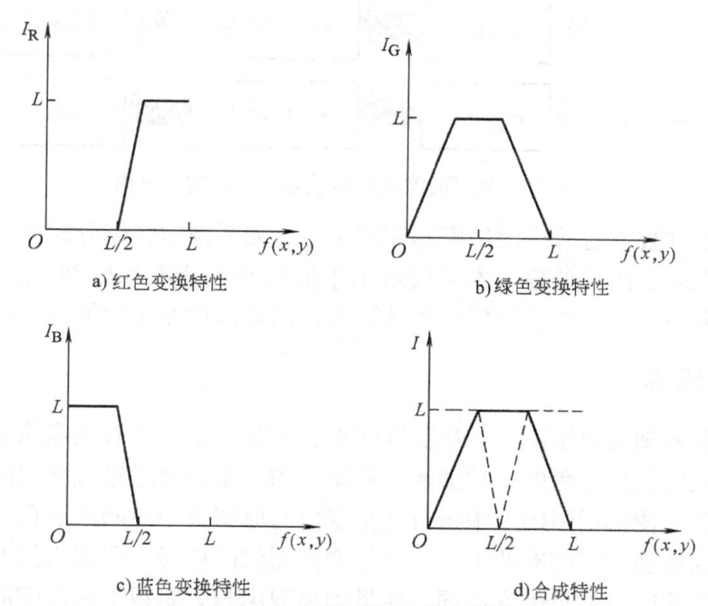

图 4-54 典型的彩色变换特性

而灰度级彩色变换方法则使用光滑的、非线性的变换函数，所以亮度切割法可以看作是本方法的一个特例。实际应用中，变换函数常用取绝对值的正弦函数，其特点是在峰值处比较平缓而在低谷处比较尖锐。通过改变每个正弦波的相位和频率就可以改变相应灰度值所对应的彩色。例如，当三个变换具有相同的相位和频率时，输出的图仍是灰度图。当三个变换间的相位发生一点小变化时，其灰度值对应正弦函数峰值处的像素受到的影响很小(特别当频率比较低,峰比较宽时)，但其灰度值对应正弦函数低谷处的像素受到的影响较大。特别是在三个正弦函数都为低谷处，相位变化导致幅度变化更大。也就是说，在三个正弦函数的数值变化比较剧烈处，像素灰度值受彩色变化影响比较明显，这样不同灰度值范围的像素就得到了不同的伪彩色增强效果。

3. 频域滤波法

前面介绍的两种方法都是在空间域进行的伪彩色处理技术。伪彩色处理还可以在频率域借助 4.4 节中介绍的各种滤波器进行。采用频率域滤波法，其输出图像的伪彩色与灰度图像的灰度级无关，而仅与灰度图像中的不同空间频率成分有关。频域滤波法实现伪彩色处理的示意图如图 4-55 所示，首先把灰度图像经傅里叶变换到频率域，在频率域内用三个具有不同传递特性的滤波器将其分离成三个独立分量，对三个不同频率的滤波器输出的信号进行傅里叶反变换，然后对这三幅图像再作后期处理(如直方图均衡化或规定化)，最后把它们作为三基色分量分别加到彩色显示器的红、绿、蓝显示通道，从而实现频率域的伪彩色处理。这种方法的基本思想是根据图像中各区域的不同频率分量给区域赋予不同的颜色。为得到不同的频率分量可分别使用低通、带通(或带阻)和高通滤波器作为图4-55中的三个滤波器。如果希望图像的边缘(即高频成分)成为红色，则可以将红色通道滤波器设计成高通滤波器。如果希望抑制图像中的某种频率成分，则可以把此段频率的滤波器设计成带阻滤波器。

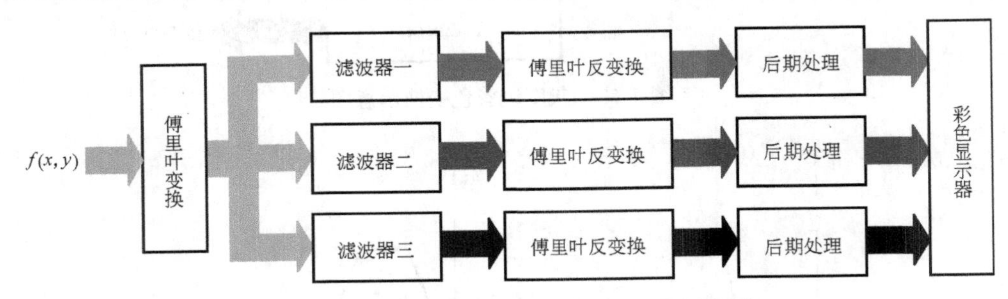

图4-55 频域滤波法实现伪彩色处理的示意图

伪彩色图像处理技术有着广泛的实际应用价值，如图像的区域分离显示、彩色印刷制版方面的应用等。伪彩色图像处理技术不仅适用于航拍和遥感图片处理，还可以用于X射线片及云图判读等方面，实现的手段可以用计算机，也可以用专用的硬件设备。

4.7.2 真彩色增强

真彩色增强所处理的对象不是一幅灰度图像，而是一幅自然彩色图像或是同一景物的多光谱图像，它是从彩色到彩色的一种变换。原图像的三基色分量通过映射函数变换成新的三基色分量，彩色合成使得增强图像中各目标呈现出与原图像中不同的彩色，这种技术称为真彩色增强。真彩色增强的目的有两个：一个是变换图像的色彩，引起人们的特别关注；另一个是根据人眼对不同颜色的灵敏度不同，使景物呈现出与人眼视觉相匹配的颜色，以提高人眼对目标的分辨力。

对于自然景色图像，通用的线性真彩色映射可表示为式(4-52)，R_f，G_f，B_f 是原彩色空间图像。

$$\begin{pmatrix} R_g \\ G_g \\ B_g \end{pmatrix} = \begin{pmatrix} \alpha_1 & \beta_1 & \gamma_1 \\ \alpha_2 & \beta_2 & \gamma_2 \\ \alpha_3 & \beta_3 & \gamma_3 \end{pmatrix} \begin{pmatrix} R_f \\ G_f \\ B_f \end{pmatrix} \tag{4-52}$$

在图像的自动分析中，彩色是一种能简化目标提取和分类的重要参量。在真彩色增强处理中，选择合适的彩色模型或映射函数是很重要的。例如电视摄像机和彩色扫描仪都是根据RGB模型工作的，为了在硬件上显示彩色图像就需要用RGB模型，但若应用算法进行图像处理，如图像压缩等，HSI模型则更有优势和特点。首先，HSI模型中亮度分量与色度分量是分开的，其次，HSI模型中色调和饱和度的概念与人的感知是紧密联系的。

如果将RGB图转化为HSI图，亮度分量就和色度分量就分开了。基本步骤为：

1）将R、G、B分量图转化为H、S、I分量图。

2）利用对灰度增强的方法增强其中需要增强的分量。

3）再将结果转换为R、G、B分量图来显示。

以上方法并不会增加原图的信息量，但增强后的图从视觉上看起来会不一样。如若增强了其中的亮度分量，整个图像会比原来更亮一些，如图 4-56 所示。

图 4-56 真彩色增强效果

真彩色增强的另一个重要应用是用于多光谱遥感图像。多光谱遥感图像中除了可见光波段图像外，还包括一些非可见光波段的图像，由于它们的夜视和全天候能力，可得到可见光波段无法获得的信息，因此若将可见光与非可见光波段结合起来，通过真彩色处理，就能获得更丰富的信息，便于对地物识别。

习　　题

4-1 试给出把灰度范围(0,10)拉伸为(0,15)，把灰度范围(10,20)移到(15,25)，并把灰度范围(20,30)压缩为(25,30)的变换方程。

4-2 试给出变换方程 $T(z)$，使其满足在 $10 \leqslant z \leqslant 100$ 的范围内，$T(z)$ 是 $\lg z$ 的线性函数。

4-3 为什么一般情况下对离散图像的直方图均衡化并不能产生完全平坦的直方图？

4-4 如果一幅图像已经用直方图均衡化方法进行了处理，那么对处理后的图像再次应用直方图均衡化处理，结果会不会更好？

4-5 已知一幅 64×64 像素的数字图像，其灰度级有 8 个，各灰度级出现的频数如表 4-7 所示。试将此幅图像进行直方图变换，使其变换后的图像具有如表 4-8 所示的灰度级分布，并画出变换前后图像的直方图。

4-6 已知一幅图像的灰度级为 8，即(0,1)之间划分为 8 个灰度等级。图像的左边一半为深灰色，其灰度级为 1/7，而右边一半是黑色，其灰度级为 0，如图 4-57 所示。试对此图像进行直方图均衡化处理，并描述一下处理后的图像是一幅什么样的图像。

表 4-7

$f(x,y)$	n_k	n_k/n
0	560	0.14
1	920	0.22
2	1046	0.26
3	705	0.17
4	356	0.09
5	267	0.06
6	170	0.04
7	72	0.02

表 4-8

$g(x,y)$	n_k	n_k/n
0	0	0
1	0	0
2	0	0
3	790	0.19
4	1023	0.25
5	850	0.21
6	985	0.24
7	448	0.11

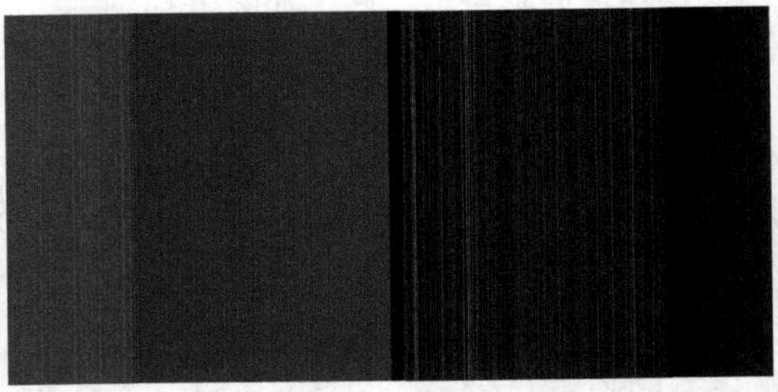

图 4-57　题 4-6 图

4-7　试设计一个程序实现 $n \times n$ 的中值滤波器功能。当模板中心移过图像中每个位置时，设计一种简便的中值更新方法。

4-8　有一幅图像由于受到干扰，图中有若干个亮点(灰度值为255)，如图 4-58 所示。试问此类图像如何处理，并将处理后的图像画出来。

4-9　试证明拉普拉斯算子 $\left(\frac{\partial^2}{\partial x^2}\right)+\left(\frac{\partial^2}{\partial y^2}\right)$ 具有旋转不变性。

4-10　数字图像增强中拉普拉斯算子常用什么形式？试用拉普拉斯算子对图 4-59 进行增强运算，并将增强后的图像画出来。

1	1	1	8	7	4
2	255	2	3	3	3
3	3	255	4	3	3
3	3	3	255	4	6
3	3	4	5	255	8
2	3	4	6	7	8

图 4-58　题 4-8 图

0	0	0	0	0	0	0	0
0	0	0	0	0	0	0	0
0	0	1	1	1	1	0	0
0	0	1	1	1	1	0	0
0	0	1	1	1	1	0	0
0	0	1	1	1	1	0	0
0	0	0	0	0	0	0	0
0	0	0	0	0	0	0	0

图 4-59　题 4-10 图

4-11　试画出几种高通滤波器的特性曲线。

4-12　试讨论用于平滑处理的滤波器和用于锐化处理的滤波器之间的区别和联系。

4-13　有一种常用的图像增强技术是将高频增强和直方图均衡化结合起来以达到使边缘锐化的反差增强效果。试讨论这两种处理的先后顺序对增强效果有什么影响，并分析其原因。

第5章 图像复原

图像复原是图像处理的另一重要内容，它的主要目的是改善给定的图像质量并尽可能恢复原图像。图像在形成、传输和记录过程中，受多种因素的影响，图像的质量都会有所下降，典型表现有图像模糊、失真、有噪声等。这一质量下降的过程称为图像的退化。图像复原或称图像恢复的目的就是尽可能恢复退化图像的本来面目。本章主要讨论一些基本的复原技术。

5.1 图像复原的基本概念

无论是由光学、光电或电子方法获得的图像都会有不同程度的退化。由于获得图像的方法不同，其退化形式是多种多样的，如传感器噪声、摄像机未聚焦、物体与摄像设备之间的相对移动、随机大气湍流、光学系统的像差、成像光源或射线的散射、摄影胶片的非线性和几何畸变等，这些因素都会使成像的分辨率和对比度退化。如果对退化的类型、机制和过程都十分清楚，就可以利用其反过程把已退化的图像复原。图像复原结果的好坏主要取决于对图像退化过程的先验知识掌握的精确程度。

对图像复原结果的评价有一些准则，这些准则包括最小均方误差准则、加权均方准则、最大熵准则等，这些准则是规定复原后的图像与原图像相比较的质量标准。也就是说当确定图像复原的质量标准后，对所期望的结果做出符合某种标准的最佳估计。典型的图像复原是根据图像退化的先验知识建立一个退化模型，以此模型为基础，采用各种反退化处理方法，如滤波等，使复原后图像符合某些准则，图像质量得到改善。

从某种意义上说，图像复原和图像增强的目的都是为了改善图像的质量，但它们的技术思想却完全不同，二者之间有着很大的区别。图像增强不考虑图像是如何退化的，不建立或很少建立模型，只通过各种技术来增强图像的视觉效果，以适应人视觉系统的生理、心理特点，从而使人觉得舒适、愉悦，却很少涉及客观和统一的评价标准。因此，图像增强可以不顾及增强后的图像是否符合原图像、是否失真，往往只要看着舒服即可。图像复原就完全不同，需要知道图像退化机制和过程的先验知识，要建立相应的退化模型，据此找出一种相应的反过程，从而恢复出原图像，例如未聚焦的照片，无论用什么增强方法也不可能得到清晰的原像，但是，若已知其退化的先验知识是镜头不聚焦，则其反过程可用一阶贝塞尔函数的反滤波来复原图像。另外图像复原要明确规定质量标准，以便对希望的结果做出最佳的估计。

由于图像复原过程的特殊性，可以根据不同的退化模型和不同的质量评价标准，推导出多种复原的方法。

下面给出两个图像复原的实例，以增加对图像复原技术的直观印象。图5-1是用巴特沃斯带阻滤波器复原受正弦噪声干扰的图像的例子，可以看到恢复后的图像效果非常好，即使是细小的细节和纹理都被这种简单的滤波方式有效地修复了。

图5-2是一个维纳滤波器应用的例子，由于受剧烈的大气湍流的严重影响，获得的图像

a) 被正弦噪声干扰的图像

b) 滤波效果图

图 5-1 用巴特沃斯带阻滤波器复原受正弦噪声干扰的图像

已经模糊不清，通过维纳滤波器恢复出来的图像相当清晰，非常接近原始图像。

a) 受大气湍流严重影响的图像

b) 用维纳滤波器恢复出来的图像

图 5-2 维纳滤波器应用

5.2 图像退化模型

图像复原处理的关键是建立退化模型，图 5-3 中原图像 $f(x,y)$ 是通过一个系统 H 及加入一个外来加性噪声 $n(x,y)$ 而退化成一幅图像 $g(x,y)$ 的。

图像复原可以看成一个预测估计的过程，由已给出的退化图像 $g(x,y)$ 估计出系统参数 H，从而近似地恢复出 $f(x,y)$。$n(x,y)$ 为一种统计性质的信息。为了对处理结果做出某种最佳估计，一般还应首先确立一个质量标准。复原处理的基础在于对系统 H 的基本了解，系统是由某些元件或部件以某种方式构造而成的整体。系统本身所具有的某些特性就构成了通过系统的输入信号与输出信号的某种联系，这种联系从数学

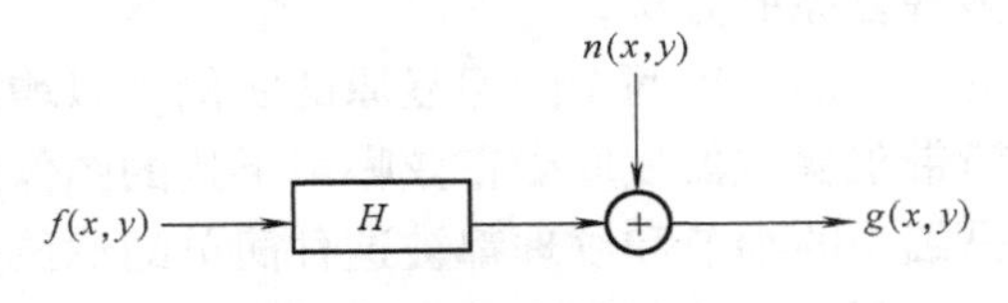

图 5-3 图像的退化模型

上可以用算子或响应函数 $h(x,y)$ 来描述。

这样图像的退化过程的数学表达式就可以写为

$$g(x,y)=H(f(x,y))+n(x,y) \tag{5-1}$$

$H(\cdot)$ 可理解为综合所有退化因素的函数或算子。

抽象地讲，在不考虑加性噪声 $n(x,y)$ 时，图像退化的过程也可以看作是一个变换 H，即

$$H(f(x,y))\rightarrow g(x,y)$$

由 $g(x,y)$ 求得 $f(x,y)$，就是寻求逆变换 H^{-1}，使得 $H^{-1}(g(x,y))\rightarrow f(x,y)$。

图像复原的过程，就是根据退化模型及原图像的某些知识，设计一个恢复系统 $p(x,y)$，以退化图像 $g(x,y)$ 作为输入，该系统应使输出的恢复图像 $\hat{f}(x,y)$ 按某种准则最接近原图像 $f(x,y)$，图像的退化及复原的过程如图 5-4 所示。其中 $h(x,y)$ 和 $p(x,y)$ 分别称为成像系统和恢复系统的冲激响应。

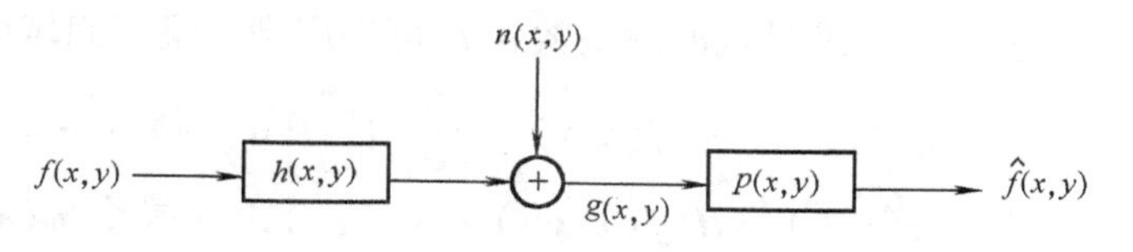

图 5-4　图像退化及复原的过程

系统 H 的分类方法很多，可分为线性系统和非线性系统；时变系统和非时变系统；集中参数系统和分布参数系统；连续系统和离散系统等。

线性系统就是具有均匀性和相加性的系统。当不考虑加性噪声 $n(x,y)$ 时，即令 $n(x,y)=0$，则图 5-3 所示系统可表示为

$$g(x,y)=H(f(x,y))$$

两个输入信号 $f_1(x,y)$、$f_2(x,y)$ 对应的输出信号为 $g_1(x,y)$、$g_2(x,y)$，如果有

$$\begin{aligned}H(k_1f_1(x,y)+k_2f_2(x,y))&=H(k_1f_1(x,y))+H(k_2f_2(x,y))\\&=k_1g_1(x,y)+k_2g_2(x,y)\end{aligned} \tag{5-2}$$

成立，则系统 H 是一个线性系统，k_1、k_2 为常数。

线性系统的这种特性为求解多个激励情况下的输出响应带来很大方便。

如果一个系统的参数不随时间变化，即称为时不变系统或非时变系统，否则，该系统为时变系统。与此相对应，对二维函数来说，如果

$$H(f(x-\alpha,y-\beta))=g(x-\alpha,y-\beta) \tag{5-3}$$

则 H 是空间不变系统（或称位置不变系统）。式中，α、β 分别是空间位置的位移量，表示图像中的任一点通过该系统的响应只取决于在该点的输入值，而与该点的位置无关。

由上可见，如果系统 H 有式(5-2)和式(5-3)的关系，那么系统就是线性和空间位置不变的系统。在图像复原处理中，非线性和空间变化的系统的模型虽然更具普遍性和准确性，但它却给处理工作带来巨大的困难，它常常没有解或很难用计算机来处理。实际的成像系统在一定条件下往往可以近似地视为线性和空间不变的系统，因此在图像复原处理中，往往用线性和空间不变的系统模型加以近似。这种近似使线性系统理论中的许多知识可以直接用于解决图像复原问题，所有图像复原处理特别是数字图像复原处理主要采用线性的空间不变复原技术。

5.2.1 连续的退化模型

单位冲激函数 $\delta(t)$ 是一个振幅在原点之外所有时刻为零，而在原点处振幅为无穷大，宽度无限小，面积为1的窄脉冲，其时域表达式为

$$\delta(t)=\begin{cases}\infty & t=0\\ 0 & t\neq 0\end{cases}\qquad \int_{-\infty}^{+\infty}\delta(t)\mathrm{d}t=1 \tag{5-4}$$

$\delta(t)$ 的卷积取样公式为

$$f(x)=\int_{-\infty}^{+\infty}f(x-t)\delta(t)\mathrm{d}t \tag{5-5}$$

或

$$f(x)=\int_{-\infty}^{+\infty}f(t)\delta(x-t)\mathrm{d}t \tag{5-6}$$

上述的一维时域冲激函数 $\delta(t)$ 可推广到二维空间域中，从而可把 $f(x,y)$ 写成下列形式：

$$f(x,y)=\int_{-\infty}^{+\infty}\int_{-\infty}^{+\infty}f(\alpha,\beta)\delta(x-\alpha,y-\beta)\mathrm{d}\alpha\mathrm{d}\beta \tag{5-7}$$

由于 $g(x,y)=H(f(x,y))+n(x,y)$，如果令 $n(x,y)=0$，同时考虑到 H 为线性算子，则

$$\begin{aligned}g(x,y)&=H(f(x,y))\\&=H\left(\int_{-\infty}^{+\infty}\int_{-\infty}^{+\infty}f(\alpha,\beta)\delta(x-\alpha,y-\beta)\mathrm{d}\alpha\mathrm{d}\beta\right)\\&=\int_{-\infty}^{+\infty}\int_{-\infty}^{+\infty}H(f(\alpha,\beta)\delta(x-\alpha,y-\beta))\mathrm{d}\alpha\mathrm{d}\beta\\&=\int_{-\infty}^{+\infty}\int_{-\infty}^{+\infty}f(\alpha,\beta)H(\delta(x-\alpha,y-\beta))\mathrm{d}\alpha\mathrm{d}\beta\end{aligned} \tag{5-8}$$

令 $h(x,\alpha,y,\beta)=H(\delta(x-\alpha,y-\beta))$，则有

$$g(x,y)=\int_{-\infty}^{+\infty}\int_{-\infty}^{+\infty}f(\alpha,\beta)h(x,\alpha,y,\beta)\mathrm{d}\alpha\mathrm{d}\beta \tag{5-9}$$

式中，$h(x,\alpha,y,\beta)$ 为系统 H 的冲激响应，即 $h(x,\alpha,y,\beta)$ 是系统 H 对坐标为 (α,β) 处的冲激函数 $\delta(x-\alpha,y-\beta)$ 的响应。在光学中冲激为一光点，因此又将 $h(x,\alpha,y,\beta)$ 称为退化过程的点扩散函数(PSF)。

式(5-9)说明，当系统 H 对冲激函数的响应为已知，则对任意输入 $f(x,y)$ 的响应均可由式(5-9)求得，也就是说，线性系统 H 完全可由其冲激响应来表征。

当系统 H 空间位置不变时，则

$$h(x-\alpha,y-\beta)=H(\delta(x-\alpha,y-\beta)) \tag{5-10}$$

这样就有

$$g(x,y)=\int_{-\infty}^{+\infty}\int_{-\infty}^{+\infty}f(\alpha,\beta)h(x-\alpha,y-\beta)\mathrm{d}\alpha\mathrm{d}\beta \tag{5-11}$$

即系统 H 对输入 $f(x,y)$ 的响应就是系统输入信号 $f(x,y)$ 与系统冲激响应的卷积。

考虑加性噪声 $n(x,y)$ 时，式(5-9)可写成

$$g(x,y)=\int_{-\infty}^{+\infty}\int_{-\infty}^{+\infty}f(\alpha,\beta)h(x,\alpha,y,\beta)\mathrm{d}\alpha\mathrm{d}\beta+n(x,y) \tag{5-12}$$

其中 $n(x,y)$ 与图像中的位置无关。

5.2.2 离散的退化模型

在连续的退化模型中，把$f(\alpha,\beta)$和$h(x-\alpha,y-\beta)$进行均匀取样后就可引申出离散的退化模型。为更好地理解离散的退化模型，我们首先用一维函数来说明基本概念，然后再推广至二维情况。

设有两个函数$f(x)$和$h(x)$，它们被均匀取样后分别形成长度为A和B的一维阵列，于是$f(x)$变成在$x=0,1,2,\cdots,A-1$范围内的离散变量，$h(x)$变成在$x=0,1,2,\cdots,B-1$范围内的离散变量，于是$f(x)$和$h(x)$的连续卷积关系就变成离散卷积关系。

若$f(x)$和$h(x)$都是具有周期为N的序列，那么，它们的时域离散卷积定义为

$$g(x)=\sum_{m}f(m)h(x-m) \tag{5-13}$$

则$g(x)$也为具有周期为N的序列，周期卷积可以用常规卷积法计算，也可用卷积定理进行快速卷积计算。

若$f(x)$和$h(x)$均为非周期性的序列，则可用延拓的方法延拓为周期序列，为避免折叠现象，可令周期$M\geqslant A+B-1$，延拓后的$f(x)$和$h(x)$表示如下：

$$f_e(x)=\begin{cases}f(x) & 0\leqslant x\leqslant A-1\\ 0 & A-1<x\leqslant M-1\end{cases} \tag{5-14}$$

$$h_e(x)=\begin{cases}h(x) & 0\leqslant x\leqslant B-1\\ 0 & B-1<x\leqslant M-1\end{cases} \tag{5-15}$$

可得到离散卷积退化模型

$$g_e(x)=\sum_{m=0}^{M-1}f_e(m)h_e(x-m) \tag{5-16}$$

式中，$x=0,1,2,\cdots,M-1$；$g_e(x)$的周期也为M。经过这样的延拓处理，一个非周期的卷积问题就变成了周期卷积问题了，因此可以用快速卷积法进行运算。

用矩阵形式表述离散退化模型，可写成

$$\boldsymbol{g}=\boldsymbol{Hf} \tag{5-17}$$

式中

$$\boldsymbol{f}=\begin{pmatrix}f_e(0)\\ f_e(1)\\ \vdots\\ f_e(M-1)\end{pmatrix} \qquad \boldsymbol{g}=\begin{pmatrix}g_e(0)\\ g_e(1)\\ \vdots\\ g_e(M-1)\end{pmatrix}$$

$\boldsymbol{H}$是$M\times M$阶矩阵

$$\boldsymbol{H}=\begin{pmatrix}h_e(0) & h_e(-1) & h_e(-2) & \cdots & h_e(-M+1)\\ h_e(1) & h_e(0) & h_e(-1) & \cdots & h_e(-M+2)\\ h_e(2) & h_e(1) & h_e(0) & \cdots & h_e(-M+3)\\ \vdots & \vdots & \vdots & & \vdots\\ h_e(M-1) & h_e(M-2) & h_e(M-3) & \cdots & h_e(0)\end{pmatrix} \tag{5-18}$$

利用$h_e(x)$的周期性，$h_e(x)=h_e(\pm M+x)$，上式可写成：

$$
\boldsymbol{H}=\begin{pmatrix} h_e(0) & h_e(M-1) & h_e(M-2) & \cdots & h_e(1) \\ h_e(1) & h_e(0) & h_e(M-1) & \cdots & h_e(2) \\ h_e(2) & h_e(1) & h_e(0) & \cdots & h_e(3) \\ \vdots & \vdots & \vdots & & \vdots \\ h_e(M-1) & h_e(M-2) & h_e(M-3) & \cdots & h_e(0) \end{pmatrix} \tag{5-19}
$$

可以看出，$\boldsymbol{H}$ 为一个循环矩阵。

从上述一维模型可以推广到二维情况。如果给出 $A\times B$ 大小的数字图像，以及 $C\times D$ 大小的点扩散函数，可首先扩展成大小为 $M\times N$ 的周期延拓图像。

$$
f_e(x,y)=\begin{cases} f(x,y) & 0\leqslant x\leqslant A-1 \text{ 且 } 0\leqslant y\leqslant B-1 \\ 0 & A-1<x\leqslant M-1 \text{ 或 } B-1<y\leqslant N-1 \end{cases} \tag{5-20}
$$

$$
h_e(x,y)=\begin{cases} h(x,y) & 0\leqslant x\leqslant C-1 \text{ 且 } 0\leqslant y\leqslant D-1 \\ 0 & C-1<x\leqslant M-1 \text{ 或 } D-1<y\leqslant N-1 \end{cases} \tag{5-21}
$$

为避免折叠，要求 $M\geqslant A+C-1$，$N\geqslant B+D-1$。这样一来，$f_e(x,y)$ 和 $h_e(x,y)$ 分别成为二维周期函数，它们在 x 和 y 方向上的周期分别为 M 和 N。由此得到二维退化模型为一个二维卷积形式

$$
g_e(x,y)=\sum_{m=0}^{M-1}\sum_{n=0}^{N-1} f_e(m,n)h_e(x-m,y-n)+n_e(x,y) \tag{5-22}
$$

式中，$x=0,1,2,\cdots,M-1$；$y=0,1,2,\cdots,N-1$；$g_e(x,y)$ 也为周期函数，其周期与 $f_e(x,y)$ 和 $h_e(x,y)$ 完全一样。

上式也可用矩阵表示为

$$
\boldsymbol{g}=\boldsymbol{Hf}+\boldsymbol{n} \tag{5-23}
$$

式中，$\boldsymbol{g}$、$\boldsymbol{f}$、$\boldsymbol{n}$ 皆用行向量堆叠 $M\times N$ 维，它把各行顺时针转 90°堆叠而成，都是 $M\times N$ 维列向量；$\boldsymbol{H}$ 为 $MN\times MN$ 的矩阵

$$
\boldsymbol{H}=\begin{pmatrix} \boldsymbol{H}_0 & \boldsymbol{H}_{M-1} & \boldsymbol{H}_{M-2} & \cdots & \boldsymbol{H}_1 \\ \boldsymbol{H}_1 & \boldsymbol{H}_0 & \boldsymbol{H}_{M-1} & \cdots & \boldsymbol{H}_2 \\ \boldsymbol{H}_2 & \boldsymbol{H}_1 & \boldsymbol{H}_0 & \cdots & \boldsymbol{H}_3 \\ \vdots & \vdots & \vdots & & \vdots \\ \boldsymbol{H}_{M-1} & \boldsymbol{H}_{M-2} & \boldsymbol{H}_{M-3} & \cdots & \boldsymbol{H}_0 \end{pmatrix} \tag{5-24}
$$

式中，每个 $\boldsymbol{H}_j$ 都是一个 $N\times N$ 的矩阵，是由延拓函数 $h_e(x,y)$ 的 j 行构成的。

$$
\boldsymbol{H}_j=\begin{pmatrix} \boldsymbol{h}_e(j,0) & \boldsymbol{h}_e(j,N-1) & \boldsymbol{h}_e(j,N-2) & \cdots & \boldsymbol{h}_e(j,1) \\ \boldsymbol{h}_e(j,1) & \boldsymbol{h}_e(j,0) & \boldsymbol{h}_e(j,N-1) & \cdots & \boldsymbol{h}_e(j,2) \\ \boldsymbol{h}_e(j,2) & \boldsymbol{h}_e(j,1) & \boldsymbol{h}_e(j,0) & \cdots & \boldsymbol{h}_e(j,3) \\ \vdots & \vdots & \vdots & & \vdots \\ \boldsymbol{h}_e(j,N-1) & \boldsymbol{h}_e(j,N-2) & \boldsymbol{h}_e(j,N-3) & \cdots & \boldsymbol{h}_e(j,0) \end{pmatrix} \tag{5-25}
$$

可见，$\boldsymbol{H}_j$ 是一个循环矩阵，而 $\boldsymbol{H}$ 是一个分块循环矩阵。

上述离散退化模型是在线性空间不变的前提下推出的。目的是在给定了 $g(x,y)$，并且知道 $h(x,y)$ 和 $n(x,y)$ 的情况下，估计出理想的原始图像 $f(x,y)$。但是，要想从式(5-23)直接求解得 $f(x,y)$，对于实际大小的图像来说，处理工作量是十分艰巨的，如 $M=N=512$ 时，

$\boldsymbol{H}$ 矩阵的大小为 $MN\times MN=(512)^2\times(512)^2=262144\times262144$，求解 $\boldsymbol{f}$ 需要解 262144 个联立方程组，计算量之大难以想象，为解决这样的问题，须研究一些简化算法，利用 $\boldsymbol{H}$ 的循环性质，使简化运算得以实现。

根据有关的数学知识，由于 $\boldsymbol{H}$ 是分块循环矩阵，则 $\boldsymbol{H}$ 可对角化，即

$$\boldsymbol{H}=\boldsymbol{WDW}^{-1} \tag{5-26}$$

$\boldsymbol{W}$ 为一变换阵，大小为 $MN\times MN$ 维矩阵，它由 M^2 个大小为 $N\times N$ 的子块的部分组成

$$\boldsymbol{W}=\begin{pmatrix} \boldsymbol{w}(0,0) & \boldsymbol{w}(0,1) & \cdots & \boldsymbol{w}(0,M-1) \\ \boldsymbol{w}(1,0) & \boldsymbol{w}(1,1) & \cdots & \boldsymbol{w}(1,M-1) \\ \vdots & \vdots & & \vdots \\ \boldsymbol{w}(M-1,0) & \boldsymbol{w}(M-1,1) & \cdots & \boldsymbol{w}(M-1,M-1) \end{pmatrix} \tag{5-27}$$

其中

$$\boldsymbol{w}(i,m)=\exp\left(\mathrm{j}\frac{2\pi}{M}im\right)\boldsymbol{w}_N \tag{5-28}$$

式中，$i,m=0,1,2,\cdots,M-1$；$\boldsymbol{w}_N$ 为 $N\times N$ 的矩阵，其元素为

$$\boldsymbol{w}_N(k,n)=\exp\left(\mathrm{j}\frac{2\pi}{N}kn\right) \tag{5-29}$$

式中，$k,n=0,1,2,\cdots,N-1$。

实际上，对任意形如 $\boldsymbol{H}$ 的分块循环矩阵，$\boldsymbol{W}$ 都可使其对角化。$\boldsymbol{D}$ 是对角阵，其对角元素与 $h_e(x,y)$ 的傅里叶变换有关，即如果

$$H(u,v)=\frac{1}{MN}\sum_{x=0}^{M-1}\sum_{y=0}^{N-1}h_e(x,y)\exp\left[-\mathrm{j}2\pi\left(\frac{ux}{M}+\frac{vy}{N}\right)\right] \tag{5-30}$$

则 $\boldsymbol{D}$ 的 MN 个对角线元素按下面的形式给出，第一组 N 个元素为 $H(0,0),H(0,1),\cdots,H(0,N-1)$；第二组为 $H(1,0),H(1,1),\cdots,H(1,N-1)$；依此类推，最后的 N 个对角线元素为 $H(M-1,0),H(M-1,1),\cdots,H(M-1,N-1)$。由上述元素组成的整个矩阵再乘以 MN 得到 $\boldsymbol{D}$，即有

$$D(k,i)=\begin{cases} MNH\left(\left[\dfrac{k}{N}\right],k\bmod N\right) & i=k \\ 0 & i\neq k \end{cases} \tag{5-31}$$

式中，$\left[\dfrac{k}{N}\right]$表示不超过$\dfrac{k}{N}$的最大整数；$k\bmod N$ 是以 N 除以 k 所得到的余数。

从而退化模型可写成

$$\boldsymbol{g}=\boldsymbol{Hf}+\boldsymbol{n}=\boldsymbol{WDW}^{-1}\boldsymbol{f}+\boldsymbol{n} \tag{5-32}$$

$$\boldsymbol{W}^{-1}\boldsymbol{g}=\boldsymbol{DW}^{-1}\boldsymbol{f}+\boldsymbol{W}^{-1}\boldsymbol{n} \tag{5-33}$$

可以证明

$$\boldsymbol{W}^{-1}\boldsymbol{g}=\boldsymbol{Vec}(G(u,v)) \tag{5-34}$$

$$\boldsymbol{W}^{-1}\boldsymbol{f}=\boldsymbol{Vec}(F(u,v)) \tag{5-35}$$

$$\boldsymbol{W}^{-1}\boldsymbol{n}=\boldsymbol{Vec}(N(u,v)) \tag{5-36}$$

式中，$\boldsymbol{Vec}(\,)$是将矩阵拉伸为向量的算子，例如

$$\boldsymbol{Vec}\begin{pmatrix}1 & 2\\ 3 & 4\end{pmatrix}=\begin{pmatrix}1\\2\\3\\4\end{pmatrix}$$

$G(u,v)$、$F(u,v)$和$N(u,v)$分别是$g(x,y)$、$f(x,y)$和$n(x,y)$的二维傅里叶变换。于是有

$$G(u,v) = MNH(u,v)F(u,v) + N(u,v) \tag{5-37}$$

这样就将求$f(x,y)$的过程转换为求解$F(u,v)$的过程，简化了计算过程，同时上式也是进行图像复原的基础。

5.3 图像复原的方法

图像复原的方法很多，这里我们主要介绍反向滤波法和约束还原法。

5.3.1 反向滤波法

1. 基本原理

反向滤波法又叫逆滤波复原法。如果退化图像为$g(x,y)$，原始图像为$f(x,y)$，在不考虑噪声的情况下，其退化模型表示为

$$g(x,y) = \int_{-\infty}^{+\infty}\int_{-\infty}^{+\infty} f(\alpha,\beta)h(x-\alpha,y-\beta)\mathrm{d}\alpha\mathrm{d}\beta$$

由傅里叶变换卷积定理可知下式成立：

$$G(u,v) = H(u,v)F(u,v) \tag{5-38}$$

式中，$G(u,v)$、$H(u,v)$、$F(u,v)$分别是退化图像$g(x,y)$、点扩散函数$h(x,y)$、原始图像$f(x,y)$的傅里叶变换。进一步有

$$F(u,v) = \frac{G(u,v)}{H(u,v)} \tag{5-39}$$

这就是说，如果已知退化图像的傅里叶变换和“滤波”传递函数，就可以求得原始图像的傅里叶变换，经傅里叶反变换就可以求得原始图像，这里$G(u,v)$除以$H(u,v)$起到了反向滤波的作用。

在有噪声的情况下，反向滤波原理可写成

$$G(u,v) = H(u,v)F(u,v) + N(u,v) \tag{5-40}$$

$$F(u,v) = \frac{G(u,v)}{H(u,v)} - \frac{N(u,v)}{H(u,v)} \tag{5-41}$$

式中，$N(u,v)$为噪声$n(x,y)$的傅里叶变换。

2. 离散退化模型下的反向滤波法

对于5.2.2小节中离散的退化模型矩阵表示形式：$\boldsymbol{g} = \boldsymbol{Hf} + \boldsymbol{n}$，当对$\boldsymbol{n}$的统计特性并不了解时，我们希望能找到一个$\hat{\boldsymbol{f}}$，使$\boldsymbol{H}\hat{\boldsymbol{f}}$能在最小二乘意义上来说近似于$\boldsymbol{g}$，即希望找到一个$\hat{\boldsymbol{f}}$使

$$J(\hat{\boldsymbol{f}}) = \|\boldsymbol{g} - \boldsymbol{H}\hat{\boldsymbol{f}}\|^2 = \|\boldsymbol{n}\|^2 \tag{5-42}$$

为最小。这里$\|\boldsymbol{n}\|^2 = \boldsymbol{n}^{\mathrm{T}}\boldsymbol{n}$，$\|\boldsymbol{g} - \boldsymbol{H}\hat{\boldsymbol{f}}\|^2 = (\boldsymbol{g} - \boldsymbol{H}\hat{\boldsymbol{f}})^{\mathrm{T}}(\boldsymbol{g} - \boldsymbol{H}\hat{\boldsymbol{f}})$。

这实际上是求$J(\hat{\boldsymbol{f}})$的最小值问题。由于除了要求$J(\hat{\boldsymbol{f}})$为最小外，不受任何其他条件约束，所以又称为非约束复原。

将$J(\hat{\boldsymbol{f}})$对$\hat{\boldsymbol{f}}$求导，并令其等于零，则有

$$\frac{\partial J(\hat{\boldsymbol{f}})}{\partial \hat{\boldsymbol{f}}} = -2\boldsymbol{H}^{\mathrm{T}}(\boldsymbol{g}-\boldsymbol{H}\hat{\boldsymbol{f}}) = \boldsymbol{0} \tag{5-43}$$

$$\boldsymbol{H}^{\mathrm{T}}\boldsymbol{H}\hat{\boldsymbol{f}} = \boldsymbol{H}^{\mathrm{T}}\boldsymbol{g}$$

$$\hat{\boldsymbol{f}} = (\boldsymbol{H}^{\mathrm{T}}\boldsymbol{H})^{-1}\boldsymbol{H}^{\mathrm{T}}\boldsymbol{g} \tag{5-44}$$

在 $M=N$ 的情况下，假设 $\boldsymbol{H}^{-1}$存在，于是有

$$\hat{\boldsymbol{f}} = \boldsymbol{H}^{-1}(\boldsymbol{H}^{-1})^{\mathrm{T}}\boldsymbol{H}^{\mathrm{T}}\boldsymbol{g} = \boldsymbol{H}^{-1}\boldsymbol{g} \tag{5-45}$$

由于 $\boldsymbol{H}$ 为分块循环矩阵，且有 $\boldsymbol{H}=\boldsymbol{W}\boldsymbol{D}\boldsymbol{W}^{-1}$，$\boldsymbol{D}$ 为对角矩阵，则

$$\hat{\boldsymbol{f}} = (\boldsymbol{W}\boldsymbol{D}\boldsymbol{W}^{-1})^{-1}\boldsymbol{g} = \boldsymbol{W}\boldsymbol{D}^{-1}\boldsymbol{W}^{-1}\boldsymbol{g} \tag{5-46}$$

$$\boldsymbol{W}^{-1}\hat{\boldsymbol{f}} = \boldsymbol{D}^{-1}\boldsymbol{W}^{-1}\boldsymbol{g} \tag{5-47}$$

由 5.2.2 小节中 $\boldsymbol{W}^{-1}$的性质，可得到

$$\hat{F}(u,v) = \frac{G(u,v)}{M^2 H(u,v)} \tag{5-48}$$

式(5-48)说明如果知道了 $g(x,y)$和 $h(x,y)$，也就知道了 $G(u,v)$和 $H(u,v)$，进而可求得 $\hat{F}(u,v)$，再经傅里叶反变换就能求出$\hat{f}(x,y)$。式(5-48)就是离散退化模型下的反向滤波法。

利用式(5-48)进行复原时，若 $H(u,v)$在 uv 平面上的某些区域等于0 或变得非常小，那么复原就会出现病态性质，即 $\hat{F}(u,v)$在 $H(u,v)$的零点附近变化剧烈，严重偏离实际值。若还存在噪声，则后果更加严重。因为

$$\hat{F}(u,v) = \frac{G(u,v)}{M^2 H(u,v)} = \frac{M^2 F(u,v)+N(u,v)}{M^2 H(u,v)} = F(u,v) + \frac{N(u,v)}{M^2 H(u,v)} \tag{5-49}$$

一般情况下有 $H(u,v)$的幅度随着离 uv 平面原点的距离的增加而迅速下降，但 $N(u,v)$幅度的变化是比较平缓的，在远离 uv 平面的原点时，$\frac{N(u,v)}{M^2 H(u,v)}$的值就会变得很大，甚至可能出现 $F(u,v)\ll\frac{N(u,v)}{M^2 H(u,v)}$，噪声占优势，掩盖了真实信号 $F(u,v)$，造成复原出来的图像面目全非。

解决该病态问题的唯一方法就是避开 $H(u,v)$的零点及小数值的 $H(u,v)$。具体做法有：一是在计算 $\hat{F}(u,v)$时，在 $H(u,v)$的零点上不做计算，或直接对 $H(u,v)$进行修改，即仔细设置 $H(u,v)=0$ 的频谱点附近 $H^{-1}(u,v)$的值；二是在原点的有限的邻域内进行，以避免小数值的 $H(u,v)$，即选择一个低通滤波器。

$$H_1(u,v) = \begin{cases} 1 & \sqrt{u^2+v^2} \leqslant D_0 \\ 0 & \sqrt{u^2+v^2} > D_0 \end{cases} \tag{5-50}$$

D_0 的选择应该将 $H(u,v)$的零点排除在此邻域之外，并进行如下的反向滤波复原：

$$\hat{F}(u,v) = \frac{G(u,v)H_1(u,v)}{M^2 H(u,v)} \tag{5-51}$$

为避免振铃影响，还可以选择平滑的低通滤波器如巴特沃斯(Butterworth)滤波器等代替$H_1(u,v)$。

5.3.2 约束还原法

1. 一般原理

在前面介绍的反向滤波法中，我们求恢复图像$\hat{f}$时除了要求$\boldsymbol{H}\hat{\boldsymbol{f}}$在最小二乘意义下最接近于$\boldsymbol{g}$以外，根本不做任何约束和规定，所以反向滤波法又称为非约束还原法。但很多时候，为了在数学上更容易处理，常附加某种约束条件和特殊规定。

若知道原始图像的某种线性变换$\boldsymbol{Qf}$具有某种性质或满足某个关系$\boldsymbol{Qf}=\boldsymbol{d}$，则在这种情况下，估计准则是在约束$\|\boldsymbol{Q}\hat{\boldsymbol{f}}\|^2=\|\boldsymbol{d}\|^2$下使$J(\hat{\boldsymbol{f}})=\|\boldsymbol{g}-\boldsymbol{H}\hat{\boldsymbol{f}}\|^2=\|\boldsymbol{n}\|^2$最小。同时这个问题也等价于在约束$\|\boldsymbol{n}\|^2=\|\boldsymbol{g}-\boldsymbol{H}\hat{\boldsymbol{f}}\|^2$下使$\|\boldsymbol{Q}\hat{\boldsymbol{f}}\|^2-\|\boldsymbol{d}\|^2$最小。

这是一个条件极值的问题，可用拉格朗日乘数法来处理，即寻找一个$\hat{\boldsymbol{f}}$，使下述准则函数为最小：

$$J(\hat{\boldsymbol{f}})=\|\boldsymbol{Q}\hat{\boldsymbol{f}}\|^2-\|\boldsymbol{d}\|^2+\lambda(\|\boldsymbol{g}-\boldsymbol{H}\hat{\boldsymbol{f}}\|^2-\|\boldsymbol{n}\|^2) \tag{5-52}$$

式中，λ为一常数，即拉格朗日系数。

式(5-52)对$\hat{\boldsymbol{f}}$求导并令结果为零，有

$$\frac{\partial J(\hat{\boldsymbol{f}})}{\partial\hat{\boldsymbol{f}}}=2\boldsymbol{Q}^{\mathrm{T}}\boldsymbol{Q}\hat{\boldsymbol{f}}-2\lambda\boldsymbol{H}^{\mathrm{T}}(\boldsymbol{g}-\boldsymbol{H}\hat{\boldsymbol{f}})=\boldsymbol{0} \tag{5-53}$$

可推得

$$\hat{\boldsymbol{f}}=\left(\boldsymbol{H}^{\mathrm{T}}\boldsymbol{H}+\frac{1}{\lambda}\boldsymbol{Q}^{\mathrm{T}}\boldsymbol{Q}\right)^{-1}\boldsymbol{H}^{\mathrm{T}}\boldsymbol{g}=(\boldsymbol{H}^{\mathrm{T}}\boldsymbol{H}+\gamma\boldsymbol{Q}^{\mathrm{T}}\boldsymbol{Q})^{-1}\boldsymbol{H}^{\mathrm{T}}\boldsymbol{g} \tag{5-54}$$

式中，$\gamma=\dfrac{1}{\lambda}$。

对于不同的原始图像知识，可获得不同的$\boldsymbol{Q}$，求得的解具有不同的形式。

下面我们讨论两种重要的最小二乘法约束还原，它们分别是通过选择不同的$\boldsymbol{Q}$而得到的。

2. 维纳滤波

我们首先定义关于$\boldsymbol{f}$和$\boldsymbol{n}$的相关矩阵$\boldsymbol{R}_f$和$\boldsymbol{R}_n$为

$$\begin{cases}\boldsymbol{R}_f=\boldsymbol{E}\{\boldsymbol{ff}^{\mathrm{T}}\}\\ \boldsymbol{R}_n=\boldsymbol{E}\{\boldsymbol{nn}^{\mathrm{T}}\}\end{cases} \tag{5-55}$$

$\boldsymbol{E}\{\}$代表数学期望运算，相关矩阵$\boldsymbol{R}_f$和$\boldsymbol{R}_n$为对称阵。由于大多数图像的相邻像素之间的相关性很强，在20个像素以外，则其相关性逐渐减弱而趋于零。在这个条件下，$\boldsymbol{R}_f$和$\boldsymbol{R}_n$可近似为分块循环矩阵，此时有

$$\boldsymbol{R}_f=\boldsymbol{WAW}^{-1} \tag{5-56}$$

$$\boldsymbol{R}_n=\boldsymbol{WBW}^{-1} \tag{5-57}$$

$$A(k,i)=\begin{cases}MNS_f\left(\left[\dfrac{k}{N}\right],k\bmod N\right) & i=k\\ 0 & i\neq k\end{cases} \tag{5-58}$$

$$B(k,i)=\begin{cases}MNS_n\left(\left[\dfrac{k}{N}\right],k\bmod N\right) & i=k\\ 0 & i\neq k\end{cases} \tag{5-59}$$

式(5-56)、式(5-57)中，$\boldsymbol{A}$、$\boldsymbol{B}$ 为对角阵，与 $\boldsymbol{R}_f$ 和 $\boldsymbol{R}_n$ 的傅里叶变换有关，即与谱密度 $S_f(u,v)$ 和 $S_n(u,v)$ 有关。$\boldsymbol{W}$ 为酉阵。若 $\boldsymbol{Q}^{\mathrm{T}}\boldsymbol{Q}$ 用 $\boldsymbol{R}_f^{-1}\boldsymbol{R}_n$ 来代替，则有

$$\hat{\boldsymbol{f}} = (\boldsymbol{H}^{\mathrm{T}}\boldsymbol{H} + \gamma \boldsymbol{R}_f^{-1}\boldsymbol{R}_n)^{-1}\boldsymbol{H}^{\mathrm{T}}\boldsymbol{g} \tag{5-60}$$

由于 $\boldsymbol{H}$ 为分块循环矩阵，$\boldsymbol{H} = \boldsymbol{WDW}^{-1}$，$\boldsymbol{H}^T = \boldsymbol{WD}^*\boldsymbol{W}^{-1}$，$\boldsymbol{D}^*$ 为 $\boldsymbol{D}$ 的共轭转置阵。则上式可变成

$$\boldsymbol{W}^{-1}\hat{\boldsymbol{f}} = (\boldsymbol{D}^*\boldsymbol{D} + \gamma \boldsymbol{A}^{-1}\boldsymbol{B})^{-1}\boldsymbol{D}^*\boldsymbol{W}^{-1}\boldsymbol{g} \tag{5-61}$$

写成频域表达式为(假设 $M = N$)

$$\hat{F}(u,v) = \frac{M^2 H^*(u,v)}{M^4 |H(u,v)|^2 + \gamma(S_n(u,v)/S_f(u,v))}G(u,v) \tag{5-62}$$

当 $\gamma = 1$ 时，称为维纳滤波器，而在 $\gamma \neq 1$ 时，称为参数维纳滤波器。

从式(5-62)可看出，这种方法对噪声放大有自动抑制作用。当 $H(u,v)$ 在某处为零时，由于存在 $S_n(u,v)/S_f(u,v)$ 项，不会出现被零除的情况，而由于分子含有 $H^*(u,v)$ 项，在任何 $H(u,v)=0$ 处，滤波器的增益恒等于 0。同时若在某一频谱区信噪比相当高时，即 $S_n(u,v) \ll S_f(u,v)$ 时，滤波器的效果接近反向滤波方法，而对信噪比很小的区域，即 $S_n(u,v) \gg S_f(u,v)$，滤波器趋向于无反应。这些都说明了维纳滤波避免了在反向滤波法中出现的对噪声的过多放大作用。

式(5-62)中的 $H(u,v)$ 可由系统的点扩散函数确定，而 $S_f(u,v)$ 和 $S_n(u,v)$ 可用以下方法确定：若 $n(x,y)$ 是白噪声，则 $S_n(u,v)$ 为常数。故可通过计算一幅图像的功率谱求得，而对于 $S_f(u,v)$ 则可利用 $S_g(u,v) = |H(u,v)|^2 S_f(u,v) + S_n(u,v)$ 来估计，即

$$S_f(u,v) = \frac{S_g(u,v) - S_n(u,v)}{|H(u,v)|^2} \tag{5-63}$$

另一个常用的方法是使用如下的滤波器：

$$\hat{F}(u,v) = \frac{H^*(u,v)}{M^2 |H(u,v)|^2 + K}G(u,v) \tag{5-64}$$

式中，K 为常数。

对于系数 γ，可证明，当 $\gamma = 1$ 时，得到的滤波器是统计最佳的，它使 $\mathrm{E}\{[f(x,y) - \hat{f}(x,y)]^2\}$最小，此即维纳滤波器(约束最小平方滤波)。维纳滤波的实例如图 5-2 所示。

3. 最大平滑复原

前述参数维纳滤波器是在假设原始图像 $\boldsymbol{f}$ 和噪声 $\boldsymbol{n}$ 是随机变量，它们的图像集形成了随机过程，同时这个随机过程又是一个平稳的随机过程，并且它们的功率谱已知。这就是说参数维纳滤波器得到的结果在图像统计平均意义下是最佳的，但对某一具体图像来说不一定是最佳。下面我们介绍一种准则函数，由此导出的复原对每一幅具体图像确定一个最优的评判标准。

反向滤波法中，由于 $H(u,v)$ 的病态性质，导致在其零点附近数值变化起伏过大，使图像产生了多余的噪声和边缘，造成恢复图像严重失真。我们可通过合理地选择 $\boldsymbol{Q}$，并对 $\|\boldsymbol{Qf}\|^2$ 进行优化，从而将图像的不平滑性降至最低，对于电视一类图像，灰度变化是平滑少跳变的，因此可把最大平滑作为选择 $\boldsymbol{Q}$ 的准则。

图像相邻各像素之间的灰度平滑性可通过二阶导数来表征，二阶导数越小，表示灰度跳变幅度及斜率越小，图像的平滑性就越大。这种二阶导数可用拉普拉斯算子 $\nabla^2 f = \frac{\partial^2 f}{\partial x^2} + \frac{\partial^2 f}{\partial y^2}$来

表示。它有突出边缘的作用，反映了图像灰度变化的剧烈程度。而由 $\iint \nabla^2 f\mathrm{d}x\mathrm{d}y$ 可反映整幅图像的总体平滑性，因而可将其作为图像恢复时的约束条件。

对于数字图像来说，拉普拉斯算子可写成如下差分形式：

$$\frac{\partial^2 f}{\partial x^2}+\frac{\partial^2 f}{\partial y^2}=f(x+1,y)+f(x-1,y)+f(x,y+1)+f(x,y-1)-4f(x,y) \tag{5-65}$$

式(5-65)可看作是 $f(x,y)$ 与 $p(x,y)$ 卷积的结果，其中

$$p(x,y)=\begin{pmatrix}0 & 1 & 0\\ 1 & -4 & 1\\ 0 & 1 & 0\end{pmatrix}$$

进行卷积前，必须作周期延拓，即

$$p_e(x,y)=\begin{cases}p(x,y) & 0\leqslant x\leqslant 2,0\leqslant y\leqslant 2\\ 0 & 3\leqslant x\leqslant M-1,3\leqslant y\leqslant N-1\end{cases} \tag{5-66}$$

设 $f(x,y)$ 大小为 $A\times B$，则 M、N 应延拓为 $M\geqslant A+3-1$、$N\geqslant B+3-1$。周期延拓卷积公式表示为

$$g(x,y)=\sum_{m=0}^{M-1}\sum_{n=0}^{N-1}f(m,n)p_e(x-m,y-n) \tag{5-67}$$

其同样可写成分块循环形式。先建立一个分块循环阵

$$\boldsymbol{C}=\begin{pmatrix}\boldsymbol{C}_0 & \boldsymbol{C}_{M-1} & \boldsymbol{C}_{M-2} & \cdots & \boldsymbol{C}_1\\ \boldsymbol{C}_1 & \boldsymbol{C}_0 & \boldsymbol{C}_{M-1} & \cdots & \boldsymbol{C}_2\\ \boldsymbol{C}_2 & \boldsymbol{C}_1 & \boldsymbol{C}_0 & \cdots & \boldsymbol{C}_3\\ \vdots & \vdots & \vdots & & \vdots\\ \boldsymbol{C}_{M-1} & \boldsymbol{C}_{M-2} & \boldsymbol{C}_{M-3} & \cdots & \boldsymbol{C}_0\end{pmatrix} \tag{5-68}$$

其中每个子块 $\boldsymbol{C}_j$ 是由 $p_e(x,y)$ 的第 j 行组成的 $N\times N$ 循环阵

$$\boldsymbol{C}_j=\begin{pmatrix}p_e(j,0) & p_e(j,N-1) & \cdots & p_e(j,1)\\ p_e(j,1) & p_e(j,0) & \cdots & p_e(j,2)\\ \vdots & \vdots & & \vdots\\ p_e(j,N-1) & p_e(j,N-20) & \cdots & p_e(j,0)\end{pmatrix} \tag{5-69}$$

于是 $\iint \nabla^2 f\mathrm{d}x\mathrm{d}y$ 可写成 $\boldsymbol{f}^{\mathrm{T}}\boldsymbol{C}^{\mathrm{T}}\boldsymbol{C}\boldsymbol{f}$，若定义 $\boldsymbol{Q}=\boldsymbol{C}$，则有 $\boldsymbol{f}^{\mathrm{T}}\boldsymbol{C}^{\mathrm{T}}\boldsymbol{C}\boldsymbol{f}=\|\boldsymbol{Q}\boldsymbol{f}\|^2$。于是现在的问题就成为在满足 $\|\boldsymbol{n}\|^2=\|\boldsymbol{g}-\boldsymbol{H}\hat{\boldsymbol{f}}\|^2$ 的约束条件下，使 $\|\boldsymbol{Q}\boldsymbol{f}\|^2$ 最小化的问题，而 $\|\boldsymbol{Q}\boldsymbol{f}\|^2$ 最小也就是最大平滑。

由于 $\boldsymbol{C}$ 为分块循环矩阵，因而可用 $\boldsymbol{W}$ 阵进行对角化

$$\boldsymbol{C}=\boldsymbol{W}\boldsymbol{E}\boldsymbol{W}^{-1} \tag{5-70}$$

$\boldsymbol{E}$ 为对角阵，其元素为

$$E(k,i)=\begin{cases}MNP\left(\left[\dfrac{k}{N}\right],k\mathrm{mod}N\right) & i=k\\ 0 & i\neq k\end{cases} \tag{5-71}$$

$P(u,v)$ 是 $p_e(x,y)$ 的傅里叶变换，从而有

$$\hat{\boldsymbol{f}}=(\boldsymbol{H}^{\mathrm{T}}\boldsymbol{H}+\gamma\boldsymbol{C}^{\mathrm{T}}\boldsymbol{C})^{-1}\boldsymbol{H}^{\mathrm{T}}\boldsymbol{g}=(\boldsymbol{W}\boldsymbol{D}^*\boldsymbol{D}\boldsymbol{W}^{-1}+\gamma\boldsymbol{W}\boldsymbol{E}^*\boldsymbol{E}\boldsymbol{W}^{-1})^{-1}\boldsymbol{W}\boldsymbol{D}^*\boldsymbol{W}^{-1}\boldsymbol{g}$$

$$W^{-1}\hat{\boldsymbol{f}}=(\boldsymbol{D}^{*}\boldsymbol{D}+\gamma\boldsymbol{E}^{*}\boldsymbol{E})^{-1}\boldsymbol{D}^{*}\boldsymbol{W}^{-1}\boldsymbol{g} \tag{5-72}$$

当 $M=N$ 时，即有

$$\hat{F}(u,v)=\frac{H^{*}(u,v)}{M^{2}|H(u,v)|^{2}+\gamma M^{2}|P(u,v)|^{2}}G(u,v) \tag{5-73}$$

此公式即为约束最小平方滤波器，采用这种滤波器来进行图像复原的方法又称为最大平滑复原法。约束最小平方滤波器类似维纳滤波器，但它不需要知道统计参量 $\boldsymbol{R}_f$ 和 $\boldsymbol{R}_n$。

5.4 运动模糊图像的复原

5.4.1 模糊模型

由于摄像机和景物之间的相对运动，往往造成获取的图像的模糊。而且很多变速的非直线的运动在一定条件下可以看成是均匀的直线运动合成的结果，因此由均匀直线运动所造成的模糊图像的复原问题更具有一般和普遍的意义。

设图像 $f(x,y)$ 作平面匀速直线运动，令 $x_0(t)$ 和 $y_0(t)$ 分别为 x 和 y 方向运动的随时间变化的分量。对于照相机拍照，胶片上任一点上总曝光量是由快门打开的时间 T 内所有曝光的积分而得，设快门的开、关是瞬时发生的且光学成像过程是完善的，则有

$$g(x,y)=\int_0^T f(x-x_0(t),y-y_0(t))\mathrm{d}t \tag{5-74}$$

对式(5-74)进行傅里叶变换

$$\begin{aligned}G(u,v)&=\int_{-\infty}^{+\infty}\int_{-\infty}^{+\infty}g(x,y)\exp[-\mathrm{j}2\pi(ux+vy)]\mathrm{d}x\mathrm{d}y\\&=\int_{-\infty}^{+\infty}\int_{-\infty}^{+\infty}\int_0^T f(x-x_0(t),y-y_0(t))\mathrm{d}t\exp[-\mathrm{j}2\pi(ux+vy)]\mathrm{d}x\mathrm{d}y\end{aligned}$$

此处积分次序交换后得

$$\begin{aligned}G(u,v)&=\int_0^T\left\{\int_{-\infty}^{+\infty}\int_{-\infty}^{+\infty}f(x-x_0(t),y-y_0(t))\exp[-\mathrm{j}2\pi(ux+vy)]\mathrm{d}x\mathrm{d}y\right\}\mathrm{d}t\\&=\int_0^T F(u,v)\exp\{-\mathrm{j}2\pi[ux_0(t)+vy_0(t)]\}\mathrm{d}t\\&=F(u,v)\int_0^T\exp\{-\mathrm{j}2\pi[ux_0(t)+vy_0(t)]\}\mathrm{d}t\end{aligned}$$

令

$$H(u,v)=\int_0^T\exp\{-\mathrm{j}2\pi[ux_0(t)+vy_0(t)]\}\mathrm{d}t \tag{5-75}$$

则可得到

$$G(u,v)=H(u,v)F(u,v) \tag{5-76}$$

$$F(u,v)=\frac{G(u,v)}{H(u,v)} \tag{5-77}$$

因此，$f(x,y)$ 可由 $F(u,v)$ 的傅里叶反变换求得。

5.4.2 水平匀速直线运动引起模糊的复原

如果模糊图像是由景物在 x 方向上作均匀直线运动造成的，则模糊后图像任意点的值为

$$g(x,y) = \int_0^T f(x - x_0(t), y)\,\mathrm{d}t \tag{5-78}$$

设图像总的位移量为 a，总的运动时间为 T，则运动性质为 $x_0(t) = \frac{a}{T}t$，于是有

$$H(u,v) = \int_0^T \exp[-\mathrm{j}2\pi u x_0(t)]\,\mathrm{d}t = \int_0^T \exp\left(-\mathrm{j}2\pi u \frac{at}{T}\right)\mathrm{d}t = \frac{T}{\pi ua}\sin(\pi ua)\exp(-\mathrm{j}\pi ua) \tag{5-79}$$

由式(5-79)可见，当 $u = \frac{n}{a}$(n 为整数)时，$H(u,v) = 0$，在这些点上无法用逆滤波法恢复原图像，因而需采用其他方法。

由于只考虑 x 方向，y 是不变的，故可暂时忽略 y，式(5-78)可写成

$$g(x) = \int_0^T f(x - x_0(t))\,\mathrm{d}t = \int_0^T f\left(x - \frac{at}{T}\right)\mathrm{d}t \qquad 0 \leqslant x \leqslant L \tag{5-80}$$

图像的宽度为 L。令 $\tau = x - \frac{at}{T}$，则有

$$g(x) = \frac{T}{a}\int_{x-a}^{x} f(\tau)\,\mathrm{d}\tau$$

对上式两边求导，有

$$g'(x) = \frac{T}{a}[f(x) - f(x-a)]$$

$$f(x) = \frac{a}{T}g'(x) + f(x-a) \tag{5-81}$$

式(5-81)反映了 $f(x)$ 和 $f(x-a)$ 的递推关系。因为 $g'(x)$、T、a 是已知的，因而知道了长度为 a 的区间上的原始图像就可以推得整幅图像，可想办法找出一种递归方法来复原图像。

由于图像在 x 方向上的定义域为 $0 \leqslant x \leqslant L$，多数情况下 $a \ll L$，因而可近似地认为：$L = Ka$，K 为整数。这样将区间 $[0,L]$ 分成 K 个长度为 a 的子区间，令 $z \in [0,a]$，第 m 段子区间中的 x 值可以表示为

$$x = z + ma \qquad m = 0,1,2,\cdots,K-1$$

又令 $\alpha = \frac{a}{T}$，于是有

$$f(z+ma) = \alpha g'(z+ma) + f(z+(m-1)a) \tag{5-82}$$

当 $m=0$ 时，有 $f(z) = \alpha g'(z) + f(z-a)$。

令 $f(z-a) = \phi(z)$，则

$m=0$ 时，有 $f(z) = \alpha g'(z) + \phi(z)$；

$m=1$ 时，有 $f(z+a) = \alpha g'(z+a) + \alpha g'(z) + \phi(z)$。

以此类推，将得到通式

$$f(z+ma) = \alpha\sum_{k=0}^{m} g'(z+ka) + \phi(z) \tag{5-83}$$

由于 $g'(x)$、α、a 为已知，要求得 $f(x)$，只需估计出 $\phi(z)$。

式(5-83)对 $m = 0,1,2,\cdots,K-1$ 共 K 项累加得

$$\sum_{m=0}^{K-1} f(z+ma) = \alpha\sum_{m=0}^{K-1}\sum_{k=0}^{m} g'(z+ka) + K\phi(z) \tag{5-84}$$

则有

$$\phi(z)=\frac{1}{K}\sum_{m=0}^{K-1}f(z+ma)-\frac{\alpha}{K}\sum_{m=0}^{K-1}\sum_{k=0}^{m}g'(z+ka) \tag{5-85}$$

式(5-85)中右边第一项虽然未知，但是当K很大时，它趋于$f(x)$的平均值，因此可以把第一项视为一个常量A，从而有

$$\phi(z)=A-\frac{\alpha}{K}\sum_{m=0}^{K-1}\sum_{k=0}^{m}g'(z+ka) \tag{5-86}$$

恢复图像$f(z+ma)$为

$$f(z+ma)=A-\frac{\alpha}{K}\sum_{m=0}^{K-1}\sum_{k=0}^{m}g'(z+ka)+\alpha\sum_{k=0}^{m}g'(z+ka) \tag{5-87}$$

由于$z+ka-ka+ma=x$，从而$\sum\limits_{k=0}^{m}g'(z+ka)=\sum\limits_{k=0}^{m}g'(x-ma+ka)$。再利用关系

$$\sum_{k=0}^{m}g'(x-ma+ka)=\sum_{k=0}^{m}g'(x-ka)$$

最后，式(5-87)可以表示成

$$f(x)=A+\alpha\sum_{k=0}^{m}g'(x-ka)-\frac{\alpha}{K}\sum_{m=0}^{K-1}\sum_{k=0}^{m}g'(x-ka) \tag{5-88}$$

再引入去掉了的变量y，则

$$f(x,y)=A+\alpha\sum_{k=0}^{m}g'(x-ka,y)-\frac{\alpha}{K}\sum_{m=0}^{K-1}\sum_{k=0}^{m}g'(x-ka,y) \tag{5-89}$$

这就是去除由x方向上均匀运动造成的图像模糊后恢复图像的表达式。

考虑到在计算机处理中，多用离散形式的公式，故而将式(5-80)和式(5-89)的离散形式写为

$$g(x,y)=\sum_{t=0}^{T}f\left(x-\frac{at}{T}\right)\Delta x \tag{5-90}$$

$$\begin{aligned}f(x,y)=&A+\alpha\sum_{k=0}^{m}[g(x-ka,y)-g(x-ka-\Delta x,y)]/\Delta x-\\&\frac{\alpha}{K}\sum_{m=0}^{K-1}\sum_{k=0}^{m}[g(x-ka,y)-g(x-ka-\Delta x,y)]/\Delta x\end{aligned} \tag{5-91}$$

上述运动模糊图像的复原处理如图5-5所示。

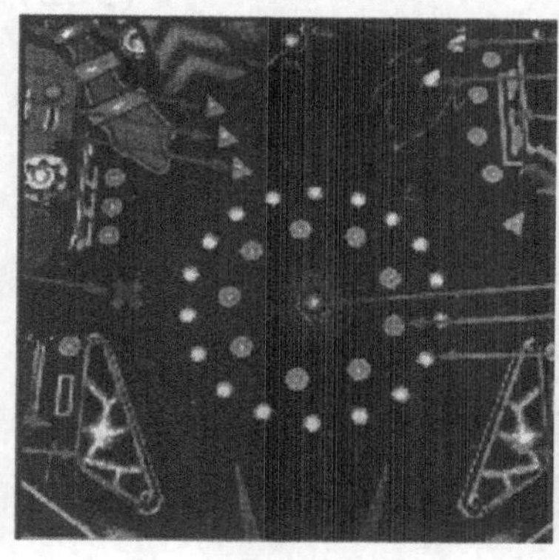
a) 原始图像

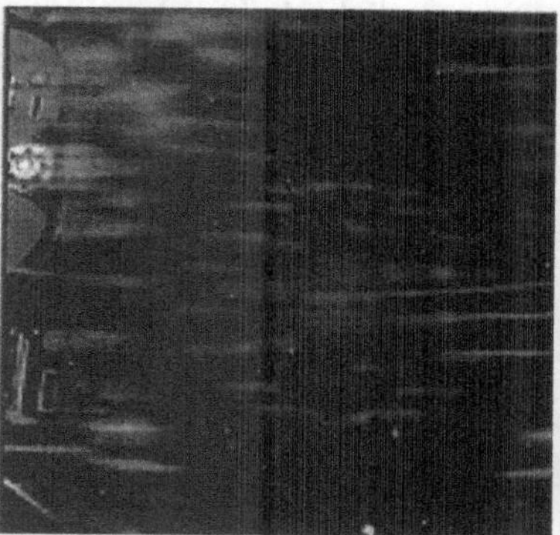
b) 模糊图像

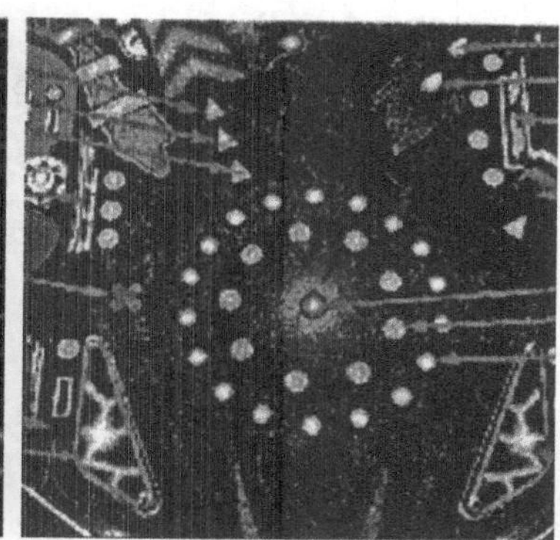
c) 复原图像

图5-5 运动模糊图像的复原处理

5.5 图像的几何校正

图像在获取或显示的过程中往往会产生几何失真，或称几何畸变，产生这种现象的主要原因有：成像系统本身具有的非线性，摄像时视角的变化，被摄对象表面弯曲等。例如，由于摄像机及阴极射线管显示器的扫描偏转系统有一定的非线性，常常造成枕形失真或桶形失真；由斜视角度获得的图像的透视失真；由卫星摄取的地球表面的图像往往覆盖较大的面积，因地球表面呈球形，这样摄取的地面图像也将会有较大的几何失真。几何失真主要是由于图像中的像素点发生位移而产生的，其典型表现为图像中的物体扭曲、远近比例不协调等。解决这类失真问题的方法称为几何畸变校正，简称几何校正。

由成像系统引起的几何失真的校正有两种方法，一种是预畸变法，即采用与畸变相反的非线性扫描偏转法，用来抵消预计的图像畸变；另一种是所谓的后验校正方法，是用多项式曲线在水平和垂直方向去拟合每一畸变的网线，然后求得反变换的校正函数，用这个校正函数即可校正畸变的图像。图像的几何畸变及其校正过程如图5-6所示。

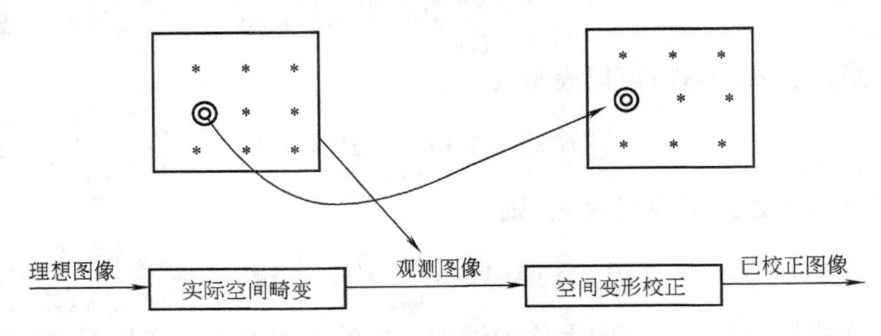

图5-6 图像的几何畸变及其校正过程

几何畸变校正分两步，第一步对原图像的像素坐标空间进行几何变换，以使像素落在正确的位置上；第二步是重新确定新像素的灰度值。这是因为经过上面的坐标变换后，有些像素点有时被挤压在一起，有时又被分散开，使校正后的像素不落在离散的坐标点上，因此需要重新确定这些像素点的灰度值。

5.5.1 几何畸变的描述

任意几何畸变都可由非失真坐标系(x,y)变换到失真坐标系(x',y')的方程来定义。

$$\begin{cases} x' = h_1(x,y) \\ y' = h_2(x,y) \end{cases} \tag{5-92}$$

设$f(x,y)$是无失真的原始图像，$g(x',y')$是$f(x,y)$畸变的结果，这一失真的过程是已知的并且用函数$h_1(x,y)$和$h_2(x,y)$定义，于是有

$$\begin{cases} g(x',y') = f(x,y) \\ x' = h_1(x,y) \\ y' = h_2(x,y) \end{cases} \tag{5-93}$$

这是几何校正的基本关系式，这种失真的复原问题实际上是映射变换问题。

5.5.2 几何校正

1. 几何变换

从几何校正的基本关系可见，已知畸变图像$g(x',y')$的情况下要求原始图像$f(x,y)$的关键是

要求得函数 $h_1(x,y)$ 和 $h_2(x,y)$。如果由先验知识知道了 $h_1(x,y)$ 和 $h_2(x,y)$，则 $f(x,y)$ 的求取就较为简单了。但实际中往往 $h_1(x,y)$ 和 $h_2(x,y)$ 不知道，这时我们可以采用后验校正方法。

通常 $h_1(x,y)$、$h_2(x,y)$ 可用多项式来近似

$$x' = \sum_{i=0}^{N} \sum_{j=0}^{N-i} a_{ij} x^i y^j \tag{5-94}$$

$$y' = \sum_{i=0}^{N} \sum_{j=0}^{N-i} b_{ij} x^i y^j \tag{5-95}$$

式中，N 为多项式的次数；a_{ij}、b_{ij} 为各项待定系数。

后验校正方法的思想是通过一些已知的正确像素点和畸变点间的对应关系，拟合出式(5-94)、式(5-95)多项式的系数。拟合出的多项式作为恢复其他畸变点的变换基础。例如，一个基准图通过成像系统后形成畸变图像，通过研究基准图与畸变图之间点的对应关系，找出多项式的各系数。

$N=1$ 时，变换是线性的

$$\begin{cases} x' = ax + by + c \\ y' = dx + ey + f \end{cases} \tag{5-96}$$

通常也可用这种线性畸变来近似较小的几何畸变。

可由基准图找出三个点坐标 (x_1,y_1)、(x_2,y_2)、(x_3,y_3) 与畸变图上三个点坐标 (x_1',y_1')、(x_2',y_2')、(x_3',y_3') 一一对应，将对应点坐标代入上式，并写成矩阵形式

$$\begin{cases} x_1' = a_0 + a_1 x_1 + a_2 y_1 \\ x_2' = a_0 + a_1 x_2 + a_2 y_2 \\ x_3' = a_0 + a_1 x_3 + a_2 y_3 \end{cases} \qquad \begin{pmatrix} x_1' \\ x_2' \\ x_3' \end{pmatrix} = \begin{pmatrix} 1 & x_1 & y_1 \\ 1 & x_2 & y_2 \\ 1 & x_3 & y_3 \end{pmatrix} \begin{pmatrix} a_0 \\ a_1 \\ a_2 \end{pmatrix} \tag{5-97}$$

$$\begin{cases} y_1' = b_0 + b_1 x_1 + b_2 y_1 \\ y_2' = b_0 + b_1 x_2 + b_2 y_2 \\ y_3' = b_0 + b_1 x_3 + b_2 y_3 \end{cases} \qquad \begin{pmatrix} y_1' \\ y_2' \\ y_3' \end{pmatrix} = \begin{pmatrix} 1 & x_1 & y_1 \\ 1 & x_2 & y_2 \\ 1 & x_3 & y_3 \end{pmatrix} \begin{pmatrix} b_0 \\ b_1 \\ b_2 \end{pmatrix} \tag{5-98}$$

可用联立方程或矩阵求逆，解出 a_0、a_1、a_2 和 b_0、b_1、b_2 6 个系数。这样 $h_1(x,y)$ 和 $h_2(x,y)$ 可确定，然后利用 $h_1(x,y)$、$h_2(x,y)$ 的变换复原此三点连线所包围的三角形部分区域内各点像素。由此每三个一组的点重复进行，即可实现全部图像的几何校正。

更精确一些可用二次型畸变来近似

$$\begin{cases} x' = a_0 + a_1 x + a_2 y + a_3 x^2 + a_4 xy + a_5 y^2 \\ y' = b_0 + b_1 x + b_2 y + b_3 x^2 + b_4 xy + b_5 y^2 \end{cases} \tag{5-99}$$

有 12 个参数未知，需要 6 对已知坐标点 (x_1,y_1)、(x_1',y_1')，(x_2,y_2)、(x_2',y_2')，…，(x_6,y_6)、(x_6',y_6')。

写成矩阵形式为

$$\begin{pmatrix} x_1' \\ x_2' \\ x_3' \\ x_4' \\ x_5' \\ x_6' \end{pmatrix} = \begin{pmatrix} 1 & x_1 & y_1 & x_1^2 & x_1 y_1 & y_1^2 \\ 1 & x_2 & y_2 & x_2^2 & x_2 y_2 & y_2^2 \\ 1 & x_3 & y_3 & x_3^2 & x_3 y_3 & y_3^2 \\ 1 & x_4 & y_4 & x_4^2 & x_4 y_4 & y_4^2 \\ 1 & x_5 & y_5 & x_5^2 & x_5 y_5 & y_5^2 \\ 1 & x_6 & y_6 & x_6^2 & x_6 y_6 & y_6^2 \end{pmatrix} \begin{pmatrix} a_0 \\ a_1 \\ a_2 \\ a_3 \\ a_4 \\ a_5 \end{pmatrix} \tag{5-100}$$

即

$$x' = Ca \tag{5-101}$$

同理有

$$y' = Cb \tag{5-102}$$

用联立方程组或矩阵运算可求出 $\boldsymbol{a}$ 和 $\boldsymbol{b}$ 向量，即可求出 $h_1(x,y)$ 和 $h_2(x,y)$。

然而由于实际情况的复杂多样，上面各式联立方程组或矩阵运算不一定有解或有多组解，或者不是全局的最优解等，这时就要采用最小二乘法来解决这个问题，以保证求得的 $h_1(x,y)$ 和 $h_2(x,y)$ 函数在全局上能最好地反映几何失真的情况。

设已知 L 个坐标对应关系如下：$(x'_1,y'_1)\rightarrow(x_1,y_1)$、$(x'_2,y'_2)\rightarrow(x_2,y_2)$、…、$(x'_L,y'_L)\rightarrow(x_L,y_L)$。进行拟合时，应使拟合误差平方和为最小，即令

$$\varepsilon_1 = \sum_{e=1}^{L}\left(x'_e - \sum_{i=0}^{n}\sum_{j=0}^{n-i} a_{ij}x_e^i y_e^j\right)^2 \tag{5-103}$$

$$\varepsilon_2 = \sum_{e=1}^{L}\left(y'_e - \sum_{i=0}^{n}\sum_{j=0}^{n-i} b_{ij}x_e^i y_e^j\right)^2 \tag{5-104}$$

为最小。

上式的极值条件为

$$\sum_{e=1}^{L}\left(\sum_{i=0}^{n}\sum_{j=0}^{n-i} a_{ij}x_e^i y_e^j\right)x_e^s y_e^t = \sum_{e=1}^{L} x'_e x_e^s y_e^t \tag{5-105}$$

$$\sum_{e=1}^{L}\left(\sum_{i=0}^{n}\sum_{j=0}^{n-i} b_{ij}x_e^i y_e^j\right)x_e^s y_e^t = \sum_{e=1}^{L} y'_e x_e^s y_e^t \tag{5-106}$$

式中 $s=0,1,2,\cdots,n$；$t=0,1,2,\cdots,n-s$。

通常为简化计算，在式中只取到二次（即 $n=2$），得到

$$Ta = x' \tag{5-107}$$

$$Tb = y' \tag{5-108}$$

式中，$\boldsymbol{T}$ 为 6×6 矩阵；$\boldsymbol{a}$、$\boldsymbol{x}$、$\boldsymbol{b}$、$\boldsymbol{y}$ 都为 6×1 的列向量。

$$T = \begin{pmatrix}
\sum_{e=1}^{L} 1 & \sum_{e=1}^{L} y_e & \sum_{e=1}^{L} y_e^2 & \sum_{e=1}^{L} x_e & \sum_{e=1}^{L} x_e y_e & \sum_{e=1}^{L} x_e^2 \\
\sum_{e=1}^{L} y_e & \sum_{e=1}^{L} y_e^2 & \sum_{e=1}^{L} y_e^3 & \sum_{e=1}^{L} x_e y_e & \sum_{e=1}^{L} x_e y_e^2 & \sum_{e=1}^{L} x_e^2 y_e \\
\sum_{e=1}^{L} y_e^2 & \sum_{e=1}^{L} y_e^3 & \sum_{e=1}^{L} y_e^4 & \sum_{e=1}^{L} x_e y_e^2 & \sum_{e=1}^{L} x_e y_e^3 & \sum_{e=1}^{L} x_e^2 y_e^2 \\
\sum_{e=1}^{L} x_e & \sum_{e=1}^{L} x_e y_e & \sum_{e=1}^{L} x_e y_e^2 & \sum_{e=1}^{L} x_e^2 & \sum_{e=1}^{L} x_e^2 y_e & \sum_{e=1}^{L} x_e^3 \\
\sum_{e=1}^{L} x_e y_e & \sum_{e=1}^{L} x_e y_e^2 & \sum_{e=1}^{L} x_e y_e^3 & \sum_{e=1}^{L} x_e^2 y_e & \sum_{e=1}^{L} x_e^2 y_e^2 & \sum_{e=1}^{L} x_e^3 y_e \\
\sum_{e=1}^{L} x_e^2 & \sum_{e=1}^{L} x_e^2 y_e & \sum_{e=1}^{L} x_e^2 y_e^2 & \sum_{e=1}^{L} x_e^3 & \sum_{e=1}^{L} x_e^3 y_e & \sum_{e=1}^{L} x_e^4
\end{pmatrix} \tag{5-109}$$

$$a = \begin{pmatrix} a_{00} & a_{01} & a_{02} & a_{10} & a_{11} & a_{20} \end{pmatrix}^{\mathrm{T}}$$

$$\boldsymbol{b} = (b_{00} \quad b_{01} \quad b_{02} \quad b_{10} \quad b_{11} \quad b_{20})^{\mathrm{T}}$$

$$\boldsymbol{x}' = \left(\sum_{e=1}^{L} x'_e \quad \sum_{e=1}^{L} x'_e y_e \quad \sum_{e=1}^{L} x'_e y_e^2 \quad \sum_{e=1}^{L} x'_e x_e \quad \sum_{e=1}^{L} x'_e x_e y_e \quad \sum_{e=1}^{L} x'_e x_e^2 \right)^{\mathrm{T}}$$

$$\boldsymbol{y}' = \left(\sum_{e=1}^{L} y'_e \quad \sum_{e=1}^{L} y'_e y_e \quad \sum_{e=1}^{L} y'_e y_e^2 \quad \sum_{e=1}^{L} y'_e x_e \quad \sum_{e=1}^{L} y'_e x_e y_e \quad \sum_{e=1}^{L} y'_e x_e^2 \right)^{\mathrm{T}}$$

解出方程组，即可得到拟合参数。一旦得到拟合参数，就可对畸变的图像进行校正，对原图像中的每一对坐标(x,y)按式(5-107)、式(5-108)计算出其在畸变图像上的坐标(x',y')，根据坐标(x',y')的灰度值情况给原始图像中坐标(x,y)的像素点赋值。这时有三种情况：①如果这一坐标恰好落在畸变图像的像素上，则原图像(x,y)点的灰度值就为畸变图像相应点(x',y')的灰度值；②如果这一坐标落在图像内而不是像素点，那么可用下面介绍的方法进行内插值而得到灰度级；③如果坐标落在畸变图像的外边，则用最靠近它的图像的像素点的灰度值作为它的灰度值。

2. 内插法确定像素的灰度值

当原图像坐标(x,y)变换后，落在畸变图像内，但不是刚好在图像的像素点上，就需要通过一定的手段求出这一点的灰度值，常用的方法有最近邻法、双线性内插法和三次卷积法。

（1）最近邻法　最简单的插值方法是最近邻法，即选择离它所映射到的位置最近的输入像素的灰度值为插值结果。若原图像上坐标为(x,y)的像素经变换后落在畸变图像$g(x',y')$内的坐标为(u,v)，则近邻插值的数学表示为

$$f(x,y)=g(x'_k,y'_t) \qquad (5\text{-}110)$$

其中x'_k，y'_t满足

$$\begin{cases} \dfrac{1}{2}(x'_{k-1}+x'_k) < u < \dfrac{1}{2}(x'_k+x'_{k+1}) \\ \dfrac{1}{2}(y'_{t-1}+y'_t) < v < \dfrac{1}{2}(y'_t+y'_{t+1}) \end{cases}$$

这种插值法对于邻近像素点的灰度值有较大改变，细微结构是粗糙的。

（2）双线性内插法　原图像$f(x,y)$上的一像素坐标为(x,y)，经变换后，落在畸变图像$g(x',y')$内的坐标为(u,v)，如图5-7所示。图中[ ]表示取整。

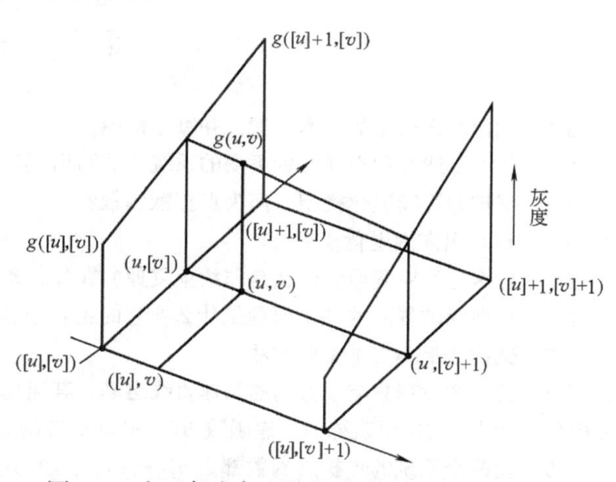

图5-7　由四邻点灰度值插值求$g(u,v)$的灰度值

定义：$a=u-[u]$，$b=v-[v]$，则$g(u,v)$的取值按如下公式计算：

$$\begin{aligned} g(u,v) = &(1-a)(1-b)g([u],[v]) + (1-a)bg([u],[v]+1) \\ &+ a(1-b)g([u]+1,[v]) + abg([u]+1,[v]+1) \end{aligned} \qquad (5\text{-}111)$$

当$u=[u]$或$v=[v]$时，则有

$$g(u,v)=(1-b)g([u],[v])+bg([u],[v]+1) \qquad (5\text{-}112)$$

或

$$g(u,v)=(1-a)g([u],[v])+ag([u]+1,[v]) \qquad (5\text{-}113)$$

复原图像

$$f(x,y)=g(u,v),\quad u=h_1(x,y),\quad v=h_2(x,y)$$

这就是双线性内插法，它具有低通滤波器性质，使高频信息受损，图像轮廓模糊。

（3）三次卷积法　如果在变换后的坐标附近能找到16个邻点，就可采用此法。设16个邻点排成的矩阵为

$$B=\begin{pmatrix} g([u]-1,[v]-1) & g([u]-1,[v]) & g([u]-1,[v]+1) & g([u]-1,[v]+2) \\ g([u],[v]-1) & g([u],[v]) & g([u],[v]+1) & g([u],[v]+2) \\ g([u]+1,[v]-1) & g([u]+1,[v]) & g([u]+1,[v]+1) & g([u]+1,[v]+2) \\ g([u]+2,[v]-1) & g([u]+2,[v]) & g([u]+2,[v]+1) & g([u]+2,[v]+2) \end{pmatrix} \tag{5-114}$$

则坐标点处的灰度值近似为

$$f(x,y)=g(u,v)=\boldsymbol{ABC} \tag{5-115}$$

$$\boldsymbol{A}=(s(1+b)\quad s(b)\quad s(1-b)\quad s(2-b))$$

$$\boldsymbol{C}=(s(1+a)\quad s(a)\quad s(1-a)\quad s(2-a))^{\mathrm{T}}$$

上式中 $s(\cdot)$ 函数为

$$s(\omega)=\begin{cases}1-2|\omega|^2+|\omega|^3 & |\omega|<1\\ 4-8|\omega|+5|\omega|^2-|\omega|^3 & 1\leqslant|\omega|<2\\ 0 & |\omega|\geqslant 2\end{cases}$$

三次卷积法计算量大，但精度高，能保持较好的图像边缘细节。

习　题

5-1　试述图像退化的基本模型，并画出框图。

5-2　什么是线性和空间位置不变的系统？试写出其表达式。

5-3　试描述连续退化模型，何为点扩散函数？

5-4　试写出离散退化模型。

5-5　什么是约束复原？什么是非约束复原？在什么条件下进行选择？

5-6　反向滤波复原的基本原理是什么？它的主要难点是什么？如何克服？

5-7　试描述最小二乘复原方法。

5-8　若成像过程只有 y 方向的匀速直线运动，其速率为 $y_0=b/T$，其中 T 为曝光时间，b 为像移距离，试求该运动引起的降质系统的传递函数 $H(u,v)$ 和相应的点扩展函数 $h(x,y)$。

5-9　设两个系统的点扩展函数都是 $h_1(x,y)$，其大小为

$$h_1(x,y)=\begin{cases}e^{-(x+y)} & x\geqslant 0,\ y\geqslant 0\\ 0 & 其他\end{cases}$$

若将此两个系统串接，试求串接后系统的总的冲激响应 $h(x,y)$。

5-10　在连续线性位移不变系统的维纳滤波器中，如果假设噪声与信号的功率谱之比为 $S_n(u,v)/S_f(u,v)=|H(u,v)|^2$，试求最佳估值 $\hat{f}(x,y)$ 的表示式。

第6章 图像分割

图像分割是一种重要的图像分析技术。在对图像的研究和应用中，人们往往仅对图像中的某些部分感兴趣，这些部分常常称为目标或前景(其他部分称为背景)，它们一般对应图像中特定的、具有独特性质的区域。这里的独特性质可以是像素的灰度值、物体轮廓曲线、颜色、纹理等。为了识别和分析图像中的目标，需要将它们从图像中分离提取出来，在此基础上才有可能进一步对目标进行测量和对图像进行利用。图像分割就是指把图像分成各具特性的区域并提取出感兴趣目标的技术和过程。

一般的图像处理过程如图6-1所示。从图中可以看出，图像分割是从图像预处理到图像识别和分析理解的关键步骤，在图像处理中占据重要的位置。一方面它是目标表达的基础，对特征测量有重要的影响。另一方面，图像分割以及基于分割的目标表达、特征提取和参数测量等将原始图像转化为更为抽象更为紧凑的形式，使得更高层的图像识别、分析和理解成为可能。

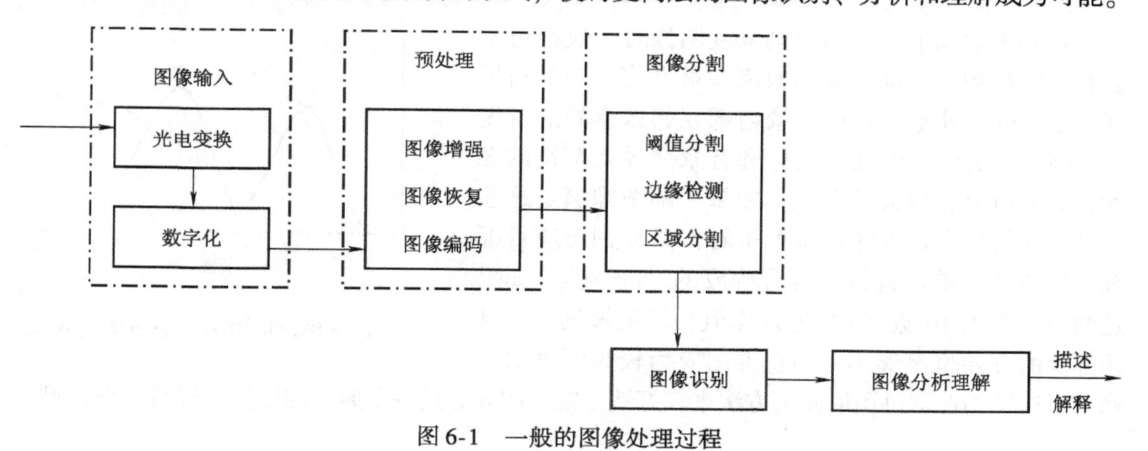

图6-1　一般的图像处理过程

图像分割的方法已有上千种，每年还有许多新方法出现，典型而传统的分割方法可以分为基于阈值的分割方法、基于边缘的分割方法和基于区域的分割方法等，本章将对这些典型的分割方法加以介绍。

6.1　灰度阈值法

6.1.1　阈值分割的原理

灰度阈值法是把图像的灰度分成不同的等级，然后用设置灰度阈值的方法确定有意义的区域或欲分割物体的边界，该方法中最简单的就是二值化的阈值分割。

一幅图像包括目标、背景和噪声，怎样从灰度图像中提取出感兴趣的部分？设定某一阈值 T，可以用 T 将图像的数据分成两部分：大于 T 的像素群和小于 T 的像素群，例如输入图像为 $f(x,y)$，输出图像为 $f'(x,y)$，则

$$f'(x,y)=\begin{cases}1 & f(x,y)\geqslant T\\0 & f(x,y)<T\end{cases}\tag{6-1}$$

或

$$f'(x,y)=\begin{cases}1 & f(x,y)\leqslant T\\0 & f(x,y)>T\end{cases}\tag{6-2}$$

这就是图像二值化处理，也就是阈值分割，它的目的就是求一个阈值 T，并用 T 将图像 $f(x,y)$ 分成对象物和背景两个领域。

由于实际得到的图像目标和背景之间不一定单纯地分布在两个灰度范围内，此时就需要两个或以上的阈值来提取目标。比如选择一个区间 $[T_1,T_2]$ 作为阈值，用下面两个公式进行图像二值化处理，即

$$f'(x,y)=\begin{cases}1 & 若\ T_1\leqslant f(x,y)\leqslant T_2\\0 & 其他\end{cases}\tag{6-3}$$

或

$$f'(x,y)=\begin{cases}1 & 其他\\0 & 若\ T_1\leqslant f(x,y)\leqslant T_2\end{cases}\tag{6-4}$$

在利用取阈值方法来分割灰度图像时一般都对图像有一定的假设，即图像由具有单峰灰度分布的目标和背景组成，处于目标或背景内部相邻像素间的灰度值是高度相关的，但处于目标和背景交界处两边的像素在灰度值上有很大的差别。如果一幅图像满足这些条件，它的灰度直方图基本上可看作是分别对应目标和背景的两个单峰直方图混合构成的。进一步，如果这两个分布大小(数量)接近且均值相距足够远，而且两部分的方差也足够小，则直方图应为较为明显的双峰。对这类图像常可用取阈值方法来较好地分割。图 6-2 是一个典型的图像双峰直方图模型。

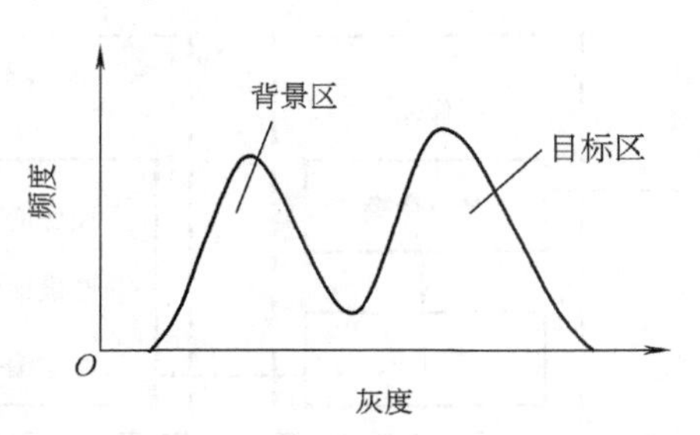

图 6-2 典型的图像双峰直方图模型

6.1.2 阈值的选取

取阈值是一种区域分割技术，它对物体与背景有较强对比的景物的分割特别有用。然而怎样进行阈值选择却是一个比较难的问题。因为在数字化的图像数据中，无用的背景数据和对象物的数据常常混在一起。除此之外，在图像中还含有各种噪声。所以必须根据图像的统计性质，即从概率的角度来选择合适的阈值。下面介绍两种阈值选择方法。

1. 最小误差阈值的设定

假如一幅图像，设对象物的灰度分布具有平均值 μ，标准差为 δ 的正态分布概率密度函数 $p(z)$；背景的灰度分布具有平均值 ν，标准差为 τ 的正态分布概率密度函数 $q(z)$，如图 6-3 所示。

设对象物占整体图像的比例为 t，此时整体图像的灰度概率密度由下式决定：

$$tp(z)+(1-t)q(z)\tag{6-5}$$

现在用阈值 T 分开：当 $z<T$ 时为背景，反之则是对象物。此时，把背景误认为对象物的概率

$$Q(T)=\int_{-\infty}^{T}q(z)\mathrm{d}z\tag{6-6}$$

把对象物误认为背景的概率

$$1-P(T)=\int_T^{\infty}p(z)\mathrm{d}z \quad (6\text{-}7)$$

那么错误区分的概率由下式给出

$$t[1-P(T)]+(1-t)Q(T) \quad (6\text{-}8)$$

求式(6-8)为最小值时的 θ，便是阈值。也就是对式(6-8)求微分并使之为零。

$$\frac{\mathrm{d}}{\mathrm{d}T}\{t[1-P(T)]+(1-t)Q(T)\}=0$$

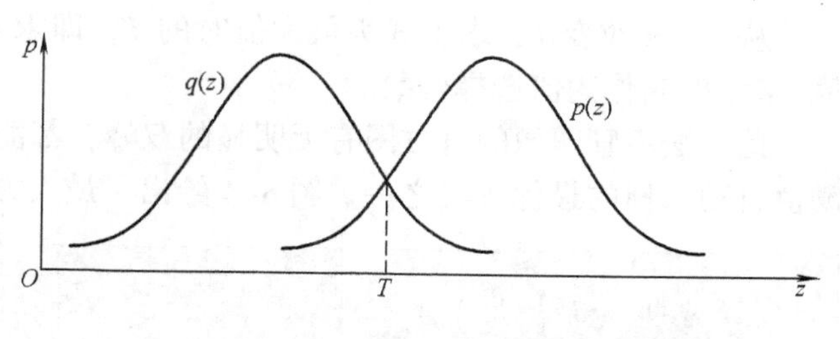

图 6-3 目标和背景概率密度分布

所以

$$(1-t)q(T)-tp(T)=0 \quad (6\text{-}9)$$

根据假设，当 t、$p(z)$、$q(z)$ 已知时，可求解阈值 T。利用此种方法求取阈值时必须用两个已知正态分布的曲线合成来近似直方图的分布，还要给定两个正态分布合成的比例 t，所以实现起来比较复杂，必须用数值计算才能得到。

2. 最大方差阈值的设定

最大方差阈值也叫大津阈值，是1980年由日本的大津展之提出的，他是在判别与最小二乘法原理的基础上推导出来的，可得到较好的结果。

把直方图在某一阈值处分割成两组，当被分成的两组间方差为最大时，决定阈值。现在，设一幅图像的灰度值为 $1\sim m$ 级，灰度值 i 的像素数为 n_i，此时得到：

像素总数

$$N=\sum_{i=1}^{m}n_i \quad (6\text{-}10)$$

各值的概率

$$p_i=\frac{n_i}{N} \quad (6\text{-}11)$$

然后用 T 将其分成两组 $C_0=\{1\sim T\}$ 和 $C_1=\{T+1\sim m\}$，各组产生的概率如下：

C_0 产生的概率
$$w_0=\sum_{i=1}^{T}p_i=w(T) \quad (6\text{-}12)$$

C_1 产生的概率
$$w_1=\sum_{i=T+1}^{m}p_i=1-w_0 \quad (6\text{-}13)$$

C_0 的平均值
$$\mu_0=\sum_{i=1}^{T}\frac{ip_i}{w_0}=\frac{\mu(T)}{w(T)} \quad (6\text{-}14)$$

C_1 的平均值
$$\mu_1=\sum_{i=T+1}^{m}\frac{ip_i}{w_1}=\frac{\mu-\mu(T)}{1-w(T)} \quad (6\text{-}15)$$

式中，$\mu=\sum_{i=1}^{m}ip_i$ 是整体图像的灰度平均值；$\mu(T)=\sum_{i=1}^{T}ip_i$ 是阈值为 T 时灰度平均值。所以全部采样的灰度平均值为

$$\mu=w_0\mu_0+w_1\mu_1 \quad (6\text{-}16)$$

两组间的方差用下式求出：

$$\delta^2(T)=w_0(\mu_0-\mu)^2+w_1(\mu_1-\mu)^2=w_0w_1(\mu_1-\mu_0)^2$$
$$=\frac{[\mu w(T)-\mu(T)]^2}{w(T)[1-w(T)]} \quad (6\text{-}17)$$

从 1 ~ m 改变 T，求上式为最大值时的 T，即求 $\max\delta^2(T)$ 时的 T^* 值，此时，T^* 便是阈值。$\delta^2(T)$ 叫作阈值选择函数。

此方法不管图像的直方图有无明显的双峰，都能得到较满意的结果，因此，这种方法是阈值自动选择的最优方法之一。图 6-4 给出了最大方差阈值分割的实例。

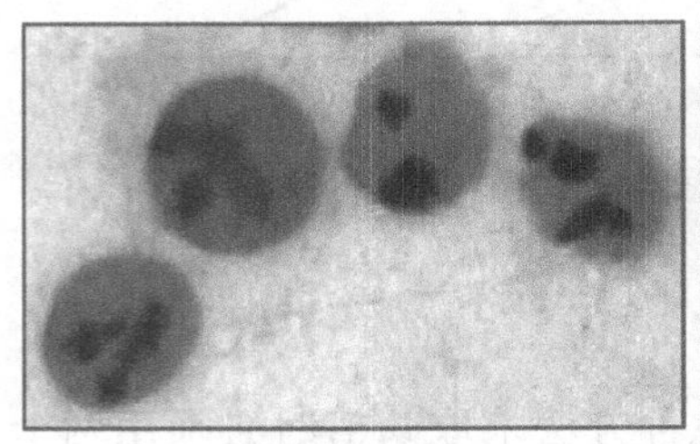

a)原图

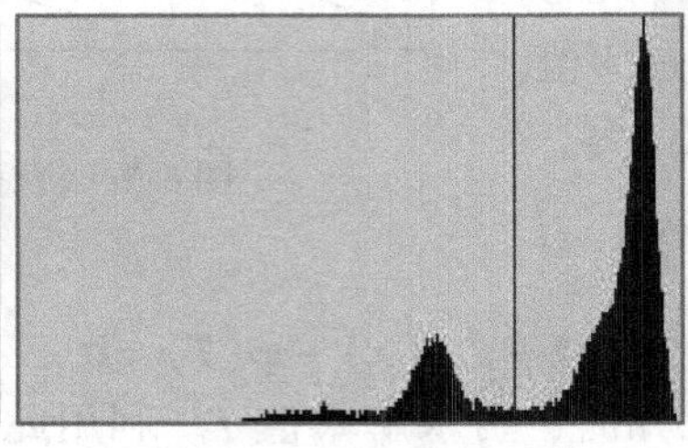

b) 最大方差阈值选择

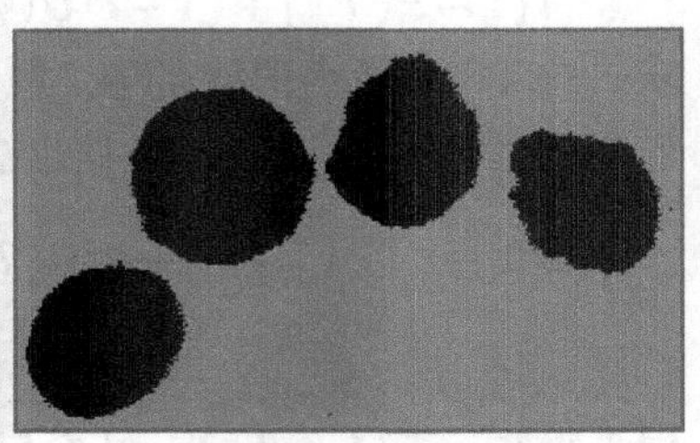

c)阈值分割结果

图 6-4 最大方差阈值分割实例

6.2 边缘检测

图像边缘对图像识别和计算机分析十分有用。边缘能勾画出目标物体，使观察者一目了然。边缘蕴含了丰富的内在信息(如方向、阶跃性质、形状等)，在图像识别中可抽取图像特征的重要属性。

图像边缘是由于相邻像素间灰度值剧烈变化引起的。图 6-5a 是一幅带纵向边缘的图像，我们把每行像素灰度的变化用图 6-5b 来近似描述，那么根据微分原理，图 6-5b 的一阶导数和二阶导数分别为图 6-5c 和 d 的形状。从图 6-5c 中可以看出，对于图像中变化比较平坦的区域，因相邻像素的灰度变化不大，因而其梯度幅值较小(趋于 0)，而图像的边缘地带，因相邻像素的灰度值变化剧烈，所以梯度幅值较大，因此用一阶导数幅值的大小可以判断图像中是否有边缘以及边缘的位置。同样道理，二阶导数的符号可以用于判断一个边缘像素是在边缘亮的一边还是暗的一边，而且过零点的位置就是边

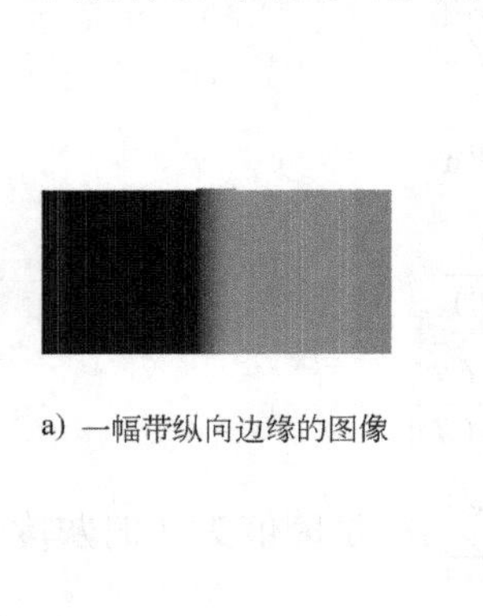

a) 一幅带纵向边缘的图像

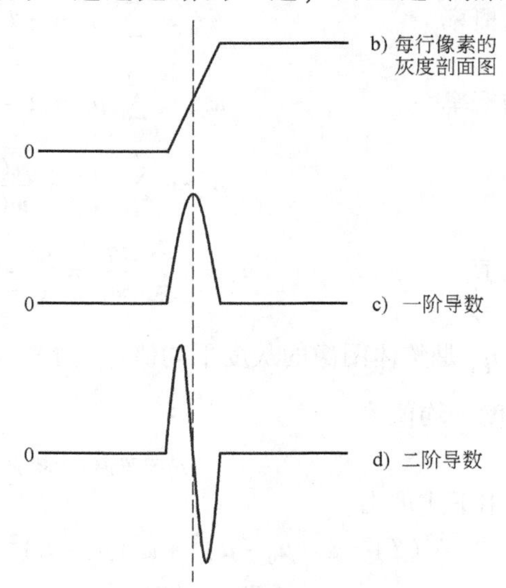

图 6-5 梯度算子的原理图

缘的位置。

6.2.1 梯度算子

梯度对应一阶导数，对于一个连续图像函数$f(x,y)$，它在点$f(x,y)$处的梯度是一个向量，定义为

$$\nabla f(x,y)=(G_x \quad G_y)^{\mathrm{T}}=\left(\frac{\partial f}{\partial x} \quad \frac{\partial f}{\partial y}\right)^{\mathrm{T}} \tag{6-18}$$

式中，G_x和G_y分别为沿x方向和y方向的梯度。梯度的幅度$|\nabla f(x,y)|$和方向角分别为

$$|\nabla f(x,y)|=\mathrm{mag}(\nabla f(x,y))=(G_x^2+G_y^2)^{1/2} \tag{6-19}$$

$$\phi(x,y)=\arctan(G_y/G_x) \tag{6-20}$$

由式(6-19)可知，梯度的数值就是$f(x,y)$在其最大变化率方向上的单位距离所增加的量。对于数字图像而言，梯度是由差分代替微分来实现的，式(6-19)可以写为

$$|\nabla f(x,y)|=\{[f(x,y)-f(x+1,y)]^2+[f(x,y)-f(x,y+1)]^2\}^{1/2} \tag{6-21}$$

式(6-20)亦可以简化为

$$|\nabla f(x,y)|=|f(x,y)-f(x+1,y)|+|f(x,y)-f(x,y+1)| \tag{6-22}$$

式中各像素的位置如图6-6b所示，这种梯度法又称为水平垂直差分法。另一种梯度法如图6-6a所示，是交叉地进行差分计算，称为罗伯特梯度法(Robert Gradient)，表示为

$$|\nabla f(x,y)|=\{[f(x,y)-f(x+1,y+1)]^2+[f(x+1,y)-f(x,y+1)]^2\}^{1/2} \tag{6-23}$$

同样可以近似为

$$|\nabla f(x,y)|=|f(x,y)-f(x+1,y+1)|+|f(x+1,y)-f(x,y+1)| \tag{6-24}$$

以上各式中的偏导数需对每个像素位置进行运算，在实际中常用小区域模板进行卷积来近似计算。对G_x和G_y须各用一个模板，所以需要两个模板组合起来构成一个梯度算子。图6-6所示的是几种常用的梯度算子，其中图6-6a为Robert算子，图6-6b为Prewitt算子，图6-6c为Sobel算子。

1	0
0	-1

0	1
-1	0

a）Robert算子

-1	0	1
-1	0	1
-1	0	1

1	1	1
0	0	0
-1	-1	-1

b）Prewitt算子

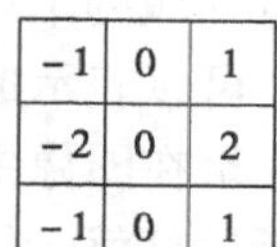

-1	0	1
-2	0	2
-1	0	1

1	2	1
0	0	0
-1	-2	1

c）Sobel算子

图6-6 几种常用的梯度算子

由梯度的计算可知，在图像中灰度变化较大的边缘区域其梯度值大，在灰度变化平缓的区域其梯度值较小，而在灰度均匀的区域其梯度值为零。图6-7a是一幅二值图像，图6-7b为经过梯度运算后的图，可以看见，图像经过梯度运算后只留下灰度值急剧变化的边缘处的点。

a) 原图

b) 梯度运算结果

图6-7 图像梯度运算实例

6.2.2 拉普拉斯算子

拉普拉斯算子是常用的边缘检测算子，它是各向同性的二阶导数

$$\nabla^2 f(x,y)=\frac{\partial^2 f}{\partial x^2}+\frac{\partial^2 f}{\partial y^2} \tag{6-25}$$

经边缘检测后的图像 $g(x,y)$ 为

$$g(x,y)=f(x,y)-k\nabla^2 f(x,y) \tag{6-26}$$

式中，系数 k 与扩散效应有关。图像 $f(x,y)$ 经拉普拉斯运算后得到检测出边缘的图像 $g(x,y)$。需要注意的是，对系数 k 的选择要合理，太大会使图像中的轮廓边缘产生过冲，太小则边缘不明显。

对数字图像来讲，$f(x,y)$ 的二阶偏导数可以表示为

$$\begin{cases}\dfrac{\partial^2 f(x,y)}{\partial x^2}=[f(x+1,y)-f(x,y)]-[f(x,y)-f(x-1,y)] \\ \qquad\qquad =f(x+1,y)+f(x-1,y)-2f(x,y) \\ \dfrac{\partial^2 f(x,y)}{\partial y^2}=f(x,y+1)+f(x,y-1)-2f(x,y)\end{cases} \tag{6-27}$$

为此拉普拉斯算子 $\nabla^2 f(x,y)$ 为

$$\begin{aligned}\nabla^2 f(x,y)&=\frac{\partial^2 f}{\partial x^2}+\frac{\partial^2 f}{\partial y^2} \\ &=f(x+1,y)+f(x-1,y)+f(x,y+1)+f(x,y-1)-4f(x,y) \\ &=-5\left\{f(x,y)-\frac{1}{5}[f(x+1,y)+f(x-1,y)+f(x,y+1)+f(x,y-1)+f(x,y)]\right\}\end{aligned} \tag{6-28}$$

可见数字图像在 (x,y) 点的拉普拉斯边缘检测值，可以由 (x,y) 点的灰度值减去该点邻域的平均灰度值来求得。

另外，式(6-28)还可以表示成模板的形式，如图6-8所示。从模板形式容易看出，如果在图像中的一个较暗的区域中出现了一个亮点，那么用拉普拉斯运算就会使这个亮点变得更亮。因为图像中的边缘就是那些灰度发生跳变的区域，所以拉普拉斯算子在边缘检测中很有用。同梯度算子一样，拉普拉斯算子也增强了图像的噪声。

0	1	0
1	-4	1
0	1	0

图6-8 拉普拉斯运算模板

6.2.3 Canny 算子

1986 年，Canny 为一个边缘检测算子定义了目标集，并用优化的方法实现了边缘的检测。根据 Canny 的说法，一个边缘算子必须满足三个准则。

1）低错误率：边缘算子应该只对边缘响应，并能找到所有的边，而对于非边缘应能舍弃。

2）定位精度：被边缘算子找到的边缘像素与真正的边缘像素间的距离应尽可能地小。

3）单边响应：在单边存在的地方，检测结果不应出现多边。

在 Canny 的假设下，对于一个带有 Gaussian 白噪声的阶跃边缘，边缘检测算子是一个与

图像函数 $g(x,y)$ 进行卷积的滤波器 f，这个卷积滤波器应该平滑掉白噪声并找到边缘位置。问题是怎样确定一个能够使三个准则得到优化的滤波器函数。

根据第一个准则，滤波器函数 f 对边缘 G 的响应由下面的卷积积分给出：

$$H = \int_{-w}^{w} G(-x)f(x)\,\mathrm{d}x \tag{6-29}$$

假设区域 $[-w,w]$ 外函数 f 的值为 0，则数学上三个准则的表达式为

$$SNR = \frac{A\left|\int_{-w}^{0} f(x)\,\mathrm{d}x\right|}{n_0\sqrt{\int_{-w}^{w} f^2(x)\,\mathrm{d}x}} \tag{6-30}$$

$$Localization = \frac{A\,|f(0)|}{n_0\sqrt{\int_{-w}^{w} f^2\,\mathrm{d}x}} \tag{6-31}$$

$$x_{ZC} = \pi\left(\frac{\int_{-\infty}^{\infty} f^2(x)\,\mathrm{d}x}{\int_{-\infty}^{\infty} f'^2(x)\,\mathrm{d}x}\right)^{1/2} \tag{6-32}$$

信噪比 SNR 是输出信号与噪声的比值，它的值越大说明信号越强；*Localization* 是检测到的边缘到真正边缘距离的倒数，这个值越大说明所检测的边缘与真正边缘的距离越小，二者越接近；x_{ZC} 是一个约束条件，它代表 f' 零交叉点间的平均距离，说明滤波器 f 在小区域内对同一个边不会有太多的响应。Canny 把上面三个公式结合起来即 $SNR \times Localization / x_{ZC}$，并试图找到能够使之最大化的滤波器，但结果太复杂，最后 Canny 证明了 Gaussian 函数的一阶导数是该优化的边缘检测滤波器的有效近似。

我们来回顾一下 Gaussian 函数，在一维情况下 Gaussian 函数表达式为

$$G(x) = \mathrm{e}^{-\frac{x^2}{2\delta^2}} \tag{6-33}$$

对 x 的微分为

$$G'(x) = \left(-\frac{x}{\delta^2}\right)\mathrm{e}^{-\left(\frac{x^2}{2\delta^2}\right)} \tag{6-34}$$

二维情况下，Gaussian 函数为

$$G(x,y) = \delta^2\mathrm{e}^{-\left(\frac{x^2+y^2}{2\delta^2}\right)} \tag{6-35}$$

二维 Gaussian 函数在 x 和 y 方向上有偏导数，与 Canny 优化的边缘检测滤波器近似的是 G'。所以把输入图像和 G' 进行卷积，我们得到一个边缘增强的图像 E。

卷积实现起来比较简单，但计算量大，而对于二维卷积计算量是成倍增长的。由于一个二维的 Gaussian 卷积可以分解成两个一维的 Gaussian 卷积，而且，微分也可以分解成两个方向上的一维卷积，因此 Canny 用一维卷积实现了边缘检测算法。

Gaussian 卷积得到的边缘图像中还存在一些具有较高梯度值的、非边缘的点，这对真正的边缘是一种干扰，应该去除掉。对于一个边缘像素，都有一个与该点所在的边垂直的梯度方向，并且该像素的梯度值要大于该边两侧的像素的梯度值。Canny 根据这种思想用抑制非极大值点(Nonmaximum Suppression)的算法对梯度图像做了后续处理，最后得到了理想的梯度图像。下面是算法的基本步骤：

1）用 Gaussian 滤波器对图像进行卷积。

2）计算图像梯度的幅值和方向。

3）对梯度幅值应用非极大值抑制(置零)。

例 6-1 针对 lena 图像，图 6-9 是用 4 种边缘检测算子进行边缘检测的结果。

a) Robert算子边缘检测

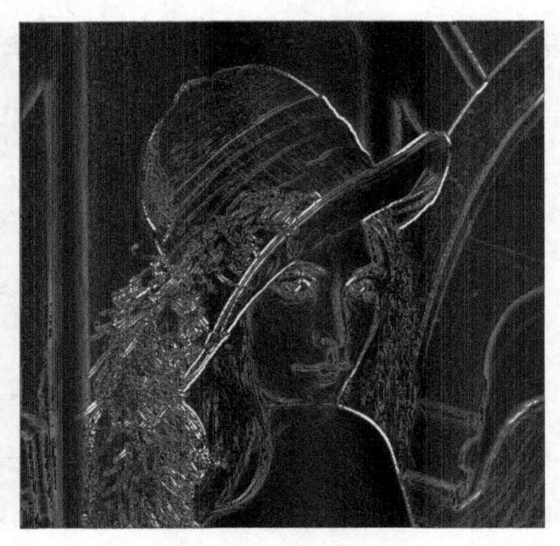

b) Sobel算子边缘检测

c) 拉普拉斯算子边缘检测

d) Canny算子边缘检测

图 6-9 4 种边缘检测算子的检测结果

6.3 区域分割

阈值分割法由于没有或很少考虑空间关系，使多阈值选择受到限制，基于区域的分割方法可以弥补这点不足。该方法利用的是图像的空间性质，认为分割出来的属于同一区域的像素应具有相似的性质，其概念是相当直观的。传统的区域分割法有区域生长法和分裂合并法，下面对这两种方法加以介绍。

6.3.1 区域生长

1. 区域生长的原理和步骤

区域生长的基本思想是将具有相似性质的像素集合起来构成区域。具体是先对每个需要分割的区域找一个种子像素作为生长的起点，然后将种子像素周围邻域中与种子像素有相同或相似性质的像素（根据某种事先确定的生长或相似准则来判定）合并到种子像素所在的区域中。将这些新像素当作新的种子像素继续进行上面的过程，直到再没有满足条件的像素可被包括进来，这样，一个区域就长成了。

图6-10给出已知种子点进行区域生长的一个示例。图6-10a给出待分割的图像，设已知有两个种子像素（标为深浅不同的灰色方块），现要进行区域生长。假设这里采用的判断准则是：如果所考虑的像素与种子像素灰度值差的绝对值小于某个门限 T，则将该像素包括进种子像素所在的区域。图6-10b给出 $T=3$ 时的区域生长结果，整幅图像被较好地分成两个区域；图6-10c给出 $T=1$ 时的区域生长结果，有些像素无法判定；图6-10d给出 $T=6$ 时的区域生长结果，整幅图像都被分在一个区域中了。由此可见门限的选择是很重要的。

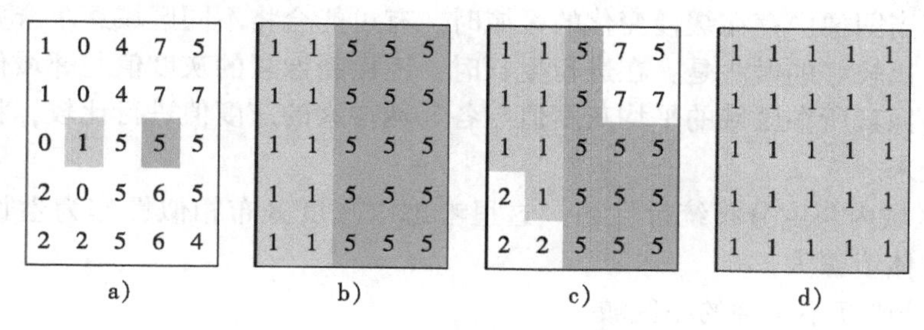

图6-10 区域生长示例

从上面的示例可知，在实际应用区域生长法时需要解决三个问题：

1）选择或确定一组能正确代表所需区域的种子像素。

2）确定在生长过程中能将相邻像素包括进来的准则。

3）制定让生长过程停止的条件或规则。

种子像素的选取常可借助具体问题的特点进行。例如军用红外图像中检测目标时，由于一般情况下目标辐射较大，所以可以选用图中最亮的像素作为种子像素。如果对具体问题没有先验知识，则常可借助生长所用准则对像素进行相应计算。如果计算结果呈现聚类的情况则接近聚类中心的像素可取为种子像素。以图6-10为例，通过对它所做直方图可知具有灰度值为1和5的像素最多且处在聚类的中心，所以可各选一个具有聚类中心灰度值的像素作为种子。具体在选择种子像素时可以由某种规则自动选取，也可以用交互的方式完成。

生长准则的选取不仅依赖于具体问题本身，也和所用图像数据的种类有关。例如当图像是彩色的时候，仅用单色的准则效果就会受到影响。另外还要考虑像素间的连通性和邻近性，否则有时会出现无意义的结果。我们将在后面介绍几种典型的生长准则和对应的生长过程。

一般生长过程在进行到再没有满足生长准则的像素时停止，但常用的基于灰度、纹理、彩色的准则大都基于图像的局部性质，并没有充分考虑生长的“历史”。为增加区域生长的性能常需考虑一些与尺寸、形状等图像和目标的全局性质有关的准则。在这种情况下常需对分割结果建立一定的模型或辅以一定的先验知识。

2. 生长准则

区域生长的一个关键是选择合适的生长或相似准则，大部分区域生长准则使用图像的局部性质。生长准则可根据不同原则制定，而使用不同的生长准则会影响区域生长的过程，下面介绍三种基本的生长准则和方法。

（1）基于区域灰度差 基于区域灰度差的方法主要有以下步骤：

1）对像素进行扫描，找出尚没有归属的像素。

2）以该像素为中心检查它的邻域像素，即将邻域中的像素逐个与它比较，如果灰度差小于预先确定的阈值，将它们合并。

3）以新合并的像素为中心，返回到步骤2），检查新像素的邻域，直到区域不能进一步扩张。

4）返回到步骤1），继续扫描，直到所有像素都有归属，则结束整个生长过程。

采用上述方法得到的结果对区域生长起点的选择有较大的依赖性。为克服这个问题可以将方法做以下改进：将灰度差的阈值设为零，这样具有相同灰度值的像素便合并到一起，然后比较所有相邻区域之间的平均灰度差，合并灰度差小于某一阈值的区域。这种改进仍然存在一个问题，即当图像中存在缓慢变化的区域时，有可能会将不同区域逐步合并而产生错误分割结果。一个比较好的做法是：在进行生长时，不用新像素的灰度值与邻域像素的灰度值比较，而是用新像素所在区域的平均灰度值与各邻域像素的灰度值进行比较，将小于某一阈值的像素合并进来。

（2）基于区域内灰度分布统计性质 这里考虑以灰度分布相似性作为生长准则来决定区域的合并，具体步骤为：

1）把像素分成互不重叠的小区域。

2）比较邻接区域的累积灰度直方图，根据灰度分布的相似性进行区域合并。

3）设定终止准则，通过反复进行步骤2)中的操作将各个区域依次合并直到满足终止准则。

为了检测灰度分布情况的相似性，采用下面的方法。这里设 $h_1(X)$ 和 $h_2(X)$ 为相邻的两个区域的灰度直方图，X 为灰度值变量，从这个直方图求出累积灰度直方图 $H_1(X)$ 和 $H_2(X)$，根据以下两个准则：

1）Kolmogorov-Smirnov 检测

$$\max_X |H_1(X) - H_2(X)| \tag{6-36}$$

2）Smoothed-Difference 检测

$$\sum_X |H_1(X) - H_2(X)| \tag{6-37}$$

如果检测结果小于给定的阈值，就把两个区域合并。这里灰度直方图 $h(X)$ 的累积灰度直方图 $H(X)$ 被定义为

$$H(X) = \int_0^X h(x)\,\mathrm{d}x$$

在离散情况下

$$H(X) = \sum_{i=0}^{X} h(i) \tag{6-38}$$

对上述两种方法有两点值得说明：

1）小区域的尺寸对结果影响较大，尺寸太小时检测可靠性降低，尺寸太大时则得到的区域形状不理想，小的目标可能漏掉。

2）式(6-37)比式(6-36)在检测直方图相似性方面较优，因为它考虑了所有灰度值。

（3）基于区域形状 在决定对区域的合并时也可以利用对目标形状的检测结果，常用的方法有两种：

1）把图像分割成灰度固定的区域，设两相邻区域的周长 P_1 和 P_2，把两区域共同边界线两侧灰度差小于给定值的那部分设为 L，如果(T_1 为预定的阈值)

$$\frac{L}{\min\{P_1,P_2\}} > T_1 \tag{6-39}$$

则合并两区域。

2）把图像分割成灰度固定的区域，设两邻接区域的共同边界长度为 B，把两区域共同边界线两侧灰度差小于给定值的那部分长度设为 L，如果(T_2 为预定阈值)

$$\frac{L}{B} > T_2 \tag{6-40}$$

则合并两区域。

上述两种方法的区别是：第一种方法是合并两邻接区域的共同边界中对比度较低部分占整个区域边界份额较大的区域，第二种方法则是合并两邻接区域的共同边界中对比度较低部分比较多的区域。

例 6-2 区域生长实例。

图 6-11a 是细胞图像，在细胞体上手工选择一个种子点，采用区域灰度差的生长准则，图 6-11b 是区域生长的结果。

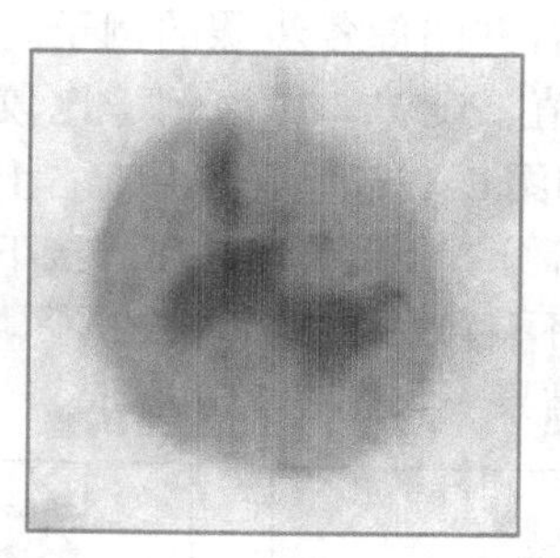

a) 原图

b) 区域生长结果

图 6-11 区域生长实例

6.3.2 分裂合并

上节介绍的区域生长法是先从单个种子像素开始通过不断接纳新像素最后得到整个区域。分裂合并法是先从整幅图像开始通过不断分裂得到各个区域。实际中常先把图像分成任意大小且不重叠的区域，然后再合并或分裂这些区域以满足分割的要求。

在这类方法中，常需要根据图像的统计特性设定图像区域属性的一致性测度，其中最常用的测度多基于灰度统计特征，如同属性区域中的方差(Variance Within Homogeneous Region，*VWHR*)。算法根据 *VWHR* 的数值合并或分裂各个区域。为得到正确的分割结果，需要根据先验知识或对图像中噪声的估计来选择 *VWHR*，选择的 *VWHR* 的精度对算法性能影响很大。

假设以 *VWHR* 为一致性测度，令 $V(R)$ 代表趋于区域 R 内的 *VWHR* 值，阈值设为 T，下面介绍一种利用图像四叉树(Quadtree，QT)表达方法的简单分裂合并算法。如图 6-12 所示，设 R_0 代表整个四方形图像区域，从最高层开始，如果 $V(R_0) > T$，就将其四等分，得到四个子区域 R_i。如果 $V(R_i) > T$，则将该区域四等分。依此类推，直到 R_i 为单个像素。

如果仅仅使用分裂，最后有可能出现相邻的两个区域属于同一个目标但并没有合并成一个整体。为解决这个问题，每次分裂后允许其后继续分裂或合并。合并过程只合并相邻的区域且合并后组成的新的区域要满足一致性测度，即相邻的 R_i 和 R_j，如果 $V(R_i \cup R_j) \leqslant T$，则将二者合并。

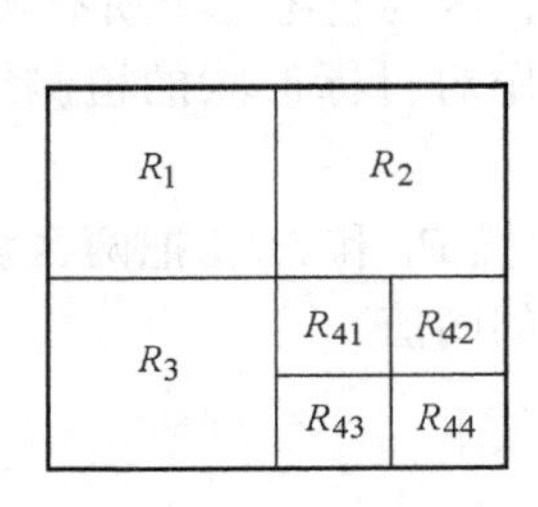

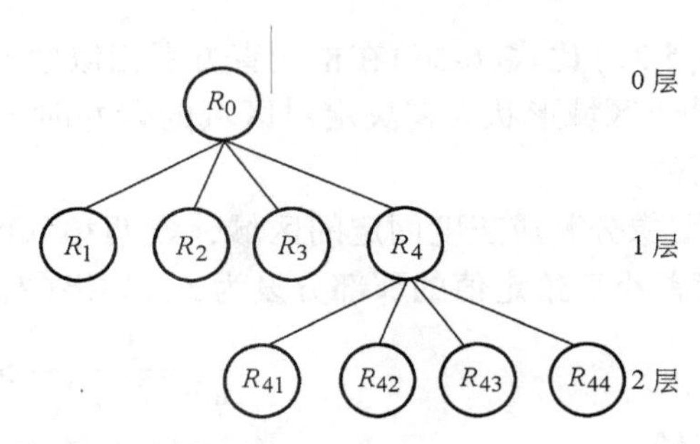

图6-12 简单的区域分裂过程

综上所述，分裂合并算法的步骤可以简单描述如下：

1）对于任一 R_i，如果 $V(R_i)>T$，则将其分裂成互不重叠的四等分。

2）对相邻区域 R_i 和 R_j，如果 $V(R_i\cup R_j)\leqslant T$，则将二者合并。

3）如果进一步的分裂或合并都不可能了，则终止算法。

图6-13 给出一个简单分裂合并图像各步骤的例子。设图中阴影区域为目标，白色区域为背景，它们都具有常数灰度值。设 $T=0$（该例子比较特殊），则对于整个图像 R_0，因 $V(R_0)>T$，所以将其四等分，如图6-13a 所示。由于右上角区域满足一致性测度，所以停止分裂，其他三个区域则继续四等分，得到图6-13b。接下来根据分裂合并准则将相邻的满足一致性准则的区域合并，同时将不满足一致性测度的区域继续分裂，得到图6-13c。再执行一次分裂合并过程后得到最终结果，如图6-13d 所示。

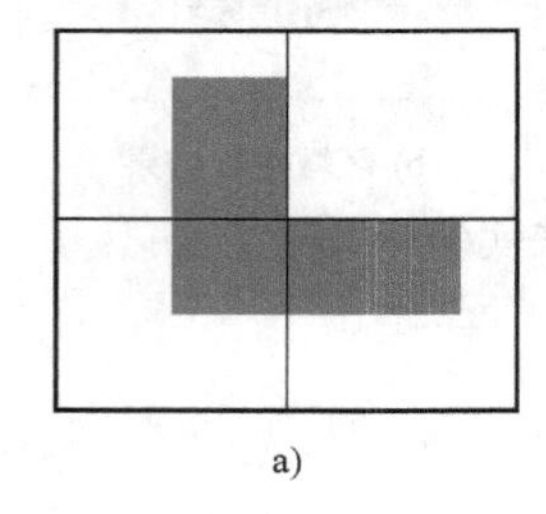
a)

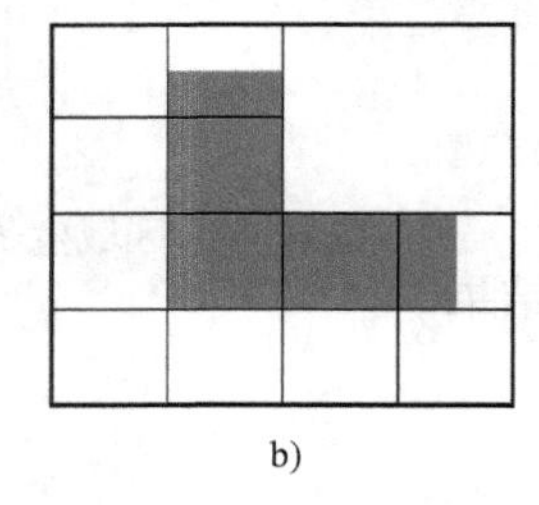
b)

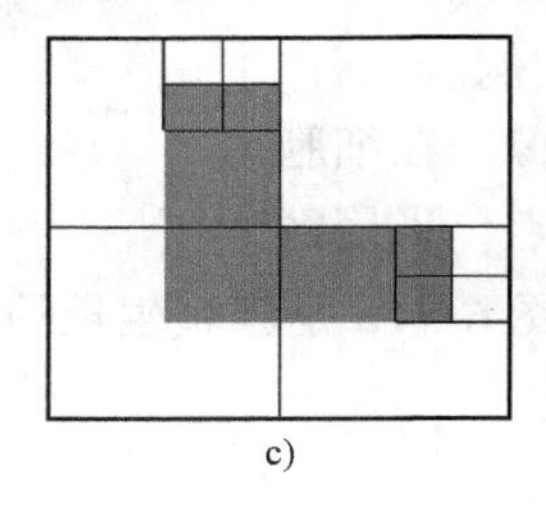
c)

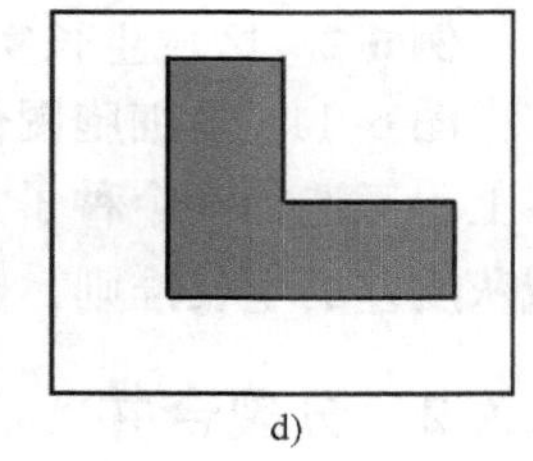
d)

图6-13 分裂合并法分割图像示例

6.3.3 水域分割

1. 水域分割的基本原理

水域分割又称 Watershed 变换，是一种借鉴了形态学理论的分割方法，其本质上是利用图像的区域特性来分割图像的，它将边缘检测与区域生长的优点结合起来，能够得到单像素宽的、连通的、封闭的且位置准确的轮廓。水域分割的基本思想是基于局部极小值和积水盆（Catchment Basin）的概念。积水盆是地形中局部极小点的影响区（Influence Zones），水平面从这些局部极小值处上涨，在水平面浸没地形的过程中，每一个积水盆被筑起的“坝”所包围，这些坝用来防止不同积水盆里的水混合到一起。在地形完全浸没到水中之后，这些筑起的坝就构成了分水岭。这个过程可以用图6-14 说明。

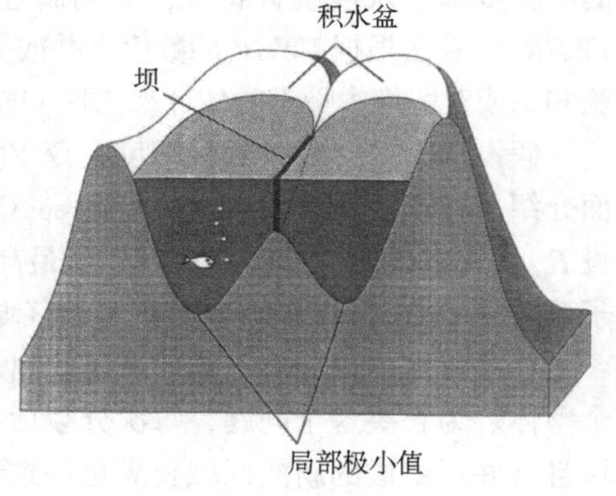

图6-14 地形浸没过程说明

现在将水域的概念应用到图像分割中。假设待分割的图像由目标和背景组成，这样，图像的背景和目标的内部区域将对应梯度图中灰度较低的位置，而目标边缘则对应了梯度图中的亮带，称梯度图像中具有均匀低灰度值的区域为极小值区域(一般分布在目标内部及背景处)。水面从这些极小区域开始上涨，当不同流域中的水面不断升高到将要汇合在一起时(目标边界处)，便筑起一道堤坝，最后得到由这些坝组成的分水线，图像也就完成了分割。图6-15是一个水域分割实例。

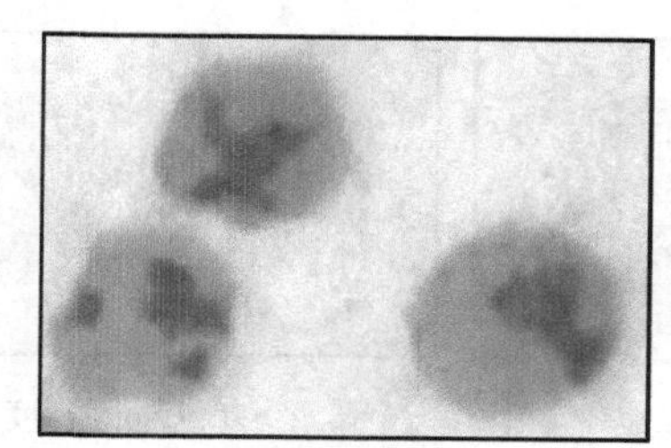
a) 原细胞图像

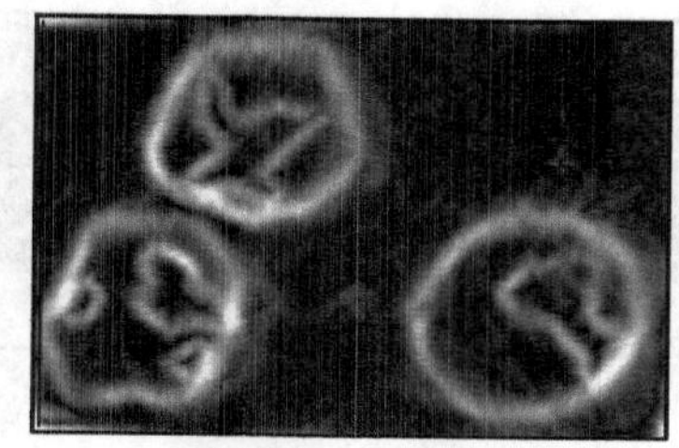
b) 经典的Canny梯度

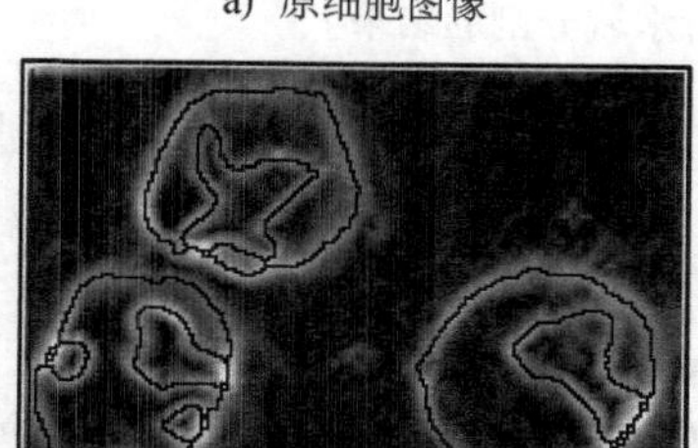
c) 梯度图像的流域分界线

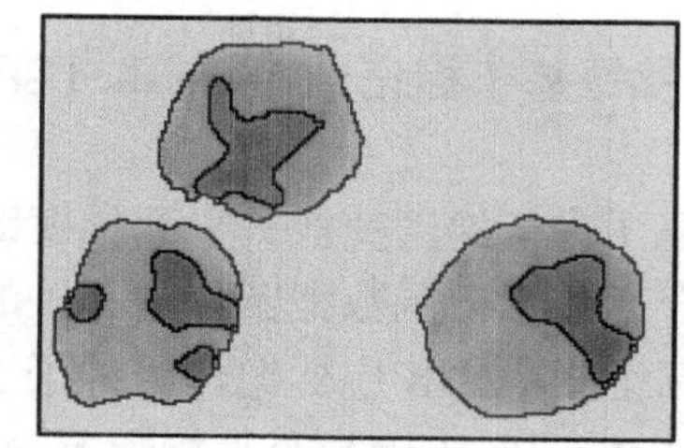
d) 分割结果

图6-15 水域分割实例

2. 梯度算子的选择

从水域分割的基本原理可知，水域分割本质上是利用基于邻域的空间信息来分割图像的，它实际上是把边缘检测和区域生长结合起来，所以能够得到单像素宽的、连续而准确的边缘。因此边缘算子的选择直接影响着图像分割的好坏——一个合适的边缘检测算子能够得到准确而平滑的目标边缘。到目前为止，用于边缘检测的算子有很多，如Sobel、Prewitt、Canny及形态学梯度等。也有用红蓝两个分量组成距离空间，用当前像素到四邻域的最大距离作为该像素的梯度。在以上提到的各梯度算子中，除Canny算子外，其他梯度算子计算都比较简单，但抗噪能力差，边缘不够光滑，其中Sobel、Prewitt和形态学梯度算子在质量较好的图像中尚能取得较好的结果，而对于目标边界比较弱的图像却不如人意。Canny算子是在三个准则基础上提出来的一种优化算法，对噪声不敏感，而且在弱边界处也显示了较好的效果。图6-16是一组对比实验，其中图a是一幅边缘比较模糊的图像，图b、c、d、e和f分别在水域分割中使用不同梯度算子的分割结果，图6-16显示了不同梯度算子对弱边界的响应情况。

3. 基于标记的Watershed变换

由于待分割的图像中存在噪声和一些微小的灰度值起伏波动，在梯度图像中可能存在许多假的局部极小值，如果直接对梯度图进行生长会造成过分割的现象。即使在Watershed变换前对梯度图进行滤波，存在的极小点也往往会多于原始图像中目标的数目，因此必须加以改进。实际中应用Watershed变换的有效途径是首先确定图像中目标的标记或种子，然后再进行生长，并且在生长的过程中仅对具有不同标记的标记点建筑防止溢流汇合的堤坝，产生

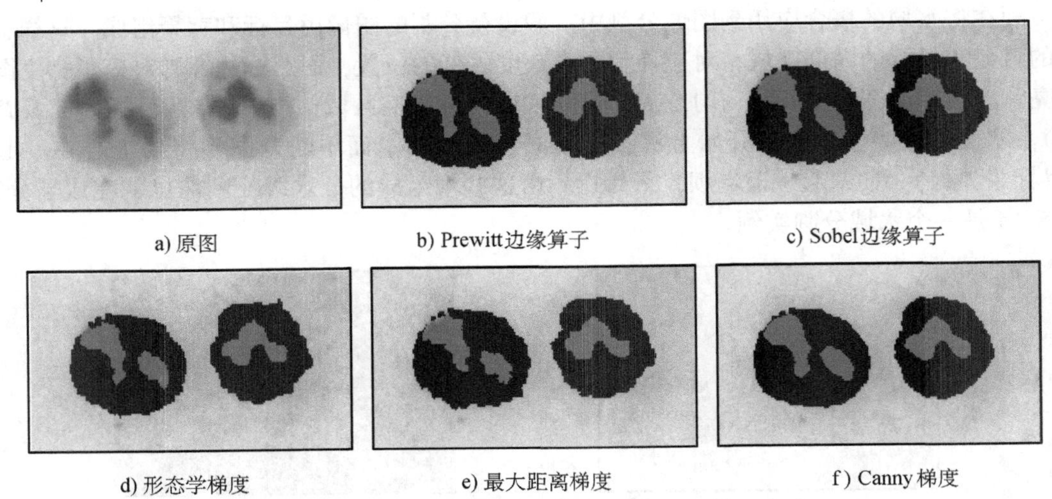

a) 原图　b) Prewitt边缘算子　c) Sobel边缘算子

d) 形态学梯度　e) 最大距离梯度　f) Canny梯度

图6-16 用不同梯度算子进行水域分割的结果

分水线，这就是基于标记的 Watershed 变换。基于标记的 Watershed 变换大体可分为三个步骤：

1）对原图进行梯度变换，得到梯度图。

2）用合适的标记函数把图像中相关的目标及背景标记出来，得到标记图。

3）将标记图中的相应标记作为种子点，对梯度图像进行 Watershed 变换，产生分水线。

由于目标标记的正确与否直接影响分割结果，所以利用 Watershed 变换进行图像分割的关键是标记提取。到目前为止，标记提取还没有一个统一的方法，一般依赖于图像的先验知识，如图像极值、平坦区域或纹理等。图6-17是一种利用直方图峰值特性提取标记的方法，算法将直方图中的三个峰所对应的像素作为标记，分别对应核仁、细胞质及背景三类目标，以这些标记点作为种子，在梯度图上进行水域生长，图6-17e为分割的结果。

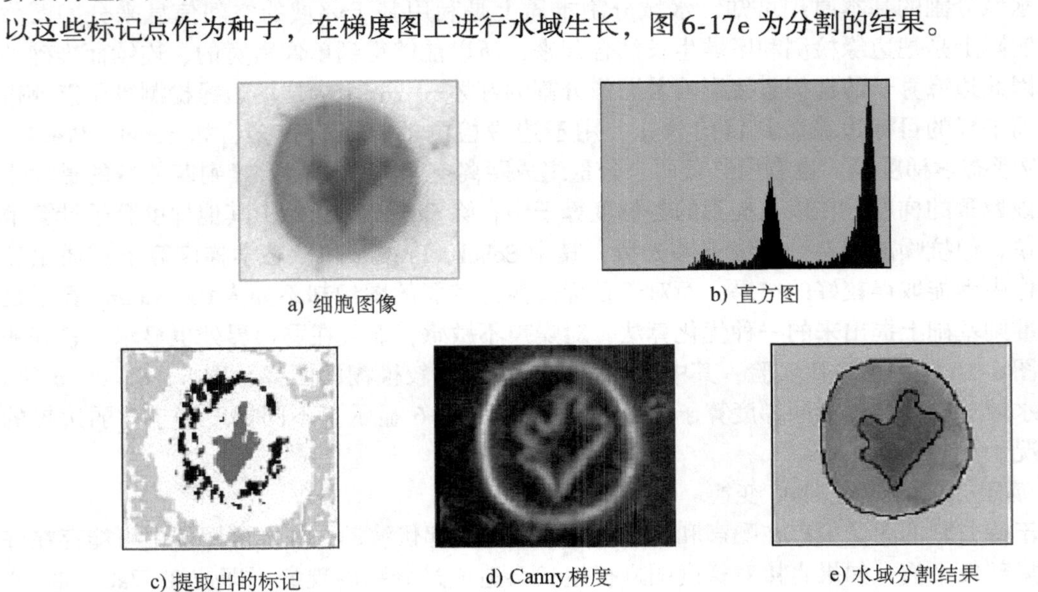

a) 细胞图像　b) 直方图

c) 提取出的标记　d) Canny梯度　e) 水域分割结果

图6-17 利用直方图提取标记的水域分割结果

6.4 Hough 变换

6.4.1 Hough 变换的原理

Hough 变换是一种检测、定位直线和解析曲线的有效方法。它是把二值图变换到 Hough 参数空间，在参数空间用极值点的检测来完成目标的检测。下面以直线检测为例，说明 Hough 变换的原理。

首先让我们来看模拟情况，对一直角坐标系中的直线，其方程可以写成

$$\rho = x\cos\theta + y\sin\theta \tag{6-41}$$

参数 ρ 和 θ 可以唯一地确定一条直线，如图 6-18 所示。ρ 是原点到直线的距离，θ 是该直线的法线与 X 轴的夹角，换句话说，ρ 和 θ 是原点到直线的矢量长度和方向。现在，以式(6-41)作为 X—Y 坐标向 ρ—θ 坐标变换的变换方程，进行 X—Y 平面内点集的变换。对于 X—Y平面内的点(x_0, y_0)，变换方程为

$$\rho = x_0\cos\theta + y_0\sin\theta = A\sin(\alpha + \theta) \tag{6-42}$$

式中，$\alpha = \arctan(x_0/y_0)$；$A = \sqrt{x_0^2 + y_0^2}$。这在 ρ—θ 平面内是一条正弦曲线，其初始角 α 和振幅 A 随 x_0 和 y_0 的值而变。若将 X—Y 平面内在同一条直线上的一个点序列变换到 ρ—θ 平面内，则所有正弦曲线都经过一点(ρ_0, θ_0)，(ρ_0, θ_0)对应于这条直线到原点的距离和法线与 X 轴的夹角。所有正弦曲线在 ρ—θ 平面内其他各处均不相交。因此，在极限情况下，将 X—Y 平面内一条直线上的无数点变换到 ρ—θ 平面上时，经过(ρ_0, θ_0)的次数为无穷，经过其他各处次数都为 1。也就是说，该变换将 X—Y 平面内的一条直线变换成了 ρ—θ 平面的一个点，该点的坐标为 X—Y 坐标原点到该直线的方向矢量的长度和方向，如图 6-18 所示。

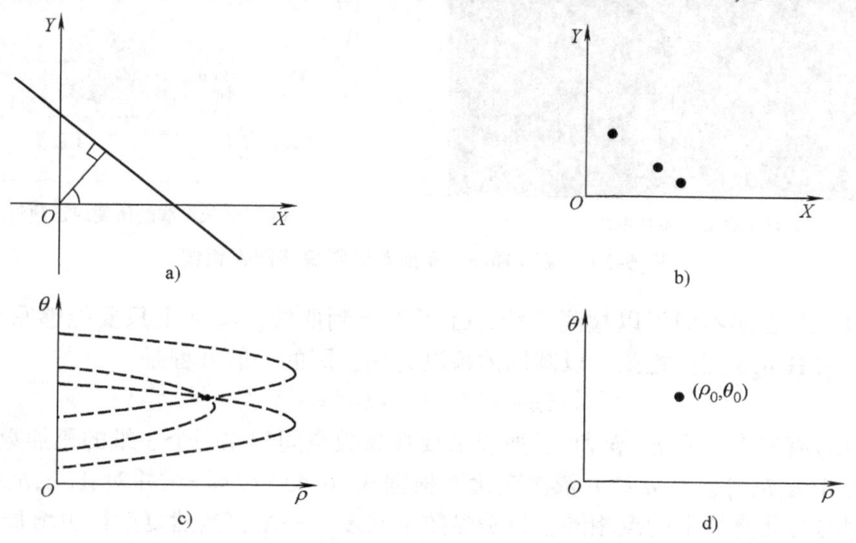

图 6-18 用于直线检测的 Hough 变换示意图

因此，如果要检测图像中的直线，可以建立二维累加数组 A，其元素可以写为 $A(\rho,\theta)$。对于二值图像上的每个目标点(x_0, y_0)，让 θ 依次变化而根据式(6-42)计算 ρ，对满足式(6-42)的(ρ,θ)，使 A 中的对应元素累加，即 $A(\rho,\theta) = A(\rho,\theta) + 1$。所有的目标点计算完以后，累加

数组中最大值的点就对应了直线的参数。因此，Hough 变换把直线检测问题转换到参数空间里对点的检测问题，通过在参数空间里进行简单的累加统计完成检测任务。例 6-3 是应用 Hough 变换检测表格倾斜角的例子。

例 6-3 应用 Hough 变换检测表格倾斜角并对图像纠偏。

图 6-19a 是一幅带有水平方向直线的倾斜的银行表格图像，图 6-19b 是对图 6-19a 二值化的结果。假定表格中横向线的直线方程为 $y=px+q$，(x,y)代表图像空间的点，确定参数空间为(p,q)，建立相应的累加数组，其中截距 q 的精度是一个像素，斜率 p 的精度是 0.01。对图 6-19b 进行 Hough 变换，变换后的累加数组如图 6-19c 所示。数组中出现多处峰值点，是因为表格中有多条水平直线的缘故。选择最高峰对应的点(p_0,q_0)，该参数对应图像中最长的水平直线，斜率 p_0 就是表格的斜率，根据该值旋转图像就可以得到纠偏后的结果，如图 6-19d 所示。

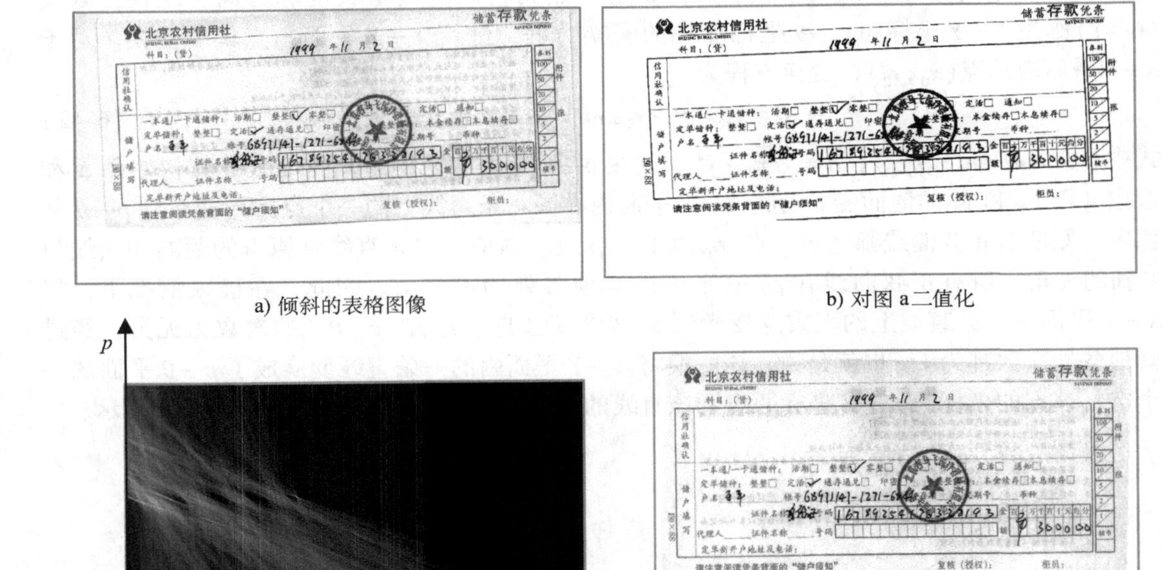

a) 倾斜的表格图像　b) 对图 a 二值化　c) Hough变换累加数组　d) 用最长直线的角度纠正倾斜图像

图 6-19 应用 Hough 变换对倾斜表格图像纠偏

利用 Hough 变换不但可以检测直线，还可以检测曲线。实际上只要能够写出方程的图形都可以利用 Hough 变换检测。以圆周的检测为例，圆的一般方程是

$$(x-a)^2+(y-b)^2=r^2 \tag{6-43}$$

由于式(6-43)有三个参数 a、b 和 r，所以需要在参数空间建立一个 3 维的累加数组 A，其元素可以写为 $A(a,b,r)$。让 a 和 b 依次变化而根据式(6-43)计算 r，并对 $A(a,b,r)$ 累加。可见这个过程与检测直线上的点相同，只是参数空间多了一维，当然复杂性也增加了。

6.4.2 广义 Hough 变换

Hough 变换本是用于检测平面内的直线和二次曲线的，但是实际应用中，绝大部分物体的轮廓不能用直线和二次曲线来描述，因此有必要将 Hough 变换作进一步的推广。

第一步，首先建立物体的一般化表示，令 $B=\{(x_i,y_i),i=1,2,\cdots,n\}$ 为表示物体的一个点集，它可以是物体的边缘点，也可以是经图像分割而得的物体点集，B 得自模板。又令 $P(x_0,y_0)$ 为参考点，常取 P 为 B 的中心点，以 P 为参考点建立 B 的 Hough 表示 $H(B,P)$，$H(B,P)$ 是一个矢量集合：$\{(\mathrm{d}x_i,\mathrm{d}y_i),i=1,2,\cdots,n\}$。其中 $\mathrm{d}x_i=x_0-x_i=-(x_i-x_0)$，$\mathrm{d}y_i=y_0-y_i=-(y_i-y_0)$。实际上，从点集 B 到 P 的 Hough 表示 $H(B,P)$，仅仅将点集 B 的坐标做了很简单的对参考点 P 的平移，其中 x_i 和 y_i 前取负号完全是为了后面的运算方便。

现在，对于一个给定的被测图像，假定我们已经做了类似样板图像的处理，得到点集 $E=\{(x_i,y_i),i=1,2,\cdots,m\}$。点集 E 中，有可能包含被测物体的点集。在理想情况下，由于预处理效果好，被测物体点集完全包含于点集 E 中。大多数情况下，由于噪声、物体间的相互掩盖、成像条件、处理方法不完善等因素，被测物体点集并没有完全被提取出来，而且提取出来的点集有可能存在噪声、变形，点集 E 只包含了被测物体点集的一部分。现在，为了确定图像中是否存在模板中的物体，将点集 E 与 $H(B,P)$ 作如下相关运算：

```
for  each(x_i, y_i) in  E  do
     for  each(dx_j, dy_j)  in  H(B,P)  do
          R(x_i + dx_j, y_i + dy_j) = R(x_i + dx_j, y_i + dy_j) + 1
     end do
end do
```

$\boldsymbol{R}$ 是 Hough 变换结果矩阵，其坐标实际为

$$(x_i+\mathrm{d}x_j,y_i+\mathrm{d}y_j)=(x_i-x_j+x_0,y_i-y_j+y_0)$$

在理想情况下，点集 E 与点集 B 完全一致，对于它们之中的 n 个相应点，上式中 R 的坐标都为 (x_0,y_0)，也就是说，在 $\boldsymbol{R}$ 矩阵中的 (x_0,y_0) 处的值为 n。而非理想情况下，$\boldsymbol{R}$ 中对应目标内部区域的位置处会有较高的值出现，这时对 $\boldsymbol{R}$ 取阈值，大于阈值的位置就对应目标的内部。图6-20显示了理想情况下和非理想情况下推广的 Hough 变换。

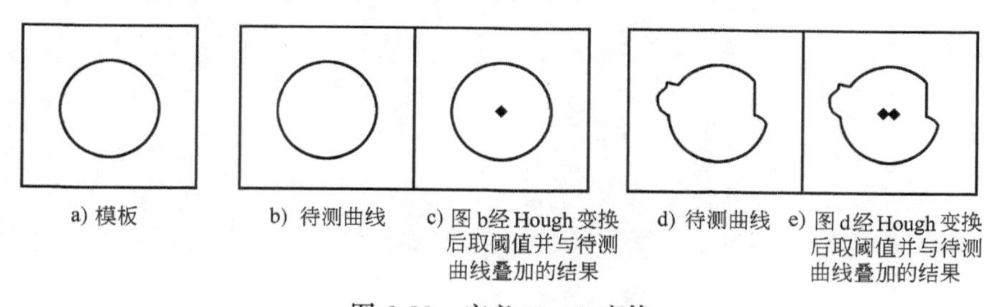

图6-20 广义 Hough 变换

Hough 变换的最大优点是抗噪声能力强，能够在信噪比较低的条件下，检测出直线或解析曲线。它的缺点是需要先做二值化以及边缘检测等图像预处理工作，使输入图像转变成宽度为一个像素的直线或曲线形式的点阵图。但是，在做了预处理工作后，原始图像中的许多信息将损失，例如原始图像中的大部分灰度信息在做了二值化处理后将丢失；又如原图经边缘检测后，像素之间的许多关系也将丢失。由于这个原因，给它的应用带来了一定的局限性。

习　　题

6-1　解释图6-9中，为什么采用 Robert 算子、Sobel 算子和拉普拉斯算子进行边缘检测的结果是不

一样的？

6-2 试用 Robert 算子和拉普拉斯算子检测如图 6-21 所示的图像的边缘。

4	4	4	4	4	4	4	4	0	0
4	4	4	4	4	4	4	4	0	0
4	4	5	5	5	5	5	4	0	0
4	4	5	6	6	6	5	4	0	0
4	4	5	6	7	6	5	4	0	0
4	4	5	6	6	6	5	4	0	0
4	4	5	5	5	5	5	4	0	0
4	4	4	4	4	4	4	4	0	0
4	4	4	4	4	4	4	4	0	0
4	4	4	4	4	4	4	4	0	0

图 6-21 题 6-2 图

6-3 编一个程序用 Sobel 模板中的垂直或水平方向的单个模板与图像做卷积，得到 G_x 和 G_y，会看到什么现象？能否自己设计一个模板，用来检测图像在 45°方向上的边缘。

6-4 如果图像中的纵向边缘如图 6-22 所示，画出它们每行像素的灰度剖面图以及该剖面上的一阶和二阶导数的图形。

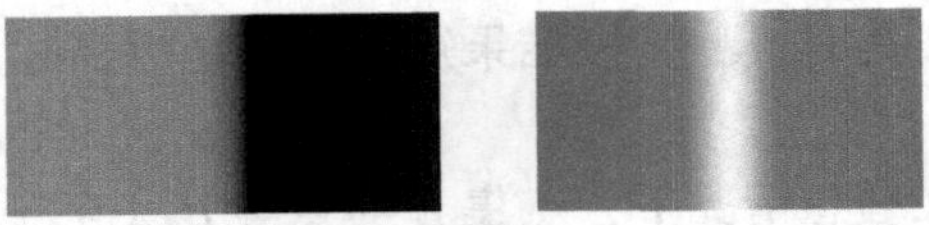

图 6-22 题 6-4 图

6-5 编程序实现区域生长算法，要求种子点的选取由人工完成，用不同的生长准则，比较生长结果的差异。

6-6 编一个程序，用 Hough 变换检测直线，并用带有直线的图像验证算法的正确性。

第 7 章　图像描述与分析

图像描述与分析是图像处理与分析的核心内容。为了便于有效地研究和应用，往往需要用一些简单明确的数值、符号或图来表征给定的图像及其已分割的图像区域。这些数值、符号或图是按一定的概念和公式产生的，反映了图像或图像区域的基本信息和主要特征。通常称这些数值、符号或图为图像的特征，而用这些特征表示图像称为图像描述。图像描述与分析是图像识别和理解的必要前提。

7.1　灰度描述

7.1.1　幅度特征

在所有的图像特征中，最基本的是图像的幅度特征。可以在某一像素点或其邻域内做出幅度的测量，例如在 $N\times N$ 区域内的平均幅度，即

$$\bar{f}(x,y)=\frac{1}{N^2}\sum_{i=0}^{N}\sum_{j=0}^{N}f(i,j) \tag{7-1}$$

可以直接从图像像素的灰度值，或从某些线性、非线性变换后构成新的图像幅度的空间来求得各式各样图像的幅度特征图。图像的幅度特征对于分离目标物的描述等具有十分重要的作用。如图 7-1 所示，其中图 a 是原图，图 b 是利用幅度特征将背景中的快艇分割出来的结果。

a) 原图

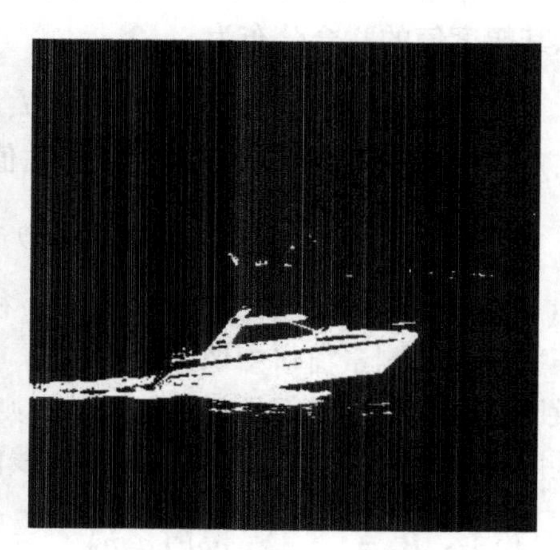

b) 利用幅度特征将目标分割出来

图 7-1　利用灰度信息将目标分割出来

7.1.2　直方图特征

一幅数字图像可以看作是一个二维随机过程的样本，可以用联合概率分布来描述。通过图像的各像素幅度值可以设法估计出图像的概率分布，从而形成图像的直方图特征。

图像灰度的一阶概率分布定义为

$$P(b)=P\{f(x,y)=b\} \quad (0\leqslant b\leqslant L-1) \tag{7-2}$$

式中，b 为量化值；L 为量化值范围，即

$$P(b)\approx\frac{N(b)}{M} \tag{7-3}$$

式中，M 为围绕(x,y)点被测窗口内的像素总数；$N(b)$为该窗口内灰度值为 b 的像素总数。

图像的直方图特征可以提供图像信息的许多特征。例如若直方图密集地分布在很窄的区域之内，说明图像的对比度很低；若直方图有两个峰值，则说明存在着两种不同亮度的区域。

一阶直方图的特征参数有：

1）平均值：$\bar{b}=\sum_{b=0}^{L-1} bP(b)$

2）方差：$\sigma_b^2=\sum_{b=0}^{L-1}(b-\bar{b})^2P(b)$

3）倾斜度：$b_n=\frac{1}{\sigma_b^3}\sum_{b=0}^{L-1}(b-\bar{b})^3P(b)$

4）峭度：$b_k=\frac{1}{\sigma_b^4}\sum_{b=0}^{L-1}(b-\bar{b})^4P(b)-3$

5）能量：$b_N=\sum_{b=0}^{L-1}[P(b)]^2$

6）熵：$b_E=-\sum_{b=0}^{L-1}P(b)\log_2[P(b)]$

二阶直方图特征是以像素对的联合概率分布为基础得出的。若两个像素 $f(i,j)$ 及 $f(m,n)$分别位于(i,j)点和(m,n)点，两者的间距为$|i-m|$、$|j-n|$，并可用极坐标 ρ、θ 表达，那么其幅度值的联合分布为

$$P(a,b)\triangleq P_k\{f(i,j)-a,f(m,n)-b\} \tag{7-4}$$

式中，a、b 为量化的幅度值。因此直方图估值的二阶分布为

$$P(a,b)\approx\frac{N(a,b)}{M} \tag{7-5}$$

式中，$N(a,b)$表示在图像中，在 θ 方向上、径向间距为 ρ 的像素对 $f(i,j)=a$，$f(m,n)=b$ 出现的频数；M 为测量窗口中像素的总数。

假设图像的各像素对都是相互关联的，则 $P(a,b)$将在阵列的对角线上密集起来。以下列出一些度量，用来描述围绕 $P(a,b)$对角线能量扩散的情况。

1）自相关：$B_A=\sum_{a=0}^{L-1}\sum_{b=0}^{L-1}abP(a,b)$

2）协方差：$B_C=\sum_{a=0}^{L-1}\sum_{b=0}^{L-1}(a-\bar{a})(b-\bar{b})P(a,b)$

3）惯性矩：$B_I=\sum_{a=0}^{L-1}\sum_{b=0}^{L-1}(a-b)^2P(a,b)$

4）绝对值：$B_V=\sum_{a=0}^{L-1}\sum_{b=0}^{L-1}|a-b|P(a,b)$

5）能量：$B_N = \sum_{a=0}^{L-1}\sum_{b=0}^{L-1}[P(a,b)]^2$

6）熵：$B_E = -\sum_{a=0}^{L-1}\sum_{b=0}^{L-1}P(a,b)\log_2[P(a,b)]$

7.1.3　变换系数特征

由于图像的二维变换得出的系数反映了二维变换后图像在频率域的分布情况，因此常常用二维的傅里叶变换作为一种图像特征的提取方法。例如：

$$F(u,v) = \iint f(x,y)\,\mathrm{e}^{-\mathrm{j}2\pi(ux+vy)}\mathrm{d}x\mathrm{d}y \tag{7-6}$$

设$M(u,v)$是$F(u,v)$的平方值，即

$$M(u,v) = |F(u,v)|^2 \tag{7-7}$$

当$f(x,y)$的原点有了位移时，$M(u,v)$的值保持不变，因此$M(u,v)$与$F(u,v)$不是唯一对应的，这种性质称为位移不变性，在某些应用中可利用这一特点。

如果把$M(u,v)$在某些规定区域内的累计值求出，也可以把图像的某些特征突出起来，这些规定的区域如图7-2所示，其中图7-2a为水平切口，图7-2b为垂直切口，图7-2c为环形切口。

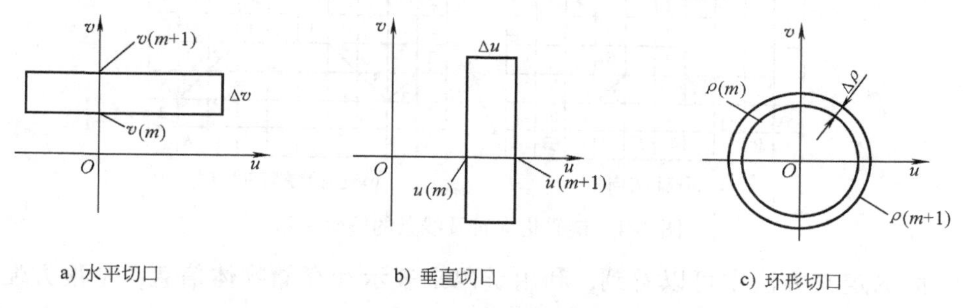

a) 水平切口　　b) 垂直切口　　c) 环形切口

图7-2　不同类型的切口

由各种不同切口规定的特征度量可由下面各式来定义。

1）水平切口：$S_1(m) = \int_{v(m)}^{v(m+1)} M(u,v)\mathrm{d}v$

2）垂直切口：$S_2(m) = \int_{u(m)}^{u(m+1)} M(u,v)\mathrm{d}u$

3）环状切口：$S_3(m) = \int_{\rho(m)}^{\rho(m+1)} M(\rho,\theta)\mathrm{d}\rho$

式中，$M(\rho,\theta)$为$M(u,v)$的极坐标形式。

这些特征说明了图像中含有这些切口的频谱成分的含量。把这些特征提取出来以后，可以作为模式识别或分类系统的输入信息。这种方法已经成功地运用到土地情况分类、放射照片病情诊断等方面。

7.2　边界描述

为了描述目标物的二维形状，通常采用的方法是利用目标物的边界来表示物体，即所谓的边界描述。当一个目标区域边界上的点已被确定时，就可以利用这些边界点来区别不同区域的形

状。这样做既可以节省存储信息，又可以准确的确定物体。下面介绍两种常用的边界描述方法。

7.2.1 链码描述

在数字图像中，边界或曲线是由一系列离散的像素点组成的，其最简单的表示方法是由美国学者 Freeman 提出的链码方法。

链码实质上是一串指向符的序列，有 4 向链码、8 向链码等。如图 7-3 所示的 8 向链码，对任一像素点 P，考虑它的 8 个邻近像素，指向符共有 8 个方向，分别用 0、1、2、3、4、5、6、7 表示。链码表示就是从某一起点开始沿曲线观察每一段的走向并用相应的指向符来表示，结果形成一个数列。因此可以用链码来描述任意曲线或者闭合的边界。如图 7-4a 中，选取像素 A 作为起点，形成的链码为 01122233100000765556706。

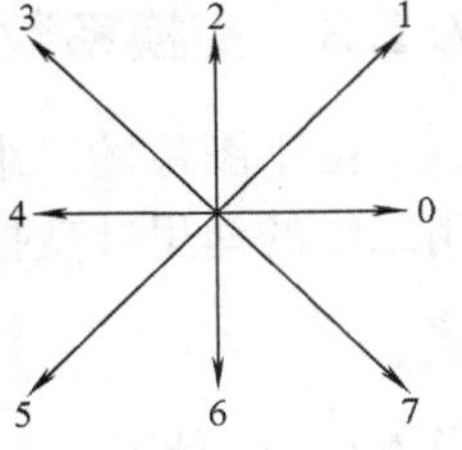

图 7-3 链码指向符

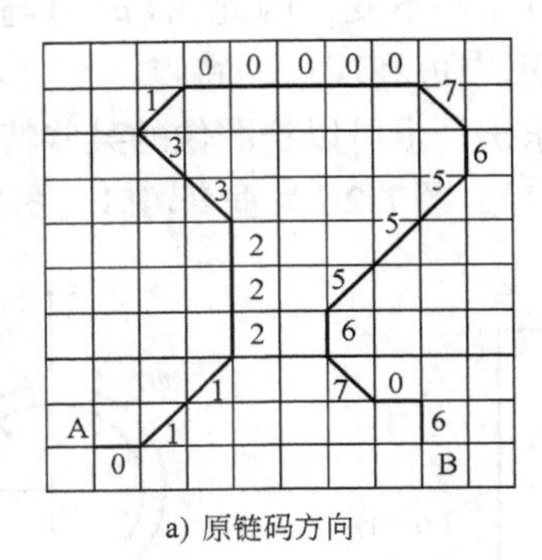

a) 原链码方向

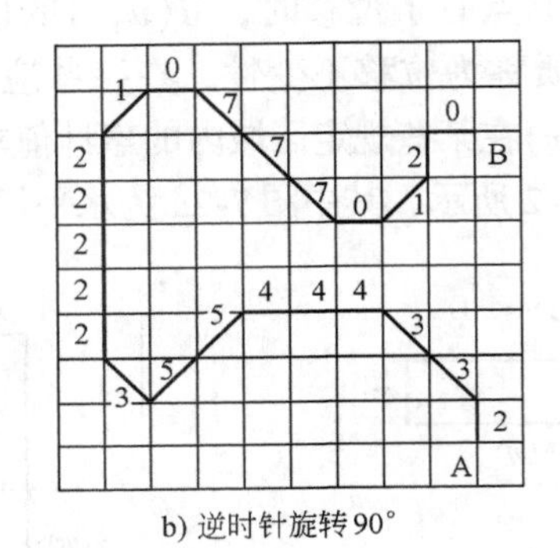

b) 逆时针旋转 90°

图 7-4 链码指向符及线条的链码表示

从上面的定义方法中可以看到，利用链码来表示和存储物体信息，是很方便和节省空间的。

用链码表示给定目标的边界时，如果目标平移，链码不会发生变化，而如果目标旋转则链码会发生变化。为解决这个问题，可利用链码的一阶差分来重新构造一个表示原链码各段之间方向变化的新序列，这相当于把链码进行旋转归一化。差分链码可用相邻两个方向数按反方向相减(后一个减去前一个)，并对结果作模 8 运算得到。例如：

图 7-4a 中曲线的链码为 01122233100000765556706

其差分链码为 1010010670000777001116

图 7-4b 是图 7-4a 中曲线逆时针旋转 90°后得到的。

曲线的链码为 23344455322222107770120

其差分链码为 1010010670000777001116

由此可见，一条曲线旋转到不同的位置将对应不同的链码，但其差分链码不变，即差分链码关于曲线旋转是不变的。

7.2.2 傅里叶描述

对边界的离散傅里叶变换表达，可以作为定量描述边界形状的基础。采用傅里叶描述的一个优点是将二维的问题简化为一维问题，即将 x—y 平面中的曲线段转化为一维函数 $f(r)$ (在 r—$f(r)$ 平面上)，也可将 x—y 平面中的曲线段转化为复平面上的一个序列。具体就是将

x—y 平面与复平面 u—v 重合，其中，实部 u 轴与 x 轴重合，虚部 v 轴与 y 轴重合。这样可用复数 $u+\mathrm{j}v$ 的形式来表示给定边界上的每个点 (x,y)。这两种表示在本质上是一致的，是点点对应的(见图7-5)。

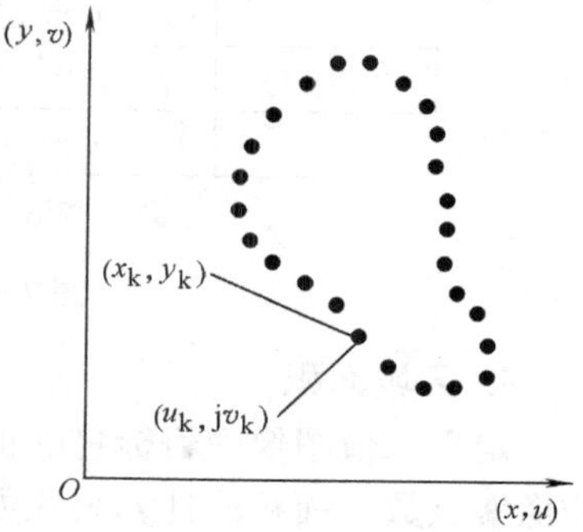

现在考虑一个由 N 点组成的封闭边界，从任一点开始绕边界一周就得到一个复数序列，即

$$s(k)=u(k)+\mathrm{j}v(k) \qquad k=0,1,\cdots,N-1 \tag{7-8}$$

$s(k)$ 的离散傅里叶变换是

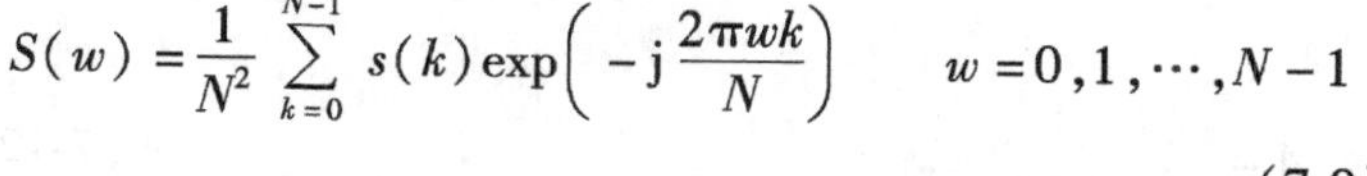

$$S(w)=\frac{1}{N^2}\sum_{k=0}^{N-1}s(k)\exp\left(-\mathrm{j}\frac{2\pi wk}{N}\right) \qquad w=0,1,\cdots,N-1 \tag{7-9}$$

图7-5 边界点的两种表示方法

$S(w)$ 可称为边界的傅里叶描述，它的傅里叶逆变换是

$$s(k)=\sum_{w=0}^{N-1}S(w)\exp\left(-\mathrm{j}\frac{2\pi wk}{N}\right) \qquad k=0,1,\cdots,N-1 \tag{7-10}$$

可见，离散傅里叶变换是可逆线性变换，在变换过程中信息没有任何增减，这为我们有选择地描述边界提供了方便。只取 $S(w)$ 的前 M 个系数即可得到 $s(k)$ 的一个近似式：

$$\bar{s}(k)=\sum_{w=0}^{M-1}S(w)\exp\left(-\mathrm{j}\frac{2\pi wk}{N}\right) \qquad k=0,1,\cdots,N-1 \tag{7-11}$$

需注意，式(7-11)中 k 的范围不变，即在近似边界上的点数不变，但 w 的范围缩小了，即重建边界点所需的频率阶数减少了。傅里叶变换的高频分量对应一些细节而低频分量对应总体形状，因此用一些低频分量的傅里叶系数足以近似描述边界形状。

7.3 区域描述

对一幅灰度图像或者彩色图像运用图像分割的方法进行处理，把其中感兴趣的像素分离出来作为目标像素，取值为1，而把不感兴趣的其余部分作为背景像素，取值为0，就可以得到一幅二值图像。在理想情况下，希望该二值图像中的两个值准确地代表“目标”及“背景”。但实际中，往往所检测到的“目标”中还有若干个“假目标”出现，还有可能提取的是多个目标，因此，就需要对二值图像进行处理，实现对目标的分析。二值图像包含目标的位置、形状、结构等很多重要信息，是图像分析和目标识别的依据。本节将围绕二值图像处理的方法进行阐述。

7.3.1 几何特征

1. 像素与邻域

二值图像中的像素值不是1，就是0。其中1表示目标的值，0表示背景的值。$f(x,y)$ 表示位于图像阵列中第 x 行、第 y 列的像素的值。一幅 $m\times n$ 的图像具有 m 行和 n 列，行的标号从0到 $m-1$，列的编号从0到 $n-1$。这样 $f(0,0)$ 表示图像左上角的像素值，$f(m-1,n-1)$ 表示图像右下角的像素值。

在许多算法中，当对某个像素进行运算时，不仅要用到该像素的值，也要用到它邻近像素的值。关于邻域最常见的有两种，即4-邻域(4-neighbor)和8-邻域(8-neighbor)。图7-6为像素 (x,y) 的4-邻域和8-邻域示意图。

	$(x-1,y)$	
$(x,y-1)$	(x,y)	$(x,y+1)$
	$(x+1,y)$	

a）4-邻域

$(x-1,y-1)$	$(x-1,y)$	$(x-1,y+1)$
$(x,y-1)$	(x,y)	$(x,y+1)$
$(x+1,y-1)$	$(x+1,y)$	$(x+1,y+1)$

b）8-邻域

图7-6 像素(x,y)的4-邻域和8-邻域示意图

2. 区域面积

定义二值图像中目标物的面积A就是目标物所占像素点的数目，即区域的边界内包含的像素点数。面积的计算公式如下：

$$A=\sum_{x=0}^{m-1}\sum_{y=0}^{n-1}f(x,y) \tag{7-12}$$

对二值图像而言，若用1表示目标，用0表示背景，其面积就是统计$f(x,y)=1$的个数。

3. 位置

由于目标在图像中总有一定的面积大小，因此有必要定义目标在图像中的精确位置。目标的位置有形心、质心之分，形心为目标形状的中心，质心为目标质量的中心。

对$m\times n$大小的目标，其灰度值为$f(x,y)$，质心$(\overline{X},\overline{Y})$为

$$\overline{X}=\frac{1}{mn}\sum_{x=0}^{m-1}\sum_{y=0}^{n-1}xf(x,y),\ \overline{Y}=\frac{1}{mn}\sum_{x=0}^{m-1}\sum_{y=0}^{n-1}yf(x,y)$$

形心为

$$\overline{x}=\frac{1}{mn}\sum_{i=0}^{n-1}\sum_{j=0}^{m-1}x_i,\ \overline{y}=\frac{1}{mn}\sum_{i=0}^{n-1}\sum_{j=0}^{m-1}y_j \tag{7-13}$$

4. 区域周长

数字图像子集S的周长定义有不同概念，通常用下面三种定义来近似：

1）若将图像中每个像素都看作是单位面积的小方格，则区域和背景都由方格组成，区域的周长可以定义成区域和背景交界线(接缝)的长度。

2）将像素看作一个个的点，则区域周长可以定义为区域边界8链码的长度。

3）区域周长用边界所占像素表示，也即边界像素点数之和。

5. 方向

计算物体的方向比计算它的位置要稍微复杂，因为某些形状(如圆)的方向并不唯一，为了定义唯一的方向，一般假定物体是长形的，并将其长轴方向定义为物体的方向。在图像二维平面上，常定义最小二阶矩轴为物体的方向。

图像中物体的二阶矩轴定义如下：

$$x^2=\sum_{x=0}^{m-1}\sum_{y=0}^{n-1}r_{xy}^2f(x,y) \tag{7-14}$$

式中，x^2是二阶距轴，r_{xy}是物体上的点(x,y)到直线的距离。

x^2的最小值为最小二阶矩轴，它是这样一条线，物体上的全部点到该线的距离平方和最小。因此，给出一幅二值图像$f(x,y)$，计算物体点到直线的最小二乘方拟合，使所有物体上的点到直线的距离平方和最小。

6. 距离

图像中两点$P(x,y)$和$Q(u,v)$之间的距离是重要的几何特性，常用以下三种方

法测量：

1）欧几里得距离(Euclidean)

$$d_e(P,Q)=\sqrt{(x-u)^2+(y-v)^2} \tag{7-15}$$

2）4-邻域距离(City-block 城区距离)

$$d_4(P,Q)=|x-u|+|y-v| \tag{7-16}$$

3）8-邻域距离(Chessboard 棋盘距离)

$$d_8(P,Q)=\max(|x-u|,|y-v|) \tag{7-17}$$

7. 圆形度

圆形度是描述连通域与圆形相似程度的量。根据圆周长与圆面积的计算公式，定义圆形度的计算公式如下：

$$\rho_c=\frac{4\pi A_s}{L_s^2} \tag{7-18}$$

式中，A_s 为连通域 S 的面积；L_s 为连通域 S 的周长。圆形度 ρ_c 值越大，表明目标与圆形的相似度越高。

8. 矩形度

与圆形度类似，矩形度是描述连通域与矩形相似程度的量。矩形度的计算公式如下：

$$\rho_R=\frac{A_s}{A_R} \tag{7-19}$$

式中，A_s 为连通域 S 的面积；A_R 是包含该连通域的最小矩形的面积。对于矩形目标，矩形度 ρ_R 取最大值 1；对细长而弯曲的目标，则矩形度的值变得很小。

9. 长宽比

长宽比是将细长目标与近似矩形或圆形目标进行区分时采用的形状度量。长宽比的计算公式如下：

$$\rho_{WL}=\frac{W_R}{L_R} \tag{7-20}$$

式中，W_R 为包围连通域的最小矩形的宽度；L_R 为包围连通域的最小矩形的长度。

7.3.2　不变矩

由于图像区域的某些矩对于平移、旋转、尺度等几何变换具有一些不变的特性，因此，矩的表示方法在物体分类与识别方面具有重要的意义。

1. 矩的定义

对于二维连续函数 $f(x,y)$，$(j+k)$ 阶矩定义为

$$m_{jk}=\int_{-\infty}^{\infty}\int_{-\infty}^{\infty}x^jy^kf(x,y)\,\mathrm{d}x\mathrm{d}y \qquad j,k=0,1,2,\cdots \tag{7-21}$$

由于 j 和 k 可取所有的非负整数值，因此形成了一个矩的无限集。而且，这个集合完全可以确定函数 $f(x,y)$ 本身。也就是说集合 $\{m_{jk}\}$ 对于函数 $f(x,y)$ 是唯一的，也只有 $f(x,y)$ 才具有这种特定的矩集。

为了描述物体的形状，假设 $f(x,y)$ 的目标物体取值为 1，背景为 0，即函数只反映了物体的形状而忽略其内部的灰度级细节。

参数 $j+k$ 称为矩的阶。特别的，零阶矩是物体的面积，即

$$m_{00} = \int_{-\infty}^{\infty} \int_{-\infty}^{\infty} f(x,y)\,\mathrm{d}x\mathrm{d}y \tag{7-22}$$

当 $j=1$，$k=0$ 时，m_{10}对二值图像来讲就是物体上所有的点 x 坐标的总和。类似地，m_{01}就是物体上所有的点 y 坐标的总和，令

$$\bar{x} = \frac{m_{10}}{m_{00}}, \qquad \bar{y} = \frac{m_{01}}{m_{00}} \tag{7-23}$$

则$(\bar{x},\bar{y})$就是二值图像中一个物体的质心的坐标。

中心矩定义为

$$\mu_{jk} = \int_{-\infty}^{\infty} \int_{-\infty}^{\infty} (x-\bar{x})^j (y-\bar{y})^k f(x,y)\,\mathrm{d}x\mathrm{d}y \tag{7-24}$$

如果$f(x,y)$是数字图像，则上式变为

$$\mu_{jk} = \sum_x \sum_y (x-\bar{x})^j (y-\bar{y})^k f(x,y) \tag{7-25}$$

2. 不变矩的应用

定义归一化的中心矩为

$$\eta_{jk} = \frac{\mu_{jk}}{(\mu_{00})^{\gamma}},\ \gamma = \left(\frac{j+k}{2}+1\right) \tag{7-26}$$

利用归一化的中心矩，可以获得对平移、缩放、镜像和旋转都不敏感的 7 个不变矩，定义如下：

$$\varphi_1 = \eta_{20} + \eta_{02} \tag{7-27}$$

$$\varphi_2 = (\eta_{20} - \eta_{02})^2 + 4\eta_{11}^2 \tag{7-28}$$

$$\varphi_3 = (\eta_{30} - 3\eta_{12})^2 + (3\eta_{21} - \eta_{03})^2 \tag{7-29}$$

$$\varphi_4 = (\eta_{30} + \eta_{12})^2 + (\eta_{21} + \eta_{03})^2 \tag{7-30}$$

$$\begin{aligned}\varphi_5 = {} & (\eta_{30} - 3\eta_{12})(\eta_{30} + \eta_{12})[(\eta_{30} + \eta_{12})^2 - 3(\eta_{21} + \eta_{03})^2] + \\ & (3\eta_{21} - \eta_{03})(\eta_{21} + \eta_{03})[3(\eta_{30} + \eta_{12})^2 - (\eta_{21} + \eta_{03})^2]\end{aligned} \tag{7-31}$$

$$\varphi_6 = (\eta_{20} - \eta_{02})[(\eta_{30} + \eta_{12})^2 - (\eta_{21} + \eta_{03})^2] + 4\eta_{11}(\eta_{30} + \eta_{12})(\eta_{21} + \eta_{03}) \tag{7-32}$$

$$\begin{aligned}\varphi_7 = {} & (3\eta_{21} - \eta_{03})(\eta_{30} + \eta_{12})[(\eta_{30} + \eta_{12})^2 - 3(\eta_{21} + \eta_{03})^2] + \\ & (3\eta_{12} - \eta_{30})(\eta_{21} + \eta_{03})[3(\eta_{30} + \eta_{12})^2 - (\eta_{21} + \eta_{03})^2]\end{aligned} \tag{7-33}$$

例 7-1 图 7-7b 中显示的图像为图 7-7a 的一半大小，图 7-7c ~ f 分别是将图 7-7a 逆时针旋转 45°、90°、135°、180°得到的图像。运用式(7-27) ~ 式(7-33)计算这些图像的 7 个不变矩。为了减小动态范围，将计算得到的结果取对数。如表 7-1 所示，图 7-7b ~ f 所得到的结果与原图计算得到的不变矩有较好的一致性。

表 7-1 图 7-7a ~ f 中所示图像的 7 个不变矩

不变矩(|log|)	原图	一半尺寸	旋转 45°	旋转 90°	旋转 135°	旋转 180°
φ_1	6.9438	6.8222	6.9433	6.9438	6.9435	6.9438
φ_2	18.69	17.703	18.629	18.69	18.649	18.69
φ_3	27.206	26.683	27.095	27.206	27.118	27.206
φ_4	27.246	26.87	27.239	27.246	27.239	27.246
φ_5	54.474	53.651	54.408	54.474	54.416	54.474
φ_6	36.729	35.864	36.691	36.729	36.698	36.729
φ_7	58.649	57.817	57.257	58.649	57.416	58.649

注：|log|表示表中数值为取对数后的幅值。

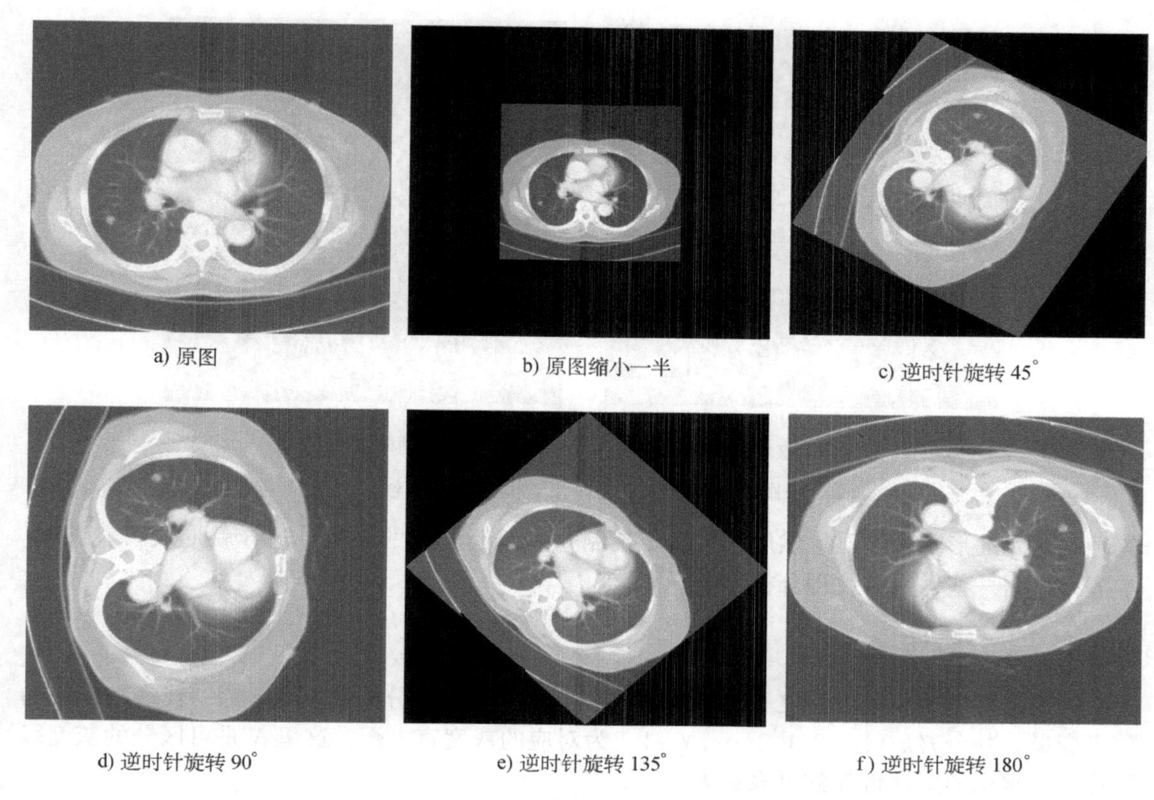

a) 原图　b) 原图缩小一半　c) 逆时针旋转 45°

d) 逆时针旋转 90°　e) 逆时针旋转 135°　f) 逆时针旋转 180°

图 7-7 用于证明矩不变性质的图像

7.4 纹理描述

纹理一般是指人们所观察到的图像像素(或子区域)的灰度变化规律。习惯上把图像中这种局部不规则而宏观有规律的特性称之为纹理。通过对实际图片的观察，可以看到，由种子或草地之类构成的图片，表现的是自然纹理图像；由织物或砖墙等构成的图片，表现的是人工纹理图像。一般来说纹理图像中的灰度分布具有周期性，即使灰度变化是随机的，它也具有一定的统计特性。纹理的标志有三个要素：一是某种局部的序列性在该序列更大的区域内不断重复；二是序列由基本部分非随机排列组成的；三是各部分大致都是均匀的统一体，纹理区域内任何地方都有大致相同的结构尺寸。当然，以上这些也只从感觉上看来是合理的，并不能得出定量的纹理测定。正因为如此，对纹理特征的研究方法也是多种多样的。

根据纹理的局部统计特征可以将纹理大致分为结构型纹理和随机型纹理，如图 7-8 所示。具有独立基本结构与明显周期性的纹理为结构型纹理(如裂纹、砖墙)，反之称为随机型纹理(如气象云图、天空白云)。从纹理图中可看到纹理是一种有组织的区域现象。人工纹理多由点、线和多边形等有规律的排列组成，多为结构型纹理。而自然纹理变化复杂多样，多为随机型纹理。

用于纹理分析的算法很多，这些方法可大致分为统计分析和结构分析两大类。为了强化分类，可以从灰度图像计算灰度共生矩阵、能量、相关以及熵等纹理特性。当纹理基元很小并成为微纹理时，统计方法特别有用；相反，当纹理基元很大时，应使用结构化方法，即首

a) 结构型纹理

b) 随机型纹理

图 7-8 结构型纹理和随机型纹理比较

先确定基元的形状和性质，然后，再确定控制这些基元位置的规则，这样就形成了宏纹理。本节将介绍一些常用的纹理分析方法。

7.4.1 矩分析法

纹理分析的最简单方法之一是基于图像灰度直方图的矩分析法。令 k 为一代表灰度级的随机变量，并令 $f(k_i), i=0,1,2,\cdots,N-1$，为对应的灰度直方图，这里 N 是可区分的灰度级数目，则常用的矩评价参数可表示为

（1）均值(Mean)

$$\mu = \sum_{i=0}^{N-1} k_i f(k_i) \tag{7-34}$$

均值给出了该图像区域平均灰度水平的估计值，它一般不反映什么具体纹理特征，但可以反映纹理的“光密度值”。

（2）方差(Variance)

$$\sigma^2 = \sum_{i=0}^{N-1} (k_i - \mu)^2 f(k_i) \tag{7-35}$$

方差则表明区域灰度的离散程度，它一般反映图像纹理的幅度。

（3）扭曲度(Skewness)

$$\mu_3 = \frac{1}{\sigma^3} \sum_{i=0}^{N-1} (k_i - \mu)^3 f(k_i) \tag{7-36}$$

扭曲度反映直方图的对称性，它表示偏离平均灰度的像素的百分比。

（4）峰度(Kurtosis)

$$\mu_4 = \frac{1}{4} \sum_{i=0}^{N-1} (k_i - \mu)^4 f(k_i) - 3 \tag{7-37}$$

峰度反映直方图是倾向于聚集在均值附近还是散布在尾端。式(7-37)减 3 的目的是为保证峰度的高斯分布为零。

（5）熵(Entropy)

$$H = -\sum_{i=0}^{N-1} f(k_i) \log_2 f(k_i) \tag{7-38}$$

由图像灰度直方图的不唯一性可知，图像纹理相差很大的两幅图像其直方图可能相同。因此，基于灰度直方图的矩分析法也不能完全反映这两幅图像的纹理差异，难以完整表达纹理的空间域特征信息。

7.4.2 灰度差分统计法

灰度差分统计法又称一阶统计法，它通过计算图像中一对像素间灰度差分直方图来反映图像的纹理特征。

令$\delta=(\Delta x,\Delta y)$为两个像素间的位移向量，$f_\delta(x,y)$是位移量为$\delta$的灰度差分：

$$f_\delta(x,y)=|f(x,y)-f(x+\Delta x,y+\Delta y)| \tag{7-39}$$

若p_δ为$f_\delta(x,y)$的灰度差分直方图，如果图像有m个灰度级，p_δ为m维向量，它的第i个分量是$f_\delta(x,y)$值为i的概率。粗纹理时，位移相差为δ的两像素通常有相近的灰度等级，因此，$f_\delta(x,y)$值较小，p_δ值集中在$i=0$附近；细纹理时，位移相差为δ的两像素的灰度有较大变化，$f_\delta(x,y)$值一般较大，p_δ值会趋于发散。该方法采用以下参数描述纹理图像的特征：

（1）对比度

$$CON=\sum_{i=0}^{m-1}i^2p_\delta(i) \tag{7-40}$$

（2）能量

$$ASM=\sum_{i=0}^{m-1}[p_\delta(i)]^2 \tag{7-41}$$

（3）熵

$$ENT=-\sum_{i=0}^{m-1}p_\delta(i)\log_2 p_\delta(i) \tag{7-42}$$

（4）均值

$$MEAN=\sum_{i=0}^{m-1}ip_\delta(i) \tag{7-43}$$

能量(ASM)是灰度差分均匀性的度量，当$p_\delta(i)$值较均匀时，ASM值较小，而当$p_\delta(i)$大小不均时，ASM值较大；熵反映差分直方图的一致性，对于均匀分布的直方图，熵值较大；均值较小，说明$p_\delta(i)$值分布在$i=0$附近，纹理较粗糙，反之，均值较大，说明$p_\delta(i)$值分布远离原点，纹理较细。

如果图像纹理有方向性，则$p_\delta(i)$值的分布会随着δ方向的变化而变化。可以通过比较不同方向上$p_\delta(i)$的统计量来分析纹理的方向性。例如，一幅图像在某一方向上灰度变化很小，则在该方向上得到的$f_\delta(x,y)$值较小，$p_\delta(i)$值多集中于$i=0$附近，它的均值较小，熵值也较小，ASM值较大。

可见，差分直方图分析方法不仅计算简单，而且能够反映纹理的空间组织情况，克服了基于灰度直方图的矩分析法不能表达纹理空间域特征的不足。

7.4.3 灰度共生矩阵法

灰度共生矩阵(Gray Level Co-occurrence Matrix)是由 Haralick 提出的一种用来分析图像纹理特征的重要方法，是常用的纹理统计分析方法之一，它能较精确地反映纹理粗糙程度和重复方向。灰度共生矩阵是建立在图像的二阶组合条件概率密度函数的基础上，即通过计算图像中特定方向和特定距离的两像素间从某一灰度过渡到另一灰度的概率，反映图像在方向、间隔、变化幅度及快慢的综合信息。

设$f(x,y)$为一幅$N\times N$的灰度图像，$d=(\mathrm{d}x,\mathrm{d}y)$是一个位移矢量，其中$\mathrm{d}x$是行方向上

的位移，dy 是列方向上的位移，L 为图像的最大灰度级数。灰度共生矩阵定义为从 $f(x,y)$ 的灰度为 i 的像素出发，统计与距离为 $\delta=(dx^2+dy^2)^{\frac{1}{2}}$，灰度为 j 的像素同时出现的概率 $P(i,j\mid d,\theta)$，如图 7-9 所示。数学表达式为

$$P(i,j\mid d,\theta)=\{(x,y)\mid f(x,y)=i,f(x+dx,y+dy)=j\} \tag{7-44}$$

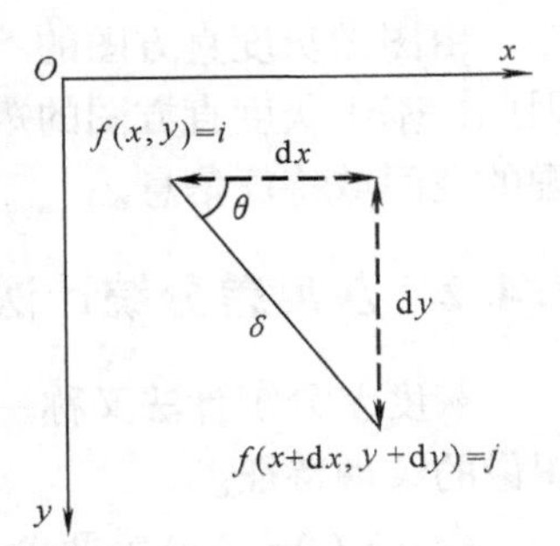

图 7-9 灰度共生矩阵的像素对

根据这个定义，灰度共生矩阵的第 i 行第 j 列元素表示图像上两个相距为 δ、方向为 θ、分别具有灰度级 i 和 j 的像素点对出现的次数。其中，(x,y) 是图像中的像素坐标，x、y 的取值范围为 $[0,N-1]$，i、j 的取值范围为 $[0,L-1]$。一般而言，θ 取 0°、45°、90°、135°。对于不同的 θ，矩阵元素的定义如下：

$$P(i,j\mid d,0°)=\{(x,y)\mid f(x,y)=i,f(x+dx,y+dy)=j,\ |dx|=d,dy=0\} \tag{7-45}$$

$$P(i,j\mid d,45°)=\{(x,y)\mid f(x,y)=i,f(x+dx,y+dy)=j,\ (dx=d,dy=-d)\text{ or }(dx=-d,dy=d)\} \tag{7-46}$$

$$P(i,j\mid d,90°)=\{(x,y)\mid f(x,y)=i,f(x+dx,y+dy)=j,dx=0,\ |dy|=d\} \tag{7-47}$$

$$P(i,j\mid d,135°)=\{(x,y)\mid f(x,y)=i,f(x+dx,y+dy)=j,\ (dx=d,dy=d)\text{ or }(dx=-d,dy=-d)\} \tag{7-48}$$

显然 $P(i,j\mid d,\theta)$ 为一个对称矩阵，其维数由图像中的灰度级数决定。若图像的最大灰度级数为 L，则灰度共生矩阵为 $L\times L$ 矩阵。这个矩阵是距离和方向的函数，在规定的计算窗口或图像区域内统计符合条件的像素对数。

例 7-2 对于图 7-10a 所示的 6×6、灰度级为 4 的图像，其相应的灰度共生矩阵如图 7-10b 所示。

0	1	2	3	0	1
1	2	3	0	1	2
2	3	0	1	2	3
3	0	1	2	3	0
0	1	2	3	0	1
1	2	3	0	1	2

a) 图像

	0	1	2	3
0	P(0,0)	P(0,1)	P(0,2)	P(0,3)
1	P(1,0)	P(1,1)	P(1,2)	P(1,3)
2	P(2,0)	P(2,1)	P(2,2)	P(2,3)
3	P(3,0)	P(3,1)	P(3,2)	P(3,3)

b) 灰度共生矩阵(4×4)

图 7-10 图像与其共生矩阵

由前面的公式可以计算出 $d=1$ 时，0°、45°、90°、135°的灰度共生矩阵分别为

$$\boldsymbol{P}(0°)=\begin{pmatrix}0&8&0&7\\8&0&8&0\\0&8&0&7\\7&0&7&0\end{pmatrix}\qquad \boldsymbol{P}(45°)=\begin{pmatrix}12&0&0&0\\0&14&0&0\\0&0&12&0\\0&0&0&12\end{pmatrix}$$

$$\boldsymbol{P}(90°)=\begin{pmatrix}0&8&0&7\\8&0&8&0\\0&8&0&7\\7&0&7&0\end{pmatrix}\qquad \boldsymbol{P}(135°)=\begin{pmatrix}0&0&13&0\\0&0&0&12\\13&0&0&0\\0&12&0&0\end{pmatrix}$$

通过上述计算结果可以看出，图像在0°、90°、135°方向上的灰度共生矩阵的对角线元素全为0，表明图像在该方向上灰度无重复、变化快、纹理细；而图像在45°方向上灰度共生矩阵的对角线元素值较大，表明图像在该方向上灰度变化慢、纹理较粗。

灰度共生矩阵反映了图像灰度分布关于方向、邻域和变化幅度的综合信息，但它并不能直接提供区别纹理的特性。因此，有必要进一步从灰度共生矩阵中提取描述图像纹理的特征，用来定量描述纹理特性。设在取定 d、θ 参数下将灰度共生矩阵 $\boldsymbol{P}(i,j \mid d,\theta)$ 归一化记为 $\hat{\boldsymbol{P}}(i,j \mid d,\theta)$，则最常用的三种特征量计算公式如下：

（1）对比度

$$CON = \sum_{i} \sum_{j} (i-j)^2 \boldsymbol{P}(i,j \mid d,\theta) \tag{7-49}$$

图像的对比度可以理解为图像的清晰度，即纹理清晰程度。在图像中，纹理的沟纹越深，其对比度越大，图像的视觉效果越清晰。

（2）能量

$$ASM = \sum_{i} \sum_{j} \boldsymbol{P}(i,j \mid d,\theta)^2 \tag{7-50}$$

能量是图像灰度分布均匀性的度量。当灰度共生矩阵的元素分布较集中于主对角线时，说明从局部区域观察图像的灰度分布是较均匀的。从图像的整体来观察，纹理较粗，*ASM* 较大，即粗纹理含有较多的能量；反之，细纹理则 *ASM* 较小，含有较少的能量。

（3）熵

$$ENT = -\sum_{i} \sum_{j} \boldsymbol{P}(i,j \mid d,\theta) \log_2 \boldsymbol{P}(i,j \mid d,\theta) \tag{7-51}$$

熵是图像所具有信息量的度量，纹理信息也属于图像的信息。若图像没有任何纹理，则灰度共生矩阵几乎为零矩阵，熵值接近为零；若图像有较多的细小纹理，则灰度共生矩阵中的数值近似相等，则图像的熵值最大；若图像中分布着较少的纹理，则该图像的熵值较小。

例 7-3 图 7-8 所示图像为两幅具有不同纹理的图像，运用式(7-49)～式(7-51)计算这两幅图像的纹理特征量，计算结果如表 7-2 所示。由计算结果可以看到，通过灰度共生矩阵计算出图像的纹理特征量，来定量地描述不同图像的纹理特性。

表 7-2 图 7-8 所示图像的三个纹理特征量

纹理特征量	图 7-8a	图 7-8b
对比度	914. 58	2535. 9
能量	0. 018237	0. 001624
熵	7. 2228	9. 9931

7.4.4 纹理的结构分析

纹理的结构分析方法认为纹理是由结构基元按某种规则重复分布所构成的模式。为了分析纹理结构，必须提取结构基元，并描述其特性和分布规则。

纹理基元可以是一个像素，也可以是若干灰度上比较一致的像素点集合。纹理的表达可以是多层次的，如图 7-11a 所示，它可以从像素或小块纹理一层一层地向上拼合。当然，基元的排列可有不同规则，如图 7-11b 所示，第一级纹理排列为 YXY，第二级排列为 XYX 等，其中 X、Y 代表基元或子纹理。

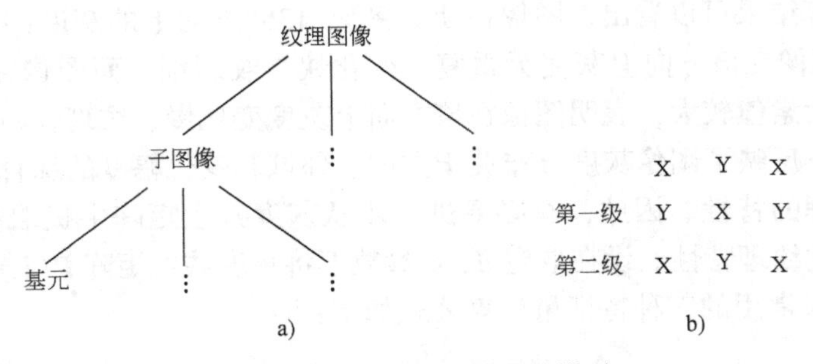

图 7-11 纹理结构的描述及排列

下面给出一个例子。如果纹理基元 a 表示一个圆，如图 7-12a 所示，$aaa\cdots$表示“向右排布的圆”的含义，假设有形如 $S\rightarrow aS$ 的规则，这种形式的规则表示字符 S 可以被重新写为 aS(例如,三次应用此规则可生成字串 $aaaS$)，则规则 $S\rightarrow aS$ 可以生成如图 7-12b 所示的纹理图像。

假设下一步给这个方案增加一些新的规则：$S\rightarrow bA$，$A\rightarrow cA$，$A\rightarrow c$，$A\rightarrow bS$，$S\rightarrow a$，这里 b 表示“向下排布的圆”，c 表示“向左排布的圆”。现在可以生成一个形如 $aaabccbaa$ 的串，这个串对应一个圆的 3×3 阶矩阵。用相同的方式可以很容易地生成更大的纹理图像模式，如图 7-12c所示。

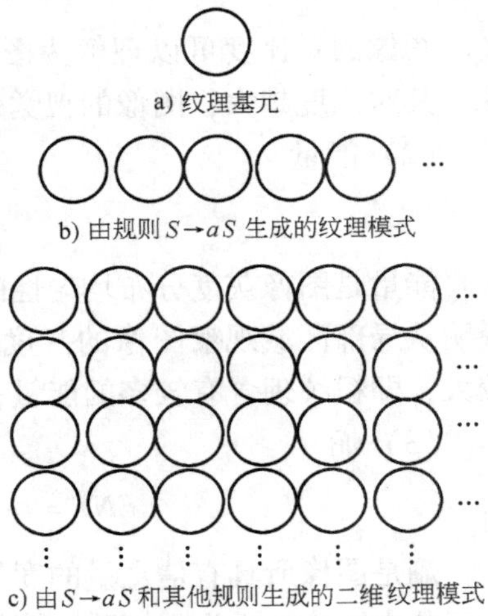

a) 纹理基元

b) 由规则 $S\rightarrow aS$ 生成的纹理模式

c) 由 $S\rightarrow aS$ 和其他规则生成的二维纹理模式

图 7-12 纹理结构分析图例

7.5 形态分析

数学形态学(Mathematics Morphology)形成于 1964 年，法国巴黎矿业学院马瑟荣(G. Matheron)和他的学生赛拉(J. Serra)在从事铁矿核的定量岩石学分析中提出了该理论。数学形态学是在集合代数的基础上通过物体和结构元素相互作用的某些运算来得到物体更本质的形态(Shape)的，是用集合论方法定量描述目标几何结构的学科，其基本思想和方法对图像处理的理论和技术产生了重大的影响，已成为数字图像处理的一个主要研究领域，在文字识别、显微图像分析、医学图像、工业检测、机器人视觉方面都有很成功的应用。

用数学形态学处理二值图像时，要设计一种搜集图像信息的“探针”，称为结构元素。结构元素通常是一些小的简单集合，如圆形、正方形等的集合。如图 7-13 所示，观察者在图像中不断地移动结构元素，看是否能将这个结构元素很好地填放在图像的内部，同时验证填放结构元素的方法是否有效，并对图像内适合放入结构元素的位置做标记，从而得到关于图像结构的信息。这些信息与结构元素的尺寸和形状都有关。构造不同的结构元素(如方形或圆形结构元素)，便可完成不同的图像分析，得到不同的分析结果。

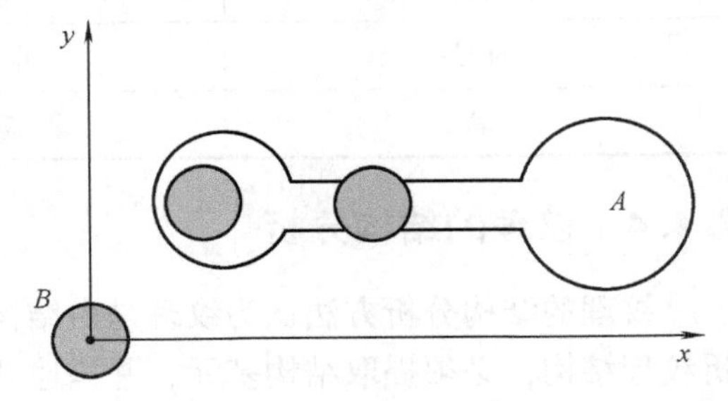

图 7-13 形态学基本运算

用形态学的方法处理和分析图像即是对物体或目标的形态分析，本节主要介绍二值形态分析方法中最基本的几种运算，即腐蚀、膨胀以及由它们组合得到的开闭运算和边缘检测算法。

1. 腐蚀

将一个集合 A 平移距离 b 可以表示为 $A+b$，其定义为

$$A+b=\{a+b \mid a\in A\} \tag{7-52}$$

图7-14说明了集合平移的过程，从几何上看，$A+b$ 表示 A 沿向量 b 平移了一段距离。探测的目的，就是要标记出图像内部那些可以将结构元素填入的(平移)位置。

集合 A 被 B 腐蚀，表示为 $A\Theta B$，其定义为

$$A\Theta B=\{a: B+a\subset A\} \tag{7-53}$$

其中 A 称为输入图像，B 称为结构元素。

$A\Theta B$ 由将 B 平移 b 仍包含在 A 内的所有点 b 组成。如果将 B 看作模板，那么，$A\Theta B$ 则由在将模板平移的过程中，所有可以填入 A 内部的模板的原点组成，如图7-15所示。

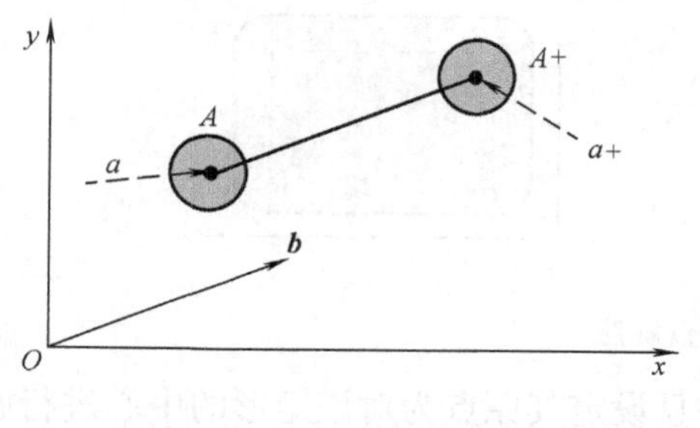

图7-14　二值图像的平移

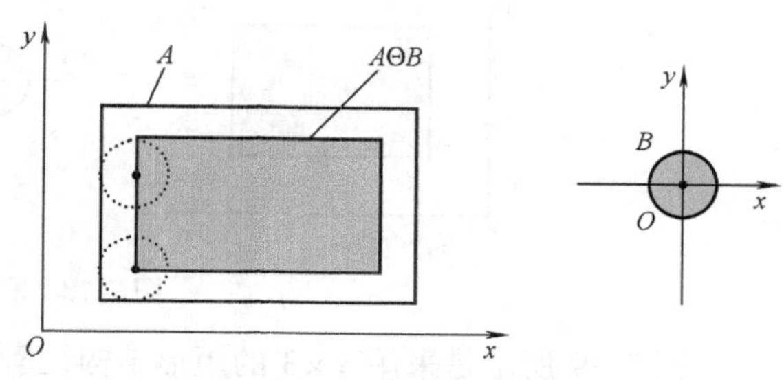

图7-15　腐蚀类似于收缩

从图中可以看出腐蚀是表示用某种“探针”(即结构元素)对一个图像进行探测，以便找出图像内部可以放下该基元的区域。它是一种消除边界点，使边界向内部收缩的过程。可以用来消除小且无意义的物体。一般而言，如果原点在结构元素内部，则腐蚀后的图像为输入图像的子集，如果原点不在结构元素的内部，则腐蚀后的图像可能不在输入图像的内部，但输出形状不变，如图7-16所示。

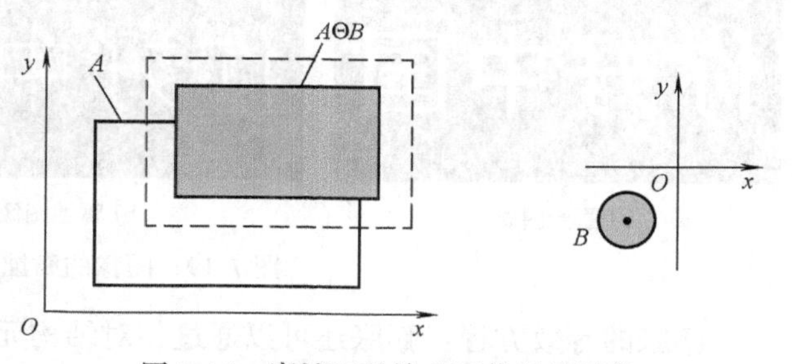

图7-16　腐蚀不是输入图像的子图像

例7-4　用0代表背景，1代表目标，设数字图像 S 和结构元素 E 为

$$S=\begin{pmatrix}0&1&0&1&0\\0&1&1&0&1\\0_\Delta&1&1&1&0\end{pmatrix}\qquad E=\begin{pmatrix}1&0\\1&1_\Delta\end{pmatrix}$$

三角“Δ”代表坐标原点，则用 E 对 S 腐蚀的结果为

$$S\Theta E=\begin{pmatrix}0&0&0&0&0\\0&0&1&0&0\\0_\Delta&0&1&1&0\end{pmatrix}$$

2. 膨胀

设有一幅图像 A，将 A 中所有元素相对原点转180°，即令 (x_0,y_0) 变成 $(-x_0,-y_0)$，所

得到的新集合称为 A 的对称集，记为 $-A$，如图 7-17 所示。

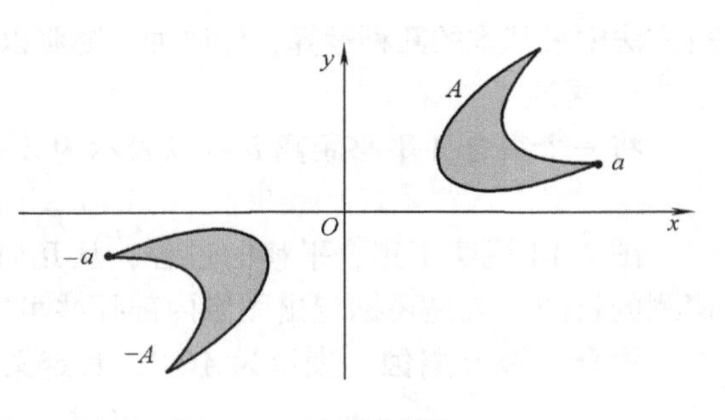

图 7-17 相对原点转 180°

以 A^{C} 表示集合 A 的补集，$-B$ 表示 B 关于坐标原点的反射（对称集）。那么，集合 A 被 B 膨胀，表示为 $A \oplus B$，其定义为

$$A \oplus B = [A^{C} \Theta (-B)]^{C} \qquad (7\text{-}54)$$

为了利用结构元素 B 膨胀集合 A，可将 B 相对原点旋转 180°，得到 $-B$，再利用 $-B$ 对 A^{C} 进行腐蚀，腐蚀结果的补集就是所求的结果，如图 7-18 所示。

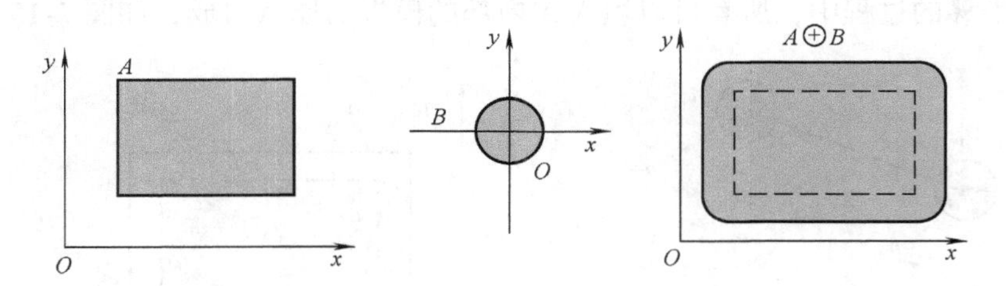

图 7-18 利用圆盘膨胀

图 7-19 所示是采用 3×3 的矩形结构元素，并且设定其原点为对该矩形的中心进行腐蚀运算和膨胀运算的结果。

a) 原始图像　b) 腐蚀图像　c) 膨胀图像

图 7-19 图像的腐蚀和膨胀效果

膨胀的等效方程：膨胀还可以通过相对结构元素的所有点平移输入图像，然后计算并集得到，可用如下表达式描述：

$$A \oplus B = \cup \{A + b \mid b \in B\} \qquad (7\text{-}55)$$

式(7-55)也称为明夫斯基和形式。图 7-20 是用式(7-55)膨胀的示意图，图 7-20a 为输入图像，图 7-20b 为结构元素，将输入图像相对于结构元素内的三个点进行平移并将三个平移图像叠加，最后的输出图像如图 7-20c 所示，图 7-20c 中三种不同外框标出的点对应了输入图像的三次平移。

3. 开运算

假定 A 仍为输入图像，B 为结构元素，利用 B 对 A 作开运算，用 $A \circ B$ 表示，其定义为

$$A \circ B = (A \Theta B) \oplus B \qquad (7\text{-}56)$$

所以，开运算实际上是 A 先被 B 腐蚀，然后再被 B 膨胀的结果。开运算通常用来消除小对象物、在纤细点处分离物体、平滑较大物体的边界的同时并不明显改变其体积。图 7-21 是用圆盘对矩形作开运算的例子。

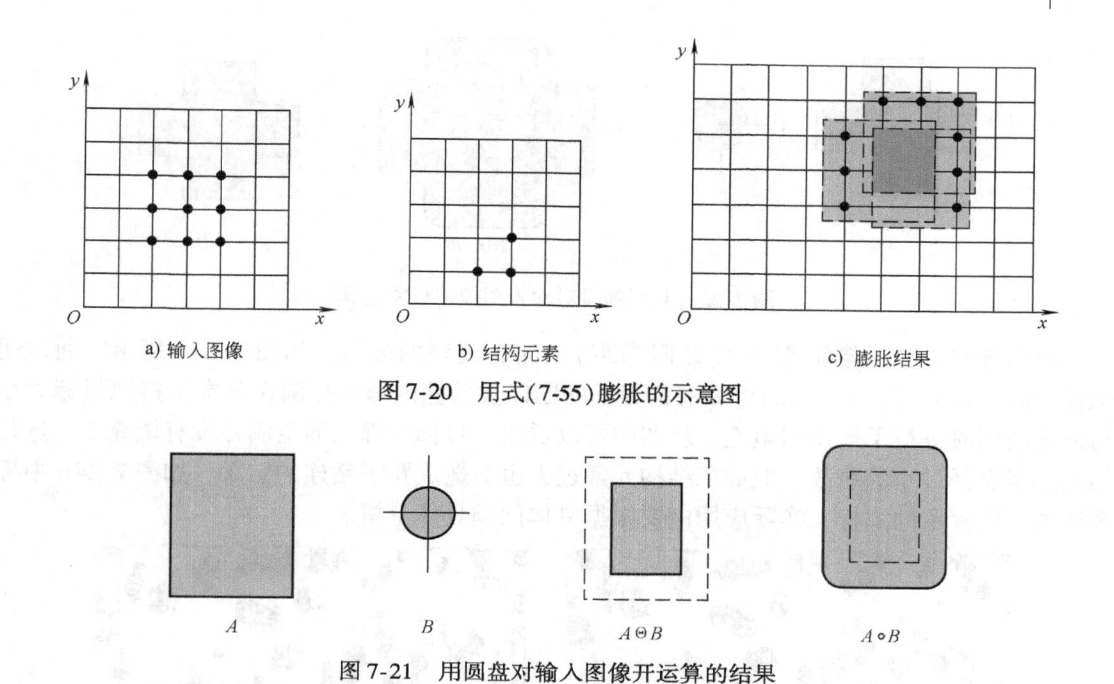

a) 输入图像　b) 结构元素　c) 膨胀结果

图7-20　用式(7-55)膨胀的示意图

图7-21　用圆盘对输入图像开运算的结果

从图7-21我们看到，开运算具有两个显著的作用：①利用圆盘可以磨光矩形内边缘，即可以使图像的尖角转化为背景；②用$A-A\circ B$可以得到图像的尖角，因此圆盘的圆化作用可以起到低通滤波的作用。

开运算在粘连目标的分离及背景噪声(椒盐噪声)的去除方面有较好的效果，如图7-22b所示，通过开运算之后，原图(图7-22a)中原有的目标粘连情况被分离开，同时图像内一些小的椒盐噪声被滤出了，而目标原有大小和形状基本保持不变。

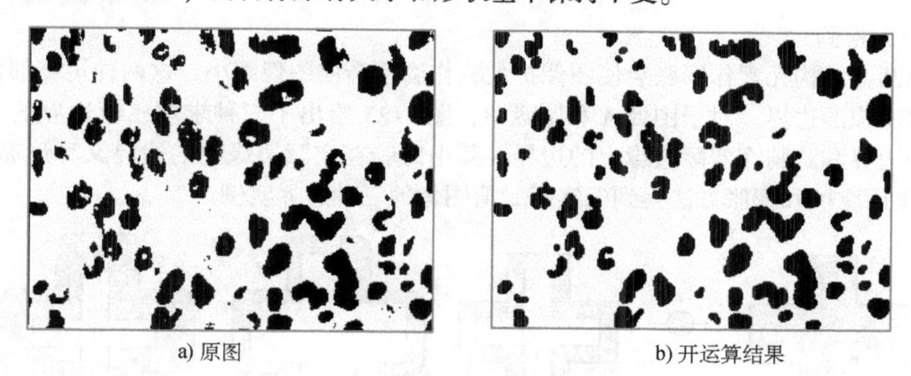

a) 原图　b) 开运算结果

图7-22　开运算滤除背景噪声

4. 闭运算

闭运算是开运算的对偶运算，定义为先作膨胀然后再作腐蚀。利用B对A作闭运算表示为$A\cdot B$，其定义为

$$A\cdot B=[A\oplus(-B)]\Theta(-B) \tag{7-57}$$

即用$-B$对A进行膨胀，将其结果再用$-B$进行腐蚀。闭运算通常用来填充目标内细小孔洞、连接断开的邻近目标、平滑其边界的同时并不明显改变其面积。图7-23描述了闭运算的过程及结果。显然，用闭运算对图形的外部做滤波，仅仅磨光了凸向图像内部的边角。

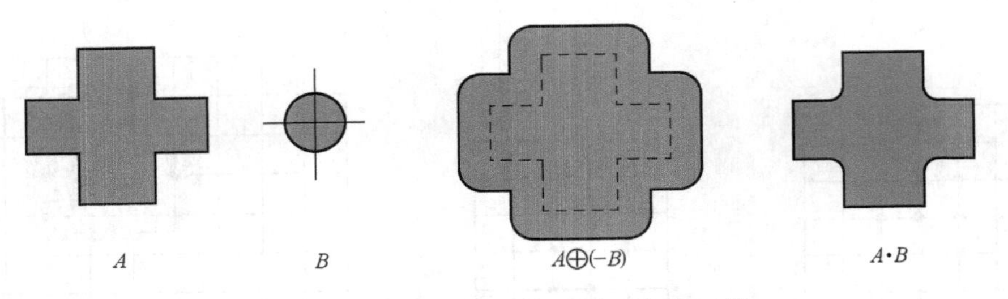

图 7-23 利用圆盘对输入图像进行闭运算

闭运算在去除图像前景噪声(砂眼噪声)方面有较好的应用，如图 7-24b 所示。通过闭运算之后，将原图(图 7-24a)中原有的目标间断以及目标内部的孔洞在基本保持原目标大小与形态的同时进行了连接与填充。从图中可以看出，目标内部大的空洞并没有填充上，这是结构元素选择过小的缘故。但如果结构元素过大也会造成粒子粘连的结果，如图 7-24b 中椭圆区域中所标示的那样，实际应用中要根据具体问题具体分析。

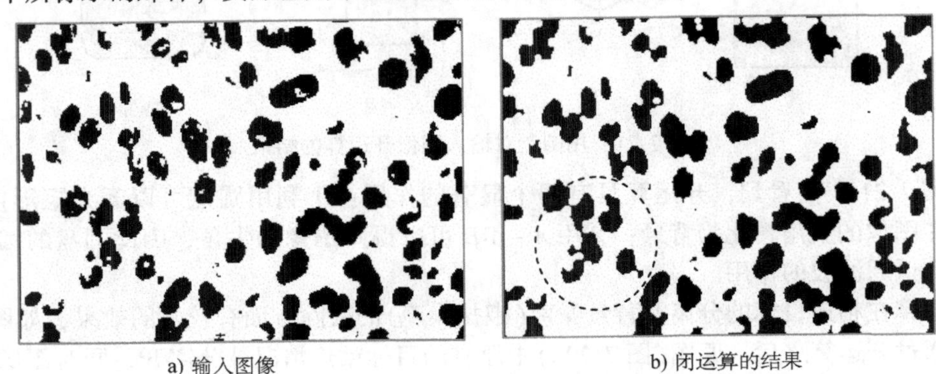

a) 输入图像　　b) 闭运算的结果

图 7-24 利用闭运算去除前景噪声

5. 边界检测

利用圆盘结构元素作膨胀会使图像扩大，作腐蚀会使图像缩小，这两种运算都可以用来检测二值图像的边界。对于图像 A 和圆盘 B，图 7-25 给出了三种求取二值边界的方法：内边界、外边界和跨骑在实际边缘上的边界。其中跨骑在实际边缘上的边界又称形态学梯度。图 7-26 是用腐蚀和膨胀方法得到的实际二值图像的三种边界实例。

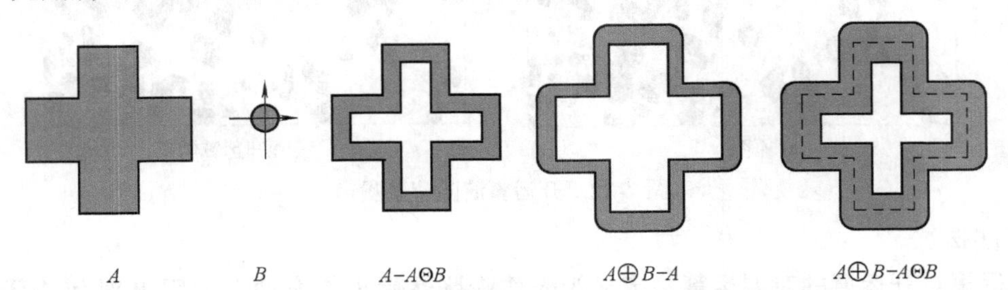

图 7-25 用腐蚀和膨胀运算得出的三种图像边界

以上腐蚀、膨胀、开闭运算以及边界检测等是二值形态分析方法中的基本运算，其他方法如细化、骨架算法等也都是比较常用的二值形态分析处理方法，而且这些算法还可以推广到一般的灰度图像处理上。限于篇幅，本书不做详细讨论，感兴趣的读者可以参阅相关文献。

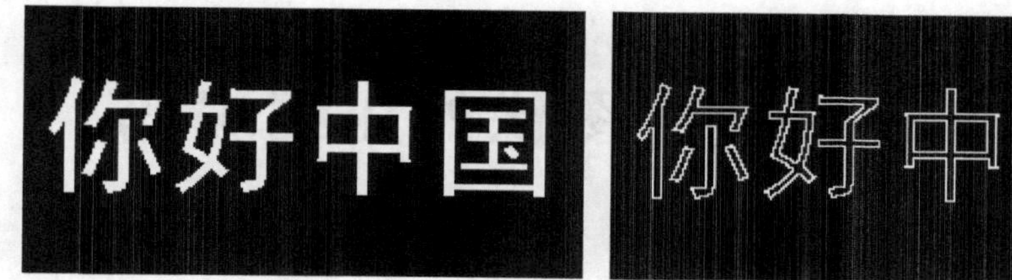

a) 原二值图

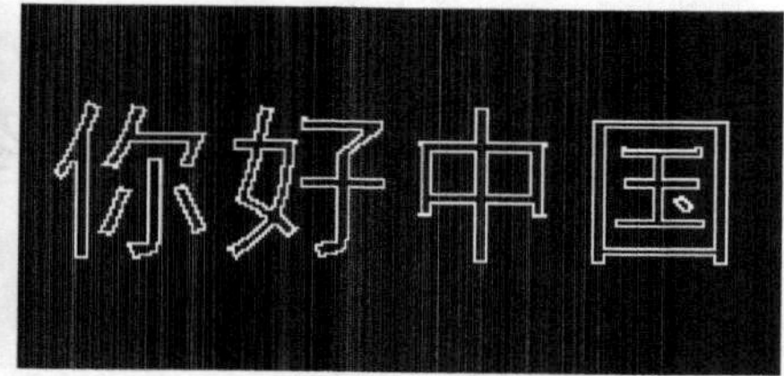

b) 内边界

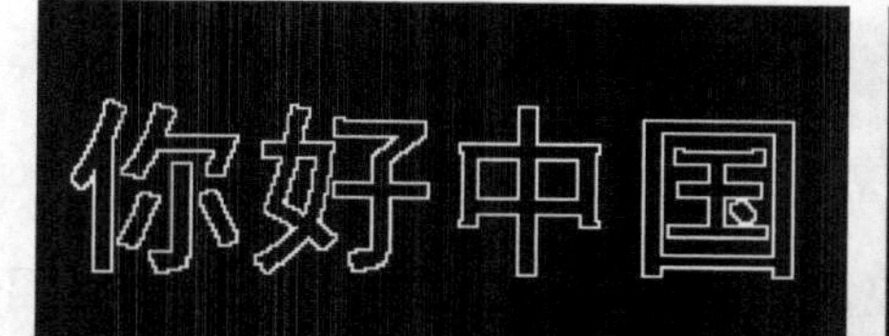

c) 外边界

d) 形态学梯度

图 7-26　三种形态边界实例

习　　题

7-1　图像都有哪些特征？简要说明这些特征，以及它们在图像分析中有何用途？

7-2　已知一幅 4×4，灰度级为 4 的数字图像，如图 7-27 所示，取 $d=1$，分别求 $\theta=0°$、45°、90°、135°时的灰度共生矩阵 $\boldsymbol{P}(i,j\mid d,\theta)$，分析它在不同方向上的纹理分布情况，并计算该图像的三个纹理特征量。

0	0	1	1
0	0	1	1
2	2	2	2
2	2	3	3

图 7-27　题 7-2 图

7-3　对图 7-28 所示的闭合边界，写出以 S 为起点的链码和差分链码。

7-4　什么是傅里叶描述？它有何特点？试编写计算图像区域傅里叶描述的程序。

7-5　计算图 7-29 所示图像中目标(阴影部分)的面积、质心、周长、圆形度、矩形度以及长宽比。

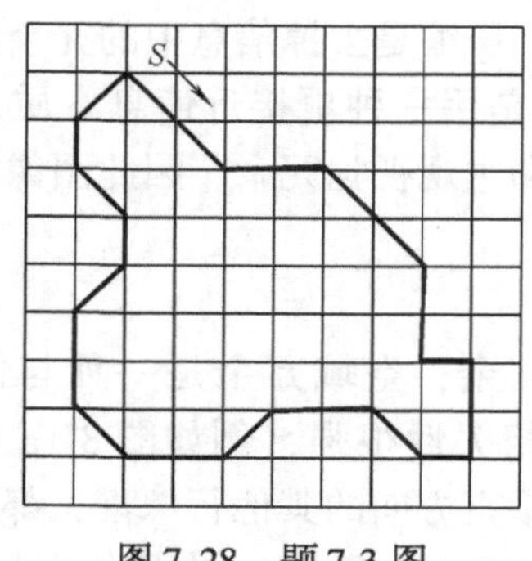

图 7-28　题 7-3 图

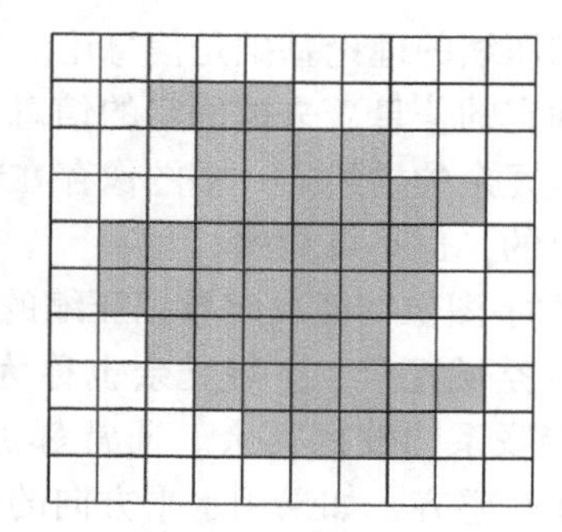

图 7-29　题 7-5 图

7-6　分别用方形和圆形两种结构元素实现二值图像的腐蚀运算，改变结构元素的大小，观察并分析腐蚀结果。

7-7　编程求二值图像的形态边界。

第8章 数字图像的压缩编码

8.1 概述

8.1.1 图像压缩编码的必要性

数字图像在人们的生活中随处可见，并已成为生活中不可缺少的一部分。但图像数字化之后，其数据量非常庞大，给图像数据的传输、存储带来了困难。例如，一幅 640×480 分辨率的彩色图像(24bit/像素)，其数据量为 900KB，如果以 30 帧/s 的速度播放，则 1s 播放的数据量为 640×480×24×30bit＝210.9Mbit＝26.4MB，需要 210.9Mbit/s 的通信回路；如果存放在 650MB 的光盘中，在不考虑音频信号的情况下，每张光盘也只能存储 24s 的视频。对于利用电话线传送黑白二值图像的传真，如果以 200dpi(点/in,1in＝0.0254m)的分辨率传输，一张 A4 稿纸内容的数据量为(200×210/25.4)×(200×297/25.4)bit＝3866948bit，按目前 14.4kbit/s 的电话线传输速率，需要传送的时间是 263s(约 4.4min)。可见，如不进行编码压缩处理，图像传输图像存储的困难和成本之高是可想而知的。

总之，大数据量的图像信息会给存储器的存储容量、通信干线信道的带宽以及计算机处理平台增加极大的压力。单纯地通过增加存储器容量、提高信道带宽以及计算机硬件配置等方法来解决这个问题显然是不现实的，必须要考虑压缩数据以减少信息容量。因此，图像压缩在图像数据传输和存储的过程中是必不可少的。

8.1.2 图像压缩编码的可能性

图像压缩的理论基础是信息论。从信息论角度来看，压缩是去掉信息中的冗余成分，即保留不确定的信息，去掉确定的信息(可推知的)，也就是用一种更接近信息本质的描述来代替原本冗余的描述。一幅图像存在着大量的数据冗余和主观视觉冗余，因此图像数据压缩既是必要的，也是可能的。

1. 数字图像特征决定数据压缩的可能性

(1) 空域冗余　空域冗余也称为空间冗余或几何冗余，空域冗余是一种与像素间相关性直接联系的数据冗余。通常邻近像素灰度分布的相关性很强，例如图 8-1a 中条状物体排列比较整齐，如果用水平方向的任何一行像素预测垂直方向的其他行像素，都能够准确预测出其他行数据，其他行数据完全能够用一行数据复制得到；图 8-1b 中虽然也是相同的 4 个条状物体，但是随意摆放，因此不能用图 8-1b 中某一行像素去预测其他行像素。我们称图 8-1a 中数据存在较大冗余，能够给图像压缩提供较大的压缩空间。

(2) 时域冗余　时域冗余又称时间冗余，它是针对视频图像而言的。视频序列每秒连续播放 25～30 帧图像，相邻帧之间的时间间隔很小(例如，25 帧/s 的电视信号，其帧间时间间隔只有 0.04s)。同时，实际生活中的运动物体具有运动一致性，使得视频序列图像之间是有很强的相关性。

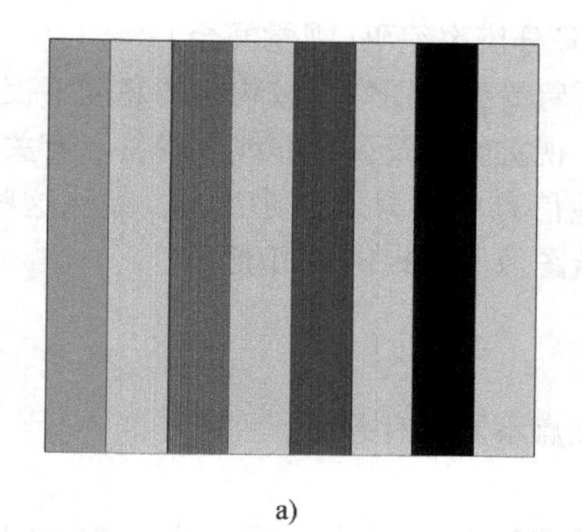

a)

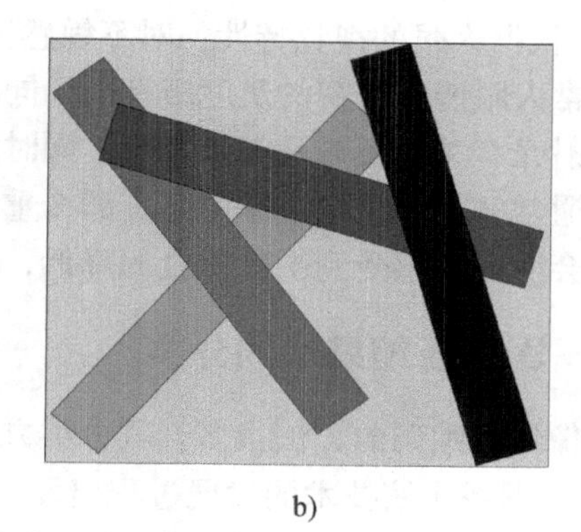

b)

图 8-1　图像的空域冗余

图 8-2a 是一组视频序列的第 1 帧，图 8-2b 是第 2 帧，人眼很难发现两帧图像的差别，如果视频再连续播放，人眼则更难看出两帧图片之间的差别。两帧图像越接近，说明图像序列携带的动态信息越少，换言之，第 2 帧相对第 1 帧而言，存在大量的时域冗余。对于视频压缩而言，时域冗余是视频图像压缩中可利用的最主要的冗余。

a)

b)

图 8-2　图像的时域冗余

（3）频域冗余　频域冗余是针对目前普遍使用的变换编码方法而言的。绝大部分变换编码将空域的图像变换到频域中，使得大量的信息能用较少的数据来表示，从而达到压缩的目的。从空域转化到频域，去除了图像像素在空域的相关性，然而我们发现，图像在频域的表示(频谱系数)，同样存在冗余。大多数图像的频谱具有低通特性，低频部分的系数能够提供绝大部分的图像信息，保留低频部分的系数，而丢弃高频部分的系数，可保持大部分图像能量，在恢复图像时带来的质量劣化也并不明显。因此，去除频域的冗余，能够进一步提升压缩的空间，可提高编码效率。

（4）信息熵冗余　图像中像素灰度分布的不均匀性，造成了图像信息熵冗余，即用同样长度比特表示每一个灰度，则必然存在冗余。若将出现概率大的灰度级用长度较短的码表示，将出现概率小的灰度级用长度较长的码表示，有可能使编码的平均长度下降。

2. 应用环境允许图像有一定程度失真

1）接收端图像设备分辨率较低，则可降低图像分辨率。

2）用户所关心的图像区域有限，可对其余部分图像采用空间和灰度级上的粗化。

3）根据人眼的视觉特性，对不敏感区域进行降分辨率编码(视觉冗余)。

通常人眼能够分辨的灰度级有限，同时，它所感受到的图像区域物体的亮度不仅仅与物体的反射光有关，还与马赫带效应、同时对比度、视觉暂留及视觉非线性等特点有关，有些信息在通常的视觉感知过程中并不那么重要，这些信息可认为是视觉冗余，去除这些冗余，人眼不会明显地感受到图像质量的降低，因此也给图像压缩提供了可能。

8.1.3 图像压缩编码的分类

图像压缩编码的方法很多，其分类方法视出发点不同而有差异。

1. 从图像压缩技术的发展过程出发

根据图像压缩技术的发展过程可将图像压缩编码分为两代：第一代是指 20 世纪 80 年代以前，图像压缩编码主要是根据传统的信源编码方法，研究的内容是有关信息熵、编码方法及数据压缩比；第二代是指 20 世纪 80 年代以后，它突破了信源编码理论，结合分形、模型基、神经网络、小波变换等数学工具，充分利用视觉系统和图像信源的各种特性。

2. 从解码结果对原图像的保真程度出发

根据解码结果对原图像的保真程度，可将图像压缩编码分为两大类：

无损压缩(冗余度压缩、可逆压缩)——是一种在解码时可以精确地恢复原图像，没有任何损失的编码方法，但压缩比不大，通常只能获得 1 ~5 倍的压缩率。

有损压缩(熵压缩、不可逆压缩)——解码时只能近似原图像，不能无失真地恢复原图像，压缩比大，但有信息损失。

这里的失真是指编码输入图像与解码输出图像之间的随机误差，压缩比是指原图像与压缩后图像的数据量之比。

3. 从具体编码技术出发

根据具体编码技术不同，可分为预测编码、变换编码、统计编码、轮廓编码、模型编码等。

8.1.4 压缩编码系统评价

1. 图像压缩编码压缩名词术语

(1) 图像熵　设数字图像像素灰度级集合为$\{d_1, d_2, \cdots, d_m\}$，其对应的概率分别为$p(d_1)$，$p(d_2)$，…，$p(d_m)$。按信息论中信源信息熵的定义，图像的熵定义为

$$H = -\sum_{i=1}^{m} p(d_i)\log_2 p(d_i) \tag{8-1}$$

单位为 bit/灰度级。图像的熵表示像素各个灰度级位数的统计平均值，它给出了对此输入灰度级集合进行编码时所需要的平均位数的下限。

(2) 平均码字长度　设β_i为数字图像中灰度级d_i对应的码字长度(二进制代码的位数)。其相应出现的概率为$p(d_i)$，则该数字图像赋予的平均码字长度为

$$R = \sum_{i=1}^{m} \beta_i p(d_i) \tag{8-2}$$

(3) 编码效率　编码效率一般用下列简单公式表示：

$$\eta = \frac{H}{R} \times 100\% \tag{8-3}$$

式中，H 为信息熵，R 为平均码字长度。如果 R 接近 H，则编码效果好，如果 R 远大于 H，则编码效果差。

（4）压缩比　压缩比是衡量数据压缩程度的指标之一。压缩比是指编码前后平均码长之比，即

$$r = \frac{n}{R} \tag{8-4}$$

式中，n 为编码前每个灰度级所用的平均码长，通常为用自然二进制码表示时的比特数，如果灰度级是256时，在计算机存储中用8bit，则8bit的自然二进制码表示就是3。

2. 主客观评价系统

（1）基于压缩编码参数的基本评价　根据信息论中的信源编码理论，可以证明在 $R \geqslant H$ 条件下，总可以设计出某种无失真编码方法。当然，若编码结果使 R 远大于 H，则表明这种编码方法效率很低，占用比特数太多。例如对图像样本量化值直接采用脉冲编码调制(PCM)编码方法，其结果是平均码字长度 R 远比图像熵 H 大。最好的编码结果应使 R 等于或很接近于 H，这样的编码方法，称为最佳编码，它既不丢失信息，又占用很少的比特数，比如后面将要介绍的霍夫曼编码。若要求编码结果 $R < H$，则必然会丢失信息而引起图像失真，这种编码方法就是在允许有某种失真条件下的所谓失真编码。

一般来讲，压缩比大，则说明被压缩掉的数据量大。一个编码系统要研究的问题是设法减小编码平均长度 R，使编码效率 η 尽量趋于1，而冗余度尽量趋于0。举例来说，一个有6个符号的信源 X，其霍夫曼编码为

符号：	u_1	u_2	u_3	u_4	u_5	u_6
概率：	0.25	0.25	0.20	0.15	0.10	0.05
码字：	01	10	11	000	0010	0011

根据以上数据，可计算信源的熵、平均码长、编码效率及冗余度。

熵：
$$\begin{aligned} H(X) &= -\sum_{k=1}^{6} p_k \log_2 p_k \\ &= -0.25\log_2 0.25 - 0.25\log_2 0.25 - 0.20\log_2 0.20 - 0.15\log_2 0.15 - \\ &\quad 0.10\log_2 0.10 - 0.05\log_2 0.05 \\ &= 2.42 \end{aligned}$$

平均码长：
$$\begin{aligned} R(X) &= \sum_{k=1}^{6} \beta_k p_k \\ &= 2 \times 0.25 + 2 \times 0.25 + 2 \times 0.20 + 3 \times 0.15 + 4 \times 0.10 + 4 \times 0.05 \\ &= 2.45 \end{aligned}$$

编码效率：$\eta = \dfrac{H(X)}{R(X)} = \dfrac{2.42}{2.45} \times 100\% = 98.8\%$

冗余度：$r = 1 - \eta = 1 - 98.8\% = 1.2\%$

可见，对于上述信源 X 的霍夫曼编码，其编码效率已达98.8%，只有1.2%的冗余度。

（2）基于保真度准则的评价　为了增加压缩比，在图像压缩过程中，有时会放弃一些细节信息或不太重要的内容，导致信息的损失，因此在图像编码系统中，解码图像与原始图

像可能会不完全相同。在这种情况下，需要对信息损失进行测度，以描述解码图像相对于原始图像的偏离程度，这种测度称为保真度(逼真度)准则。保真度准则分为客观保真度准则和主观保真度准则。

1）客观保真度准则。客观保真度准则就是定义一个数学公式，然后对评价的图像进行运算，得到一个唯一的数字量作为评价编码方法或系统质量优劣的结果。常用的客观保真度准则有输入图像与输出图像的方均根误差、输入图像与输出图像的方均根信噪比和峰值信噪比三种。

方均根误差的定义：令$f(x,y)$代表输入图像，$\hat{f}(x,y)$代表对$f(x,y)$先压缩又解压缩后得到的图像，对于任意的x和y，$f(x,y)$和$\hat{f}(x,y)$的误差定义为

$$e(x,y)=\hat{f}(x,y)-f(x,y) \tag{8-5}$$

若两幅图像大小均为$M\times N$，则它们之间的总误差为

$$\sum_{x=0}^{M-1}\sum_{y=0}^{N-1}[\hat{f}(x,y)-f(x,y)] \tag{8-6}$$

这样$f(x,y)$和$\hat{f}(x,y)$之间的方均根误差e_{rms}为

$$e_{\mathrm{rms}}=\left\{\frac{1}{MN}\sum_{x=0}^{M-1}\sum_{y=0}^{N-1}[\hat{f}(x,y)-f(x,y)]^2\right\}^{1/2} \tag{8-7}$$

方均根信噪比的定义：如果将$\hat{f}(x,y)$看作原始图像$f(x,y)$和噪声图像$e(x,y)$之和，那么输出图像的方均信噪比SNR_{ms}为

$$SNR_{\mathrm{ms}}=\sum_{x=0}^{M-1}\sum_{y=0}^{N-1}\hat{f}(x,y)^2\Bigg/\sum_{x=0}^{M-1}\sum_{y=0}^{N-1}[\hat{f}(x,y)-f(x,y)]^2 \tag{8-8}$$

如果对上式求平方根，就得到方均根信噪比SNR_{rms}，实际使用时常将SNR归一化并用分贝(dB)表示。

峰值信噪比的定义：如果令$f_{\max}=\max\{f(x,y),x=0,1,\cdots,M-1,y=0,1,\cdots,N-1\}$，即$f_{\max}$为图像灰度的最大值，则峰值信噪比$PSNR$定义为

$$PSNR=10\times\lg\frac{f_{\max}^2}{\frac{1}{MN}\sum_{x=0}^{M-1}\sum_{y=0}^{N-1}[\hat{f}(x,y)-f(x,y)]^2} \tag{8-9}$$

2）主观保真度准则。尽管客观保真度准则为评估信息损失提供了一种简单方便的方法，但解压后的大部分图像最终是给人看的。因此，图像质量的好坏，既与图像本身的客观质量有关，也与人的视觉系统特性有关。有时候，客观保真度完全一样的两幅图像可能会有完全不同的视觉效果，所以又规定了主观保真度准则。主观保真度准则就是把图像显示给观察者，让观察者做出评价，有关图像质量的主观评价内容在第2章2.4.2小节中已经讲述过。

8.2 预测编码

8.2.1 预测编码的基本原理

预测编码就是根据数据在时间和空间上的相关性，利用已有样本对新样本进行预测，将

样本的实际值与其预测值相减得到误差值，再对误差值进行编码。通常误差值比样本值小得多，因而可以达到数据压缩的效果。

众所周知，在一幅图像中的某个区域，其相邻像素之间灰度值的差别可能很小。如果我们按行扫描进行编码，只记录第一个像素的灰度，而其他像素的灰度都用其与前一个像素灰度的差来表示，就能达到压缩的目的。例如，用248、2、1、0、1、3表示6个相邻像素的灰度，实际上这6个像素的灰度是248、250、251、251、252、255；表示第二个像素250需要8bit，而表示差值2只需要2bit，这样就实现了压缩。

预测编码方法在图像数据压缩和语音信号数据压缩中都得到了广泛应用。常用的预测编码方法有差分脉冲编码调制(DPCM)和增量调制(ΔM或DM)。

8.2.2 DPCM编码

1. DPCM编码系统的基本原理

DPCM编码系统的原理框图如图8-3所示。

这一系统对实际像素值与其估计差值进行量化和编码，然后再输出。图中x_N为t_N时刻的亮度取样值。预测器根据t_N时刻之前的样本值$x_1, x_2, \cdots, x_{N-1}$对$x_N$作预测，得到预测值$\hat{x}_N$。$x_N$和$\hat{x}_N$之间的误差为

$$e_N = x_N - \hat{x}_N \tag{8-10}$$

量化器对e_N进行量化得到e'_N，编码器对e'_N进行编码发送。

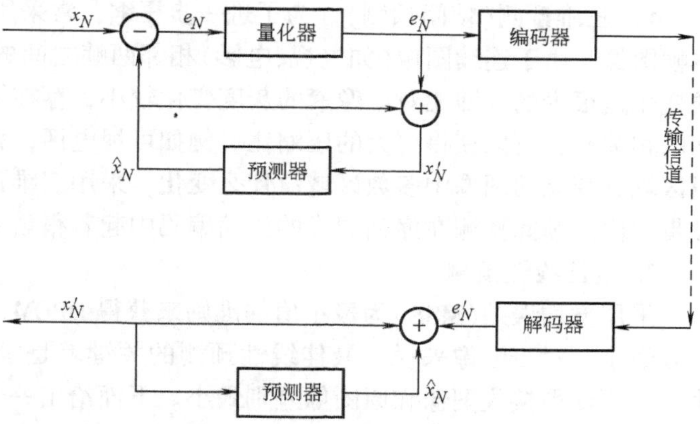

图8-3 DPCM编码系统的原理框图

接收端解码时的预测过程与发送端相同，所用预测器也相同。接收端恢复的输出信号x'_N和发送端输入的信号x_N的误差是

$$\Delta x_N = x_N - x'_N = x_N - (\hat{x}_N + e'_N) = x_N - \hat{x}_N - e'_N = e_N - e'_N \tag{8-11}$$

可见，输入输出信号之间的误差主要是由量化器引起的。当Δx_N足够小时，输入信号x_N和DPCM编码系统的输出信号x'_N几乎一致。假设在发送端去掉量化器，直接对预测误差进行编码、传送，那么$e_N = e'_N$，则$x_N - x'_N = 0$，这样接收端就可以无误差地恢复输入信号x_N，从而实现信息保持编码。若系统中包含量化器，且存在量化误差时，输入信号x_N和输出恢复信号x'_N之间一定存在误差，从而影响接收图像的质量。因此，在这样的系统中就存在一个如何能使误差尽可能减小的问题。

2. 预测编码的类型

若t_N时刻之前的样本值$x_1, x_2, \cdots, x_{N-1}$与预测值之间的关系呈现某种函数形式，则该函数一般分为线性和非线性两种，预测编码器也就有线性预测编码器和非线性预测编码器两种。

若预测值$\hat{x}_N$与各样本值$x_1, x_2, \cdots, x_{N-1}$呈现线性关系

$$\hat{x}_N = \sum_{i=1}^{N-1} a_i x_i \tag{8-12}$$

式中，$a_i(i=1,2,\cdots,N-1)$为预测系数，称为线性预测。a_1，a_2，$\cdots$，a_{N-1}为预测系数。

若预测值$\hat{x}_N$与各样本值$x_1,x_2,\cdots,x_{N-1}$之间不呈现如式(8-12)的线性组合关系，而是非线性关系，则称为非线性预测。

在图像数据压缩中，常用如下几种线性预测方案：

1）前值预测，即$\hat{x}_N=ax_{N-1}$。

2）一维预测，即采用$\hat{x}_N$同一扫描行中前面已知的若干个样值来预测$\hat{x}_N$。

3）二维预测，即不但用$\hat{x}_N$的同一扫描行以前的几个样值(x_1,x_5)，还要用以前一行的样值(x_2,x_3,x_4)来预测$\hat{x}_N$，如图8-4所示。例如：$\hat{x}=a_1x_1+a_2x_2+a_3x_3+a_4x_4+a_5x_5$。

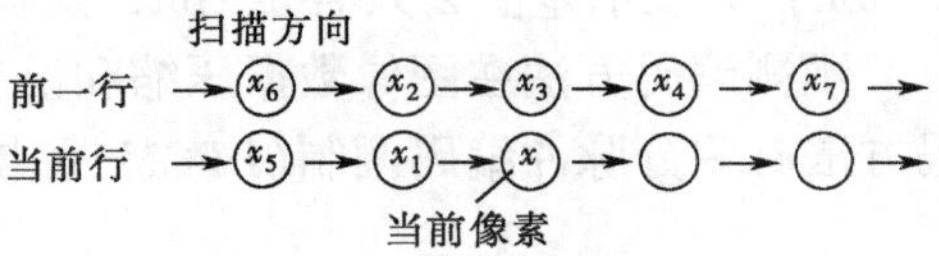

扫描方向

前一行 → x_6 → x_2 → x_3 → x_4 → x_7 →

当前行 → x_5 → x_1 → x → ○ → ○ →

当前像素

图8-4 二维预测示意图

上述讲到的都是一幅图像中像素点之间的预测，统称为帧内预测。

4）三维预测(帧间预测)。为了进一步压缩，常采用三维预测，即用前一帧图像来预测本帧图像。由于连续图像(如电视、电影)相邻两帧之间的时间间隔很小，通常相邻帧间细节的变化是很少的，即相对应像素的灰度变化较小，存在极强的相关性。利用预测编码去除帧间的相关性，可以获得更大的压缩比。例如可视电话，相邻帧之间通常只有人的口、眼等少量区域有变化而图像中多数区域没什么变化，采用三维预测可使图像数据压缩到电话话路的频带之内。帧间预测在序列图像的压缩编码中起着很重要的作用。

3. 最佳线性预测

采用方均误差(MSE)为极小值的准则来获得DPCM，称为最佳线性预测，亦即此时预测误差最小。对于图像来说，最佳线性预测的关键就是求出各个预测系数，使得预测误差最小，从而使得接收图像和原图像差别最小。下面给出一个简单的例子，讲述求解最佳线性预测的过程。

一幅图像中空间相邻的像素点，一般来说，其灰度值、颜色值都很接近，即有很强的相关性，因此可用已知的前面几个扫描行邻近的像素对当前值进行预测。例如对图8-5中$f(m,n)$点编码，利用与其最近的三个像素来预测，可以写成

$$\hat{f}(m,n)=a_1f(m-1,n)+a_2f(m-1,n-1)+a_3f(m,n-1) \tag{8-13}$$

	$f(m-1,n-1)$	$f(m,n-1)$	$f(m+1,n-1)$	
	$f(m-1,n)$	$f(m,n)$		

图8-5 预测位置

预测误差：

$$e(m,n)=f(m,n)-\hat{f}(m,n) \tag{8-14}$$

线性预测器中，a_1、a_2和a_3是待定参数，当a_1、a_2、a_3满足使预测误差的方均值最小且保持固定不变的条件时，便构成最佳线性预测器。

现在我们应用方均误差最小准则，求出预测系数a_1、a_2、a_3，以获得$f(m,n)$的最佳线性预测值$\hat{f}(m,n)$。

方均误差表达式为

$$
\begin{aligned}
E\{[e(m,n)]^2\} &= E\{[f(m,n)-\hat{f}(m,n)]^2\} \\
&= E\{[f(m,n)-a_1 f(m-1,n)-a_2 f(m-1,n-1)-a_3 f(m,n-1)]^2\}
\end{aligned}
$$

为使 $E\{[e(m,n)]^2\}$ 最小，令

$$
\begin{cases}
\dfrac{\partial}{\partial a_1}E\{[e(m,n)]^2\}=0 \\
\dfrac{\partial}{\partial a_2}E\{[e(m,n)]^2\}=0 \\
\dfrac{\partial}{\partial a_3}E\{[e(m,n)]^2\}=0
\end{cases}
\tag{8-15}
$$

解方程式(8-15)，求得 a_1、a_2、a_3，即为最佳线性预测系数。

先求出

$$
\begin{aligned}
\frac{\partial}{\partial a_1}E\{[e(m,n)]^2\} &= \frac{\partial}{\partial a_1}E\{[f(m,n)-a_1 f(m-1,n)-a_2 f(m-1,n-1) \\
&\quad -a_3 f(m,n-1)]^2\} \\
&= -2E\{[f(m,n)-a_1 f(m-1,n)-a_2 f(m-1,n-1)- \\
&\quad a_3 f(m,n-1)]\cdot f(m-1,n)\}
\end{aligned}
$$

同理可求出 $\dfrac{\partial}{\partial a_2}E\{[e(m,n)]^2\}$ 和 $\dfrac{\partial}{\partial a_3}E\{[e(m,n)]^2\}$，将结果代入式(8-15)中，得下列方程组：

$$
\begin{cases}
E\{[f(m,n)-a_1 f(m-1,n)-a_2 f(m-1,n-1)-a_3 f(m,n-1)]\cdot f(m-1,n)\}=0 \\
E\{[f(m,n)-a_1 f(m-1,n)-a_2 f(m-1,n-1)-a_3 f(m,n-1)]\cdot f(m-1,n-1)\}=0 \\
E\{[f(m,n)-a_1 f(m-1,n)-a_2 f(m-1,n-1)-a_3 f(m,n-1)]\cdot f(m,n-1)\}=0
\end{cases}
$$

令相关系数 $R(m,n;p,q)=E\{f(m,n)f(p,q)\}$，上式变为

$$
\begin{cases}
R(m,n;m-1,n)=a_1R(m-1,n;m-1,n)+a_2R(m-1,n-1;m-1,n)+ \\
\qquad a_3R(m,n-1;m-1,n) \\
R(m,n;m-1,n-1)=a_1R(m-1,n;m-1,n-1)+a_2R(m-1,n-1;m-1,n-1)+ \\
\qquad a_3R(m,n-1;m-1,n-1) \\
R(m,n;m,n-1)=a_1R(m-1,n;m,n-1)+a_2R(m-1,n-1;m,n-1)+ \\
\qquad a_3R(m,n-1;m,n-1)
\end{cases}
\tag{8-16}
$$

对于平稳随机场，相关函数只与时间差有关，而与取样时刻无关，即满足

$$
R(m,n;p,q)=R(m-p,n-q)=R(\alpha,\beta) \tag{8-17}
$$

因此式(8-16)可写为

$$
\begin{cases}
R(1,0)=a_1R(0,0)+a_2R(0,1)+a_3R(1,1) \\
R(1,1)=a_1R(0,1)+a_2R(0,0)+a_3R(1,0) \\
R(0,1)=a_1R(1,1)+a_2R(1,0)+a_3R(0,0)
\end{cases}
\tag{8-18}
$$

对于 $f(m,n)$ 为平稳的一阶马尔可夫过程，有

$$
R(\alpha,\beta)=R(0,0)\exp(-c_1|\alpha|-c_2|\beta|) \tag{8-19}
$$

可推导得

$$R(1,1)=\frac{R(1,0)R(0,1)}{R(0,0)} \tag{8-20}$$

因此可以解得

$$a_1=\frac{R(1,0)}{R(0,0)};\ a_2=-\frac{R(1,1)}{R(0,0)};\ a_3=\frac{R(0,1)}{R(0,0)}; \tag{8-21}$$

可以证明预测误差的方均值为

$$E\{[e(m,n)]^2\}=R(0,0)-[a_1R(1,0)+a_2R(1,1)+a_3R(0,1)] \tag{8-22}$$

由相关函数的性质可知$R(1,0)$、$R(1,1)$和$R(0,1)$都小于$R(0,0)$，因此a_1、a_2和a_3都是绝对值小于1的值。将式(8-21)代入式(8-22)，可以推出

$$E\{[e(m,n)]^2\}<R(0,0) \tag{8-23}$$

由以上可知，误差序列的方差与信号序列相比，总是要小一些，甚至可能小很多，即误差序列的相关性比原始信号序列的相关性要弱一些，甚至弱很多。所以，传送已经消去了大部分相关性的误差序列有利于数据压缩。各样本间相关性越大，差值的方差就越小，所能达到的压缩比也就越大。

预测的值选取还可以扩充到更大的邻域，使用更多的邻近像素进行预测，邻域越大，所选的像素数越多，则预测器就越复杂。由于图像像素的相关性随距离的增大呈指数衰减，通常对于实际的图像进行预测时，所选邻近像素数一般不超过4个。

4. 自适应预测编码

前面讲述的DPCM编码系统采用固定的预测系数和量化器参数，但是在信号平坦区和边缘处要求量化器的输出差别很大，否则会导致信号出现噪声。为了获得更好的压缩效果和较高的图像质量，要求预测器和量化器的参数能够根据图像的局部区域分布特点而自动调整，这就是自适应预测和自适应量化。

（1）自适应预测　由式(8-13)可知一个三阶预测器的预测值计算公式为

$$\hat{f}(m,n)=a_1f(m-1,n)+a_2f(m-1,n-1)+a_3f(m,n-1)$$

现增加一个可变参数“k”，得

$$\hat{f}(m,n)=k[a_1f(m-1,n)+a_2f(m-1,n-1)+a_3f(m,n-1)] \tag{8-24}$$

式中，k是一个自适应参数，k的取值根据量化误差的大小自适应调整。

设量化器最大输出为e_{max}，最小输出为e_{min}，某一个预测误差的量化输出为e'。

当$e_{min}<|e'|<e_{max}$时，k不变；

$|e'|=e_{max}$时，k自动增大；

$|e'|=e_{min}$时，k自动减小；

对图像中的黑白边沿部分，由于$|e'|$最大，即在$|e'|=e_{max}$时，k自动增大，使$\hat{f}(m,n)$随之增大，预测误差将减小，这样可以减轻由斜率过载而引起的图像物体边沿模糊；相反，在$|e'|=e_{min}$时，k自动减小，使$\hat{f}(m,n)$随之减小，预测误差加大，使量化器输出不致正负跳变，减轻图像灰度平坦区的颗粒噪声。要注意的是，这里所定义的预测系数已不再是一个常数，而是一个变数。因此这样的预测编码不是线性预测编码，而是非线性预测编码。

（2）自适应量化　自适应量化的概念是根据信号局部区域的特点，自适应地修改和调整量化器参数，包括量化器输出的动态范围、量化器判决电平（量化步长）等。实际上是在量化

器分层确定后，也就是总的量化级数确定后，当预测误差值小时，将量化器的输出动态范围减小，量化步长减小；当预测误差值大时，将量化器的输出动态范围扩大，量化器步长扩大。

8.2.3　ΔM 编码

1. ΔM 编码的基本原理

ΔM 编码是一种简单的预测编码方法，ΔM 编码的基本原理框图如图 8-6 所示，其中图 a 为编码器原理框图，图 b 为译码器原理框图。ΔM 编码器包括比较器、本地译码器和脉冲形成器三个部分。接收端译码器比较简单，它只有一个与编码器中的本地译码器一样的译码器及一个低通滤波器。

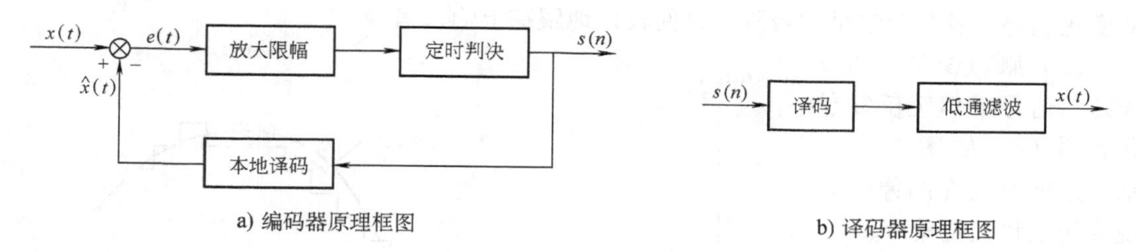

图 8-6　ΔM 编码、译码原理框图

ΔM 编码器实际上就是 1bit 编码的预测编码器，它用一位码字来表示 $e(t)$，即

$$e(t)=x(t)-\hat{x}(t) \tag{8-25}$$

式中，$x(t)$为输入视频信号；$\hat{x}(t)$是$x(t)$的预测值。当差值$e(t)$为一个正值时，用“1”来表示；当差值$e(t)$为一个负值时，用“0”来表示。在接收端，当译码器收到“1”时，信号则产生一个正跳变；当收到“0”时，信号则产生一个负跳变，由此即可实现译码。

假定“1”的电压值为$+E$，“0”的电压值为$-E$，ΔM 编码过程如图 8-7 所示。图像信号$x(t)$送入相减器，输出码经本地译码后产生的预测值$\hat{x}(t)$也送入相减器，相减器输出就是误差信号$e(t)$。$e(t)$送入脉冲形成器以控制脉冲的形成，脉冲形成器一般由放大限幅和双稳判决电路组成，脉冲形成器的输出就是所需要的码字。码率由取样脉冲决定，当取样脉冲到达时，$e(t)>0$ 则发“1”，$e(t)<0$ 则发“0”。发“0”还是发“1”完全由$e(t)$的极性来控制，而与$e(t)$的大小无关。在$t=t_0$时，输入一模拟信号$x(t)$，此时$x(t_0)>\hat{x}(t_0)$，即$e(t)>0$，脉冲形成电路输出“1”。从t_0开始本地译码器将输出正的斜变电压，使$\hat{x}(t)$上升，以便跟踪上$x(t)$。由于$x(t)$变化缓慢，$\hat{x}(t)$上升较快，所以在t_1时刻$x(t_0)-\hat{x}(t_0)<0$，因此第二个时钟脉冲到来时便输出码“0”。以此类推，在t_2、t_3、…、t_n等时刻码字的产生原理相同。图 8-7 分别画出了编出的码流和时钟信号的波形。

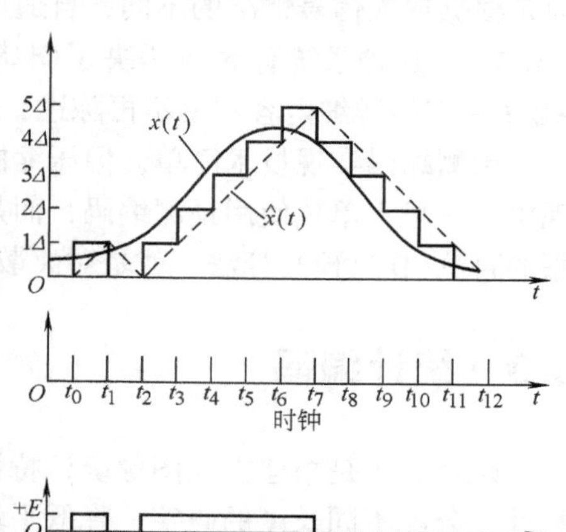

图 8-7　ΔM 编码过程

2. ΔM 编码的基本问题

ΔM 编码存在的基本问题是斜率过载误差和颗粒误差现象。

(1) 斜率过载误差　由 ΔM 的编码原理可知，$\hat{x}(t)$ 应很好地跟踪 $x(t)$，跟踪得越好，误差越小。当一个系统设计好后，时钟的频率及跳变的量化台阶 Δ 就确定了，若遇到输入信号急剧变化时，$\hat{x}(t)$ 很难跟踪上 $x(t)$ 的变化，这时就会产生较大的误差，这种现象称为斜率过载。斜率过载现象将使图像中原本陡峭的轮廓变为缓变的轮廓，从而引起图像边缘的模糊。

解决斜率过载的有效办法是自适应增量编码法。斜率过载现象产生的主要原因是量化台阶固定不变，自适应增量编码法的基本思想则是根据信号变化快慢相应的调整量化台阶大小，这种改变可由系统自动控制。由于出现斜率过载现象时，编码输出将是连续“1”或连续“0”码，因此通过监测编码输出中连续“1”或连续“0”的个数，可检测出输入信号的变化趋势，及时调整量化台阶，以便较好地跟踪上输入信号。

(2) 颗粒误差　颗粒误差是信号平坦区反复量化产生的，如图 8-8 所示。这种跳变在图像中表现为胡椒状颗粒噪声。

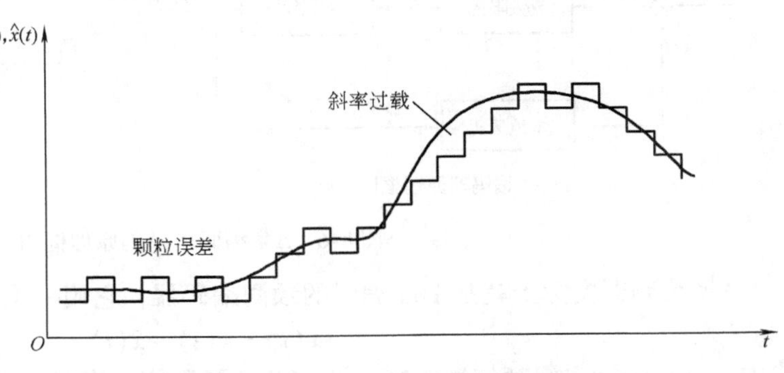

图 8-8　斜率过载和颗粒误差

虽然可采取小量化台阶减小颗粒误差，但小量化台阶就不能精确地跟上快速上升信号的变化，出现斜率过载误差现象，因此二者应折中考虑。现在最好的解决办法就是利用自适应技术，不再采用固定的量化台阶，而是根据输入信号情况的不同，自适应地调整量化台阶，这种系统就是自适应增量编码系统(ADM)。这种系统有效地解决了斜率过载现象，减小了颗粒误差。鉴于篇幅有限，关于 ADM 系统的详细内容本书不再陈述，读者可参考有关文献。

预测编码实现技术简单，但压缩能力不高而且抗干扰能力比较差，对传输中误差有积累现象。一般不单独使用预测编码，而是与其他方法结合起来使用，例如在 JPEG 标准中，采用的直流(DC)预测算法，就是对离散余弦变换后的直流系数进行帧内预测编码。

8.3 统计编码

统计编码是指建立在图像统计特性基础之上的一类压缩编码方法，根据信源的概率分布特性，分配不同长度的码字，降低平均码字长度，以提高传输速度，节省存储空间。

8.3.1 游程长度编码

游程长度编码(Run Length Encoding)又叫行程编码，其原理很简单，就是将一行中灰度值相同的相邻像素用一个计数值和该灰度值来代替。

例如：<u>aaaa</u> <u>bbb</u> <u>cc</u> <u>d</u> <u>eeeee</u> <u>ffffff</u>，假设每个像素用 8bit 编码，共需 22 × 8bit = 176bit。若表示为 4a3b2c1d5e7f，只需 12 × 8bit = 96bit。

我们把具有相同灰度值的相邻像素组成的序列称为一个游程，游程中像素的个数称为游程长度，简称游长。

对于黑、白二值图像，由于图像的相关性，在每一扫描行上，总是可以分割成若干个白像素段(白长)和黑像素段(黑长)之和，如图8-9所示。因为白长和黑长是交替出现的，所以在编码时，只需对于每一行的第一个像素有一个标志，以区分该行是以白长还是以黑长开始，后面就只写游长即可。实际上，行程编码是分两步进行的，首先对每一行交替出现的白长和黑长进行统计，图8-9可写成：4个白，5个黑，7个白，5个黑，9个白，3个黑，3个白。然后，再对游长进行变长编码，即根据其不同的出现概率分配以不同长度的码字。在进行变长编码时，经常采用霍夫曼编码，关于霍夫曼编码，后面讲述。

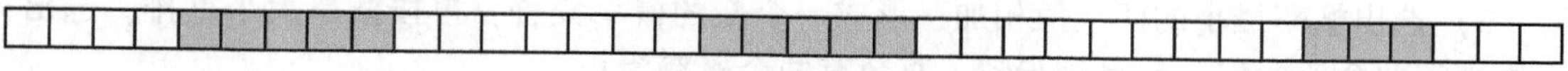

图8-9　白长和黑长

对于灰度图像或彩色图像，也可以采用行程编码。如果一幅图像是由很多块灰度相同的大面积区域组成，那么采用行程编码的压缩效率是惊人的。但是，如果图像中每两个相邻点的灰度都不同，用这种算法不但不能压缩，反而数据量会增加一倍，所以现在单纯采用行程编码的压缩算法并不多。

8.3.2　霍夫曼编码

霍夫曼编码(Huffman Coding)是一种常用的数据压缩编码方法，是Huffman于1952年建立的一种非等长最佳编码方法。所谓最佳编码，即在具有相同输入概率集合的前提下，其平均码长比其他任何一种唯一可译码都短。

霍夫曼编码的理论依据是变字长编码理论。在变字长编码中，编码器的输出码字是字长不等的码字，按编码输入信息符号出现的统计概率不同，给输出码字分配以不同的字长。在编码输入中，对于那些出现概率大的信息符号分配较短字长的码，而对于那些出现概率小的信息符号分配较长字长的码。可以证明，按照概率出现大小的顺序，对输出码字分配不同码字长度的变字长编码方法，其输出码字的平均码长最短，与信源熵值最接近。

在讲霍夫曼编码之前，先举个例子：

假设一个文件中出现了8种符号S_0、S_1、S_2、S_3、S_4、S_5、S_6、S_7，那么每种符号编码至少需要3bit，假设编码成

$S_0=000$，$S_1=001$，$S_2=010$，$S_3=011$，$S_4=100$，$S_5=101$，$S_6=110$，$S_7=111$

那么符号序列$S_0S_1S_7S_0S_1S_6S_2S_2S_3S_4S_5S_0S_0S_1$编码后变成

000 001 111 000 001 110 010 010 011 100 101 000 000 001　(共42bit)

我们发现S_0、S_1、S_2这三个符号出现的频率比较大，而其他符号出现的频率比较小，如果我们采用一种编码方案使得S_0、S_1、S_2的码字短，其他符号的码字长，这样就能减少上述符号序列占用的比特数。例如，我们采用这样的编码方案：

$S_0=01$，$S_1=11$，$S_2=101$，$S_3=0000$，$S_4=0010$，$S_5=0001$，$S_6=0011$，$S_7=100$

那么上述符号序列变成

01 11 100 01 11 0011 101 101 0000 0010 0001 01 01 11　(共39bit)

尽管有些码字如S_3、S_4、S_5、S_6变长了(由3位变成4位)，但使用频繁的几个码字，如S_0、S_1则变短了，使得整个序列的编码缩短了，从而实现了压缩。

编码必须保证不能出现一个码字和另一个码字的前几位相同的情况，比如说，如果S_0

的码字为01，S_2 的码字为011，那么当序列中出现011时，便不知道是 S_0 的码字后面跟了个1，还是完整的一个 S_2 的码字。我们给出的编码就能够保证这一点，它是按照霍夫曼编码算法得到的。

下面给出具体的霍夫曼编码算法：

1）首先统计出每个符号出现的概率，上例 S_0 到 S_7 的出现概率分别为4/14、3/14、2/14、1/14、1/14、1/14、1/14、1/14。

2）把上述符号按概率大小顺序排列。

3）选出概率最小的两个值相加，形成一个新的概率集合，再按概率大小重排，选出概率最小的两个值相加。重复该步骤，直至有两个概率为止。

4）对每个信源符号编码，从最后两个概率开始逐步向前进行编码，每一步只需对两个分支各赋予一个二进制码，如对概率大的赋予0码，对概率小的赋予1码，这里赋0或赋1是完全随机的，不影响结果。

本例的霍夫曼编码过程如图8-10所示。最终各符号的霍夫曼编码如下：

S_0：00　　S_1：10　　S_2：010　　S_3：111

S_4：0100　　S_5：0101　　S_6：0110　　S_7：0111

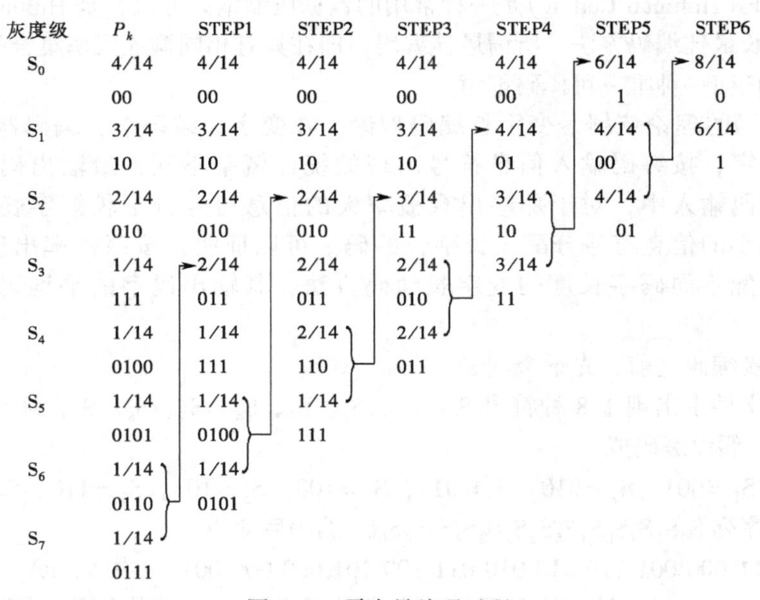

图8-10 霍夫曼编码过程

霍夫曼编码获得后，编码和解码都可用简单的查表方式实现。这种码具有以下特点：

- 这种编码方法形成的码字是可辨别的，即一个码字不能成为另一码字的前缀；
- 霍夫曼编码对不同的信源其编码效率不同，适合于对概率分布不均匀的信源编码。

由此，任何霍夫曼码串都可通过从左到右不断合并各个符号进行解码，例如根据上例的编码，可求出码串111100100100110对应的符号串为 $S_3S_1S_2S_2S_6$。

霍夫曼编码是依据符号出现的概率对符号进行编码，需要对原始数据扫描两遍：第一遍扫描要精确统计出原始数据中每个符号出现的概率；第二遍是进行霍夫曼编码。因此当源数据成分复杂时，霍夫曼编码非常麻烦与耗时，限制了霍夫曼编码的实际应用。所以在一些图像压缩标准中普遍采用一些霍夫曼码表以省去对原始数据的统计，这些码表是通过对许多图像测试而得到的平均结果，对大多数图像来说，利用它作压缩参考，得到的结果差异并不大，即两种方法得到的压缩比相差较小，可见采用霍夫曼码表进行压缩是非常方便有效的。

8.3.3　算术编码

算术编码(Arithmetics Coding)是一种从整个符号序列出发，采用递推形式连续编码的方法。在算术编码中，源符号和码之间的一一对应关系并不存在。一个算术码字是赋给整个信源符号序列的，而码字本身确定0和1之间的一个实数区间。

下面通过一个实例来说明算术编码的具体方法。

令待编码的信息为来自一个4-符号信源{a,b,c,d}的符号序列：abccd。已知各个信源符号的概率为$P(a)=0.2$、$P(b)=0.2$、$P(c)=0.4$、$P(d)=0.2$。

各数据符号在半封闭实数区间[0,1)内的赋值范围设定为

a=[0.0,0.2)　　b=[0.2,0.4)

c=[0.4,0.8)　　d=[0.8,1.0)

为讨论方便，再给出一组关系式

$$N\_area_s = F\_area_s + C\_flag_l \times L \tag{8-26}$$

$$N\_area_e = F\_area_s + C\_flag_r \times L \tag{8-27}$$

式中，N_area_s为新子区间的起始位置；N_area_e为新子区间的结束位置；F_area_s为前子区间的起始位置；L为前子区间的长度；C_flag_l为当前符号的区间左端；C_flag_r为当前符号的区间右端。

根据以上假定，本例的编码过程大致为：

第一个符号为“a”，代码的取值范围为[0,0.2)。

第二个符号为“b”，由于前面的符号“a”已将取值区间限制在[0,0.2)范围内，所以“b”的取值范围应在前符号区间[0,0.2)之中的[0.2,0.4)之间。由式(8-26)、式(8-27)得

$$N\_area_s = 0.0 + 0.2 \times 0.2 = 0.04$$

$$N\_area_e = 0.0 + 0.4 \times 0.2 = 0.08$$

即“b”的实际编码区间在[0.04,0.08)之间。

第三个符号为“c”，编码取值应在[0.04,0.08)之中的[0.4,0.8)之间，即

$$N\_area_s = 0.04 + 0.4 \times 0.04 = 0.056$$

$$N\_area_e = 0.04 + 0.8 \times 0.04 = 0.072$$

以此类推，第四个符号“c”，编码取值在[0.056,0.072)之中的[0.4,0.8)区间内，第五个符号“d”的编码取值在[0.0624,0.0688)之中的[0.8,1.0)区间内。整个过程如图8-11所示。

由上面列出的编码过程可以看到，随着字符的输入，代码的取值范围越来越小。当数据串“abccd”全部编码后，“abccd”已被描述为一个实数区间[0.06752,0.0688)，任何一个该区间内的实数，如0.068就可用来表示整个符号序列。这样，就可以用一个浮点数表示一个字符串，达到减少存储空间的目的。

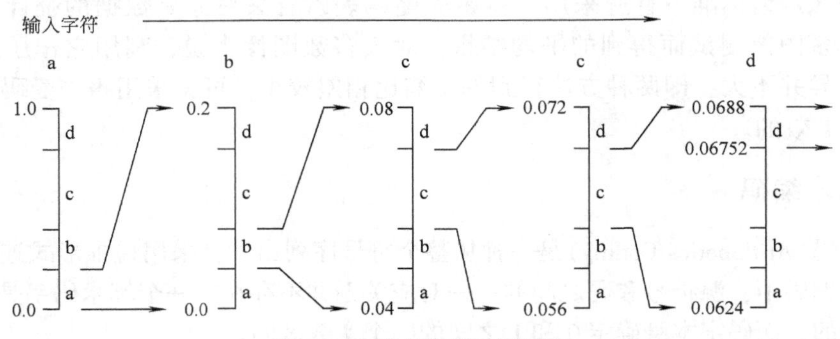

图 8-11 算术编码过程图解

与霍夫曼编码相比，算术编码更加复杂一些，对于“0”、“1”二值符号，算术编码可以提供更高的编码效率，尤其在其中一个符号的出现概率占绝对优势的情况下，算术编码优势更加明显。例如“0”的概率为1/8，“1”的概率为7/8，编码符号序列“11111110”，霍夫曼编码将用8bit，而算术编码为0.101_2(取0.625,[0.6073,0.65639])，只用3bit。这是因为霍夫曼编码为每个符号分配的码字必须为整数的缘故，而算术编码是根据符号序列的概率区间进行编码，不存在这个问题，最终结果能更好地体现小概率符号序列用长码，大概率符号序列用短码的编码原则。视频对象的二值形状特性正好与算术编码的优点相吻合，所以在MPEG-4 标准中，对形状编码采用的是算术编码。

解码是编码的逆过程，它是根据编码时的概率分配表和压缩后数据代码所在的范围，确定代码所对应的每一个数据符号。由于任一个码字必在某个特定的区间，所以解码具有唯一性。

8.4 变换编码

所谓变换编码是指，将空间域里描述的图像变换到另一个数据域(如频率域)上，使得大量的信息能用较少的数据来表示，从而达到压缩的目的。变换编码是有损编码中应用较广泛的一类编码方法。变换编码方法有很多，如离散傅里叶变换(Discrete Fourier Transform, DFT)、离散余弦变换(Discrete Cosine Transform, DCT)、离散哈达玛变换(Discrete Hadamard Transform, DHT)等。

8.4.1 变换编码的基本原理

变换编码的基本原理是将原来在空域描述的图像信号，变换到另外一些正交空间中去，用变换系数来表示原始图像，并对变换系数进行编码。一般来说在变换域里描述要比在空域简单，因为变换降低或消除了相邻像素之间或相邻扫描行之间的相关性，使大部分能量只集中于少数几个变换系数上。变换本身并不产生数据压缩，只是提供用于编码压缩的变换系数矩阵，只有对变换系数采用量化和熵编码才能产生压缩作用。统计表明，在变换域中，图像信号的绝大部分能量集中在低频部分，编码中如果略去那些能量很小的高频分量，或者给这些高频分量分配合适的比特数，就可明显减少图像传输或存储的数据量。根据上面的原理，变换编码的系统如图 8-12 所示。

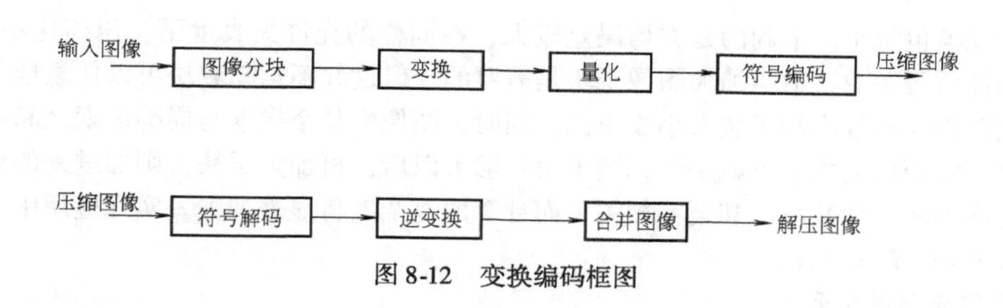

图 8-12 变换编码框图

8.4.2 变换编码特性评价

在具体讨论变换编码的方法之前，先介绍几种评价变换编码特性的准则。

1. 残余相关准则

变换域内变换系数具有的相关性称为残余相关性，它代表经过正交变换后图像相关性被削弱的程度。显然，如果变换方法及有关参数选择恰当，则变换系数矩阵所对应的相关系数会很小，原图像的相关性可得到充分的消除，冗余度可得到很好的压缩。

2. 方均误差准则

方均误差准则是一种将解码后的重建图像与未经压缩的原始图像之间的方均误差作为衡量各种正交变换效果的准则。正交变换编码是一种有失真的编码技术，因此需要规定一个可以被大家所能接受的误差限制。以方均误差作为准则，在允许的失真度下，可实现有效的编码压缩。

3. 主观评价准则

图像最后的接收者是人，但人的眼睛对图像失真的感觉与方均误差准则并不完全一致。人眼对正交变换编码的复原图像的失真比较敏感，特别是对于把图像分割成若干子块后再进行变换而产生的方块效应十分敏感。主观评价就是以人眼所能感觉出来的图像质量的好坏和可接受性作为标准进行的评价。

上述几种评价准则中，只有残余相关准则与正交变换本身的特性有关，而其余的两种准则，除了与正交变换本身的特性有关以外，还与变换系数样本的选择及量化特性有关，因此可将方均误差准则和主观评价准则看成是整个正交变换编码系统特性的评价准则。

8.4.3 变换编码中主要解决的问题

由图 8-12 变换编码框图可以看出，图像变换编码中主要解决的问题如下：

1. 选择变换方法

许多图像变换都可用变换编码，不同变换的信息集中能力不同。在理论上，K-L 变换是最优的正交变换，它能完全消除子块内像素间的线性相关性，但 K-L 基是不固定的，且与编码对象的统计特性有关，这种不确定性使得 K-L 变换使用起来非常不方便，所以 K-L 变换一般只是作为理论上的比较标准。实际上，图像压缩中最常用的是离散余弦变换(DCT)，它的性能最接近 K-L 变换，并且具有快速算法，而离散傅里叶变换(DFT)和沃尔什变换(WHT)要差一些。

2. 确定子块图像的大小

在正交变换中，往往要将一帧图像划分成若干正方形的图像子块来进行。子块图像的尺寸也是影响变换编码误差和计算复杂度的一个重要因素。子块越小，计算量越小，实现时硬件装置的规模也越小。不利的是方均误差较大，在同样的允许失真度下，压缩比小。因此，从改善图像质量考虑，适当加大图像子块是需要的，但这并不意味着块可以任意地大，因为硬件的复杂程度与规模和子块大小成正比。同时，图像中某个像素与周围像素之间的相关性存在并在一定距离之内。也就是说，当子块足够大以后，再加大子块，则加进来的像素与中心像素之间的相关性甚小，甚至不相关，而计算的复杂度将显著加大。实际应用中，图像子块一般取 8×8 或 16×16。

3. 变换系数的编码

对图像子块进行变换后，得到的是其变换系数，接下来就要对这些系数进行编码。变换后图像能量更加集中，在对变换系数编码时，应结合人类视觉心理因素，可采用“区域编码”或“阈值编码”等方法，保留变换系数中幅值较大的元素，而将大多数幅值较小或某些特定区域的变换系数全部当作零处理，这样可以减少图像数据，再辅以非线性量化，还可以进一步压缩图像数据。下面简单介绍这两种系数编码方法：

（1）区域编码　区域编码就是选出能量集中的区域，对这个区域中的系数进行编码传送，而其他区域的系数可以舍弃不用，在译码时可以对舍弃的系数进行补零处理。由于大多数图像的频谱具有低通特性，通常是保留低频部分的系数，而丢弃高频部分的系数，这样能够保持大部分图像能量，在恢复图像时带来的质量劣化并不显著，图 8-13 中给出了采用不同方案时的恢复图像。

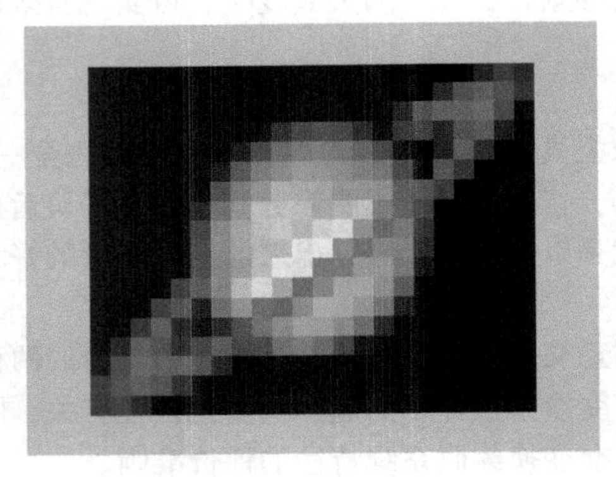

a) DC 分量

b) DC 和 2 个最低 AC 系数

c) DC 和 9 个最低 AC 系数

d）全部 64 个系数的恢复结果

图 8-13　区域编码实例

在对区域中的系数进行量化时，可以采用同样的量化器，也可以采用不同的量化器，如对低频系数进行细量化，对稍高频率系数进行粗量化；还可以在编码系数时采用更细致的比特分配方法，关于系数量化会在稍后讲述。一个具体的编码区域划分和比特分配方案如图 8-14 所示，图中数字表示为所在位置保留系数所分配的比特数，其他为舍弃的系数。

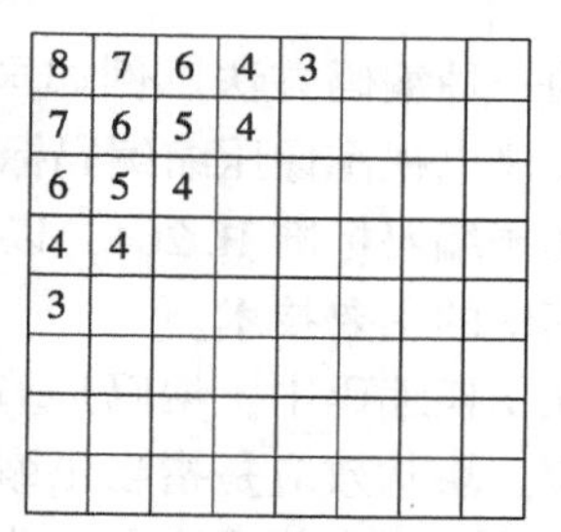

图 8-14　编码区域和比特分配

（2）阈值编码　这种采样方法不同于区域编码法，它不是选定固定的区域，而是先设定一个门限值。如果系数超过门限值，就保留下来并且进行编码传输，如果小于门限值，就舍弃不用。在实际应用中，选取门限和量化过程可以通过一个量化矩阵结合在一起：

$$\hat{F}(u,v) = \mathrm{INT}\left[\frac{F(u,v)}{S(u,v)} \pm 0.5\right] \tag{8-28}$$

式中，$F(u,v)$是变换系数；$\hat{F}(u,v)$是经过量化和取门限后的结果；$S(u,v)$是量化矩阵中的相应元素。等式右边实际上表示一个四舍五入取整的过程，若$\hat{F}(u,v)$不等于零，则保留系数 $F(u,v)$，量化矩阵的每个元素通常是一个 8bit 的整数，确定每个系数的量化步长。通常，考虑到人眼的视觉频率响应特性，对于较高频率的系数，取较大的量化步长，而对于较低频率的系数，取较小的量化步长。例如，图 8-15 给出的静止图像压缩标准(JPEG)亮度量化表就是一个常用的量化矩阵 $S(u,v)$。从图中可以看出，高频系数对应位置的数较大，即量化步长大；低频系数对应位置的数较小，即量化步长小。

16	11	10	16	24	40	51	61
12	12	14	19	26	58	60	55
14	13	16	24	40	57	69	56
14	17	22	29	51	87	80	62
18	22	37	56	68	109	103	77
24	35	55	64	81	104	113	92
49	64	78	87	103	121	120	101
72	92	95	98	112	100	103	99

图 8-15　量化矩阵 $S(u,v)$举例

和区域编码相比，阈值编码有一定的自适应能力，可获得较好的图像质量。但是，阈值编码中保留系数的位置是可变的，因此需要对这些系数的位置信息和幅度信息一起编码和传输，才能在接收端正确恢复图像，所以其压缩比有时会有所下降。常用的对位置编码的方法是基于对 0 值(非保留系数)的游程长度的编码，也就是通过指明一个保留系数之前有多少个 0，来确定该保留系数的位置。

8.4.4　变换编码的特点及应用

由于结合了人类视觉系统特性，变换编码所产生的失真比较容易被人们所接受，且它对图像统计特性的变化不太敏感，同时误码没有扩散性。因此，在图像质量较高的情况下，变换编码通常能取得较高的压缩比。变换编码是目前已有的多种国际图像压缩编码标准中普遍

采用的一种编码方法。例如国际静止图像压缩编码标准 JPEG，运动图像压缩标准 MPEG，国际会议电视图像压缩编码标准 H. 261，极低比特率图像压缩编码标准 H. 263，还有目前最新的视频编码标准 H. 264，以及已知的各国高清晰度电视的图像压缩编码方案，都以变换编码为其中的主要技术。

在变换编码中，编码是基于图像子块进行的，这导致了变换编码的一个固有缺点——块状效应。块状效应是指当压缩比提高到一定程度后，在相邻图像块的边界处，会出现可见的不连续性，这会使观察者有非常不舒服的感觉。图 8-16b 所示是基于 DCT 变换的压缩比为 40: 1 时产生的块状失真。

为了克服基于块的变换编码在高压缩比下的块状失真，人们开始研究其他的编码方法，如子带编码。子带编码先将原图用若干数字滤波器(分解滤波器)分解成不同频率成分的分量，再对这些分量进行亚抽样，形成子带图像，最后对不同的子带图像分别用与其相匹配的方法进行编码。在接收端，将解码后的子带图像补零、放大，并经合成滤波器的内插，将各子带信号相加，进行图像还原。与 DCT 编码方法相比，子带编码的最大优点是复原图像无方块效应，因此得到了广泛的研究。其关键技术是分解-综合滤波器的设计。

小波(Wavelet)变换用于图像压缩是近年来倍受关注的一个研究方向，它也是子带编码的一个特例，关于小波变换的原理已在第 3 章的 3. 3. 3 小节进行了详细的分析。基于小波变换的图像压缩可以获得更高的压缩比而不产生块状效应。其基本思想就是对原始图像进行多分辨率分解，即把原始图像分解成不同空间、不同频率的子图像，这些子图像实际上是由小波变换后产生的系数构成，即系数图像。小波变换可以在一个变换中同时研究低频和高频现象，用小波变换对图像这种不平稳的复杂信源进行处理时，能有效地克服用傅里叶分析和其他分析方法所存在的不足。小波变换既有传统的 DCT 正交变换的能量聚集性，又具有子带编码方法的易于控制各带噪声的特性，同时小波变换还具有与人类视觉系统相吻合的对数特征，因此小波变换在图像压缩领域受到密切关注，现已成为获得低比特率高质量图像的一个重要方法。

与 DCT 压缩编码相比，基于小波分解的多分辨率图像压缩编码除获得更高的压缩比时不出现块状效应这一优点之外，还可以在不同分辨率下重建图像，因为每一级分解都对应不同的分辨率。因此，静止图像压缩标准 JPEG2000 和 MPEG-4 标准中对静止图像编码都采用了基于小波变换的图像编码技术。图 8-16c 所示为基于小波变换的图像压缩效果(压缩比 40:1)。

a) 原图

b) 基于 DCT 的图像压缩所产生的块状失真

c) 基于 Wavelet 的图像压缩效果

图 8-16 不同图像压缩效果

8.5　位平面编码

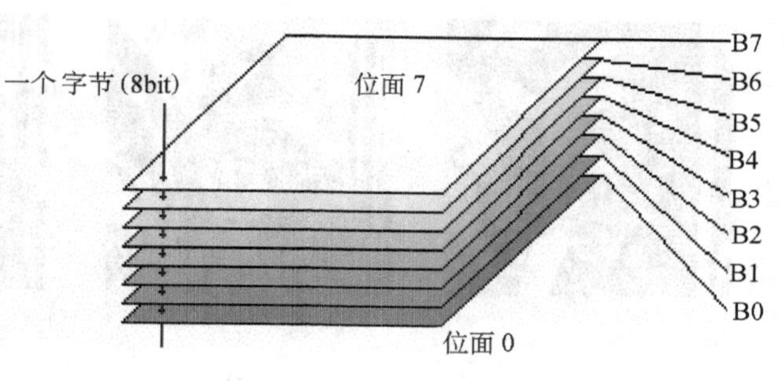

图8-17　位平面分解示意图

位平面编码将多灰度值图像分解成一系列二值图，如图8-17所示，然后对每一幅二值图再用二元压缩方法进行压缩。这种算法除既能消除或减少编码冗余，又能消除或减少图像中像素之间的空域冗余。

位平面编码主要分为两个步骤：位平面分解和位平面编码。

8.5.1　位平面分解

位平面分解是指将一幅具有 m bit 灰度级的图像分解成 m 幅 1bit 的二值图像。

我们可以采用如下多项式：

$$a_{m-1}2^{m-1}+a_{m-2}2^{m-2}+\cdots+a_1 2^1+a_0 2^0 \tag{8-29}$$

来表示具有 m bit 灰度级的图像中像素的灰度值。根据上述多项式把一幅灰度图分解成一系列二值图集合的一种简单方法就是把上述多项式的 m 个系数分别分到 m 个 1bit 的位平面中，但是这种分解码法有一个固有缺点，即像素点灰度值的微小变化有可能对位平面的复杂度产生明显的影响。比如，当空间相邻的两个像素点分别是127(0111 1111)和128(1000 0000)时，图像的每个位平面上在这个位置处都将有从0→1(或1→0)的过渡。

为减少这种灰度值微小变化的影响，可用1个 m bit 的灰度码来表示图像。灰度码可由下式计算：

$$g_i=\begin{cases}a_i\oplus a_{i+1} & 0\leqslant i\leqslant m-2\\ a_i & i=m-1\end{cases} \tag{8-30}$$

其中⊕代表异或操作。这种码的独特性质是相邻的码字只有1个比特位的区别，从而像素点的微小变化就不容易影响到所有位平面。比如，还是以127和128为例，如果用式(8-30)计算的话，这里只有一个平面有从0→1的过渡，因为此时的127和128的灰度码已经计算为0100 0000和1100 0000。

例如：二值位平面图与灰度码位平面图的实例和比较。

图8-18给出了一组直接用二值位表示的平面图，图a～h分别为第7～0位平面图。

图8-19给出了一组用式(8-30)灰度码表示的位平面图，图a～h分别为第7～0位平面图。

8.5.2　位平面编码方法

位平面分解之后，每个位平面都是二值图像，编码方法有1-D游程编码、2-D游程编码、常数块编码和边界跟踪编码等。游程长度编码的方法在8.3.1小节做了详细叙述，此处不再做过多讲述。常数块编码和边界跟踪编码都是对位平面中大片相同值(全为1或者全为0)的区域(称之为常数区域)进行的编码。

常数块编码(Constant Area Coding,CAC)就是采用专门的码字表示全是0或1的连通区域。它将图像分成全黑、全白或者混合的 $m\times n$ 尺寸的块。出现频率最高的块用1bit的0码

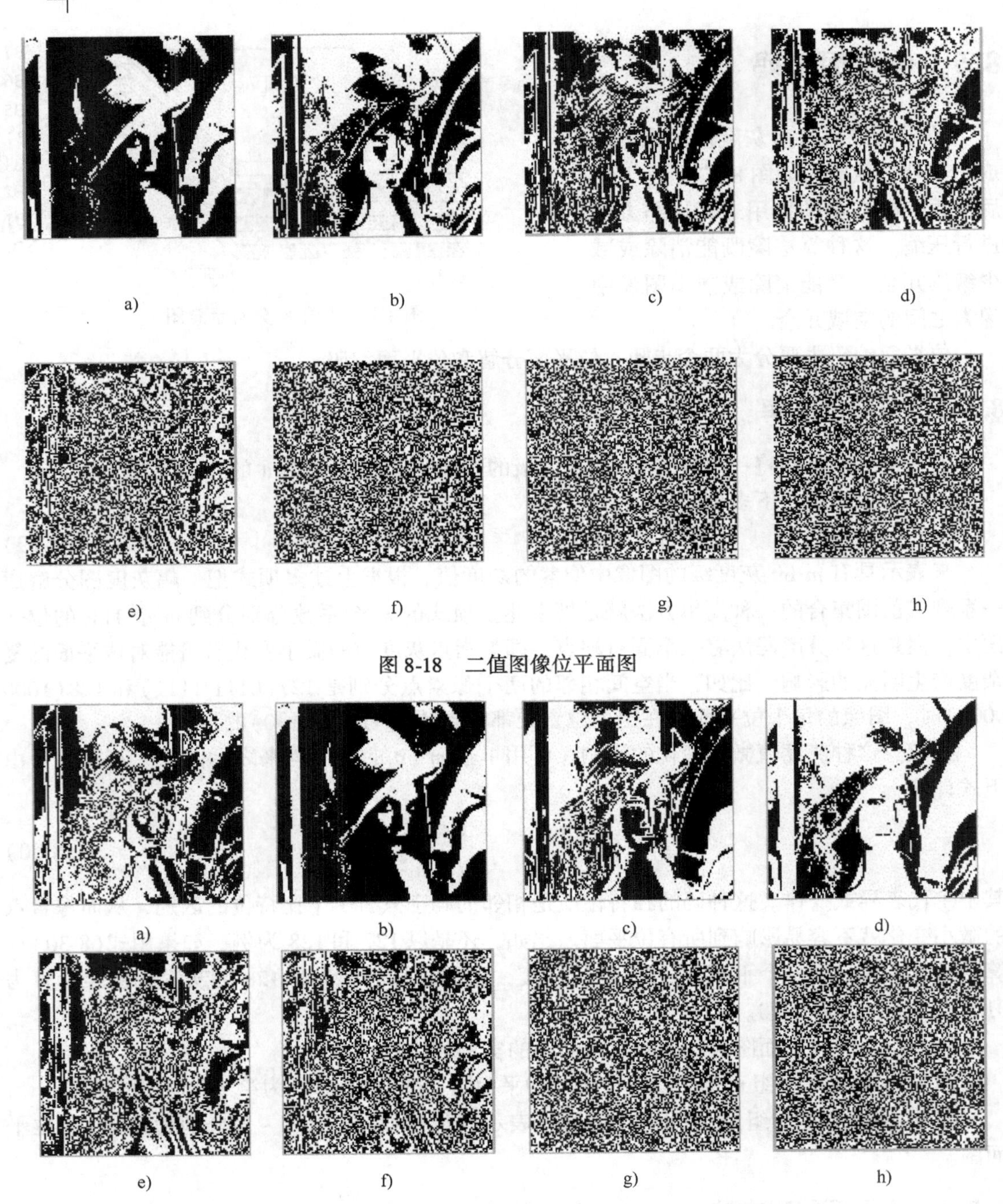

图 8-18 二值图像位平面图

图 8-19 灰度码位平面图

字，其他频率略低的用2bit的01和10码字。这样，原来某个位平面需要 $m \times n$ bit表示的常数块现在只用1bit或者2bit表示，从而达到了压缩的目的。

通过跟踪二值图中的区域边界并进行编码也可以达到对常数区域编码的目的。预测差异量化(Predictive Differential Quantizing, PDQ)就是一种面向扫描线的边界跟踪方法，详细介绍可参考有关文献。

8.6 静止图像压缩编码实例

前面讲述了几种常用的压缩编码技术，本节以静止图像压缩编码国际标准JPEG为例，讲述这些技术在静止图像压缩中是如何应用的。

JPEG是联合图像专家组(Joint Picture Expert Group)的英文缩写，是国际标准化组织(ISO)和CCITT联合制定的静止图像的压缩编码标准。JPEG标准主要涉及连续色调(灰度和彩色)静止图像的压缩编码，它的基本系统是按照通常的从左到右、从上到下的顺序对图像进行编码。对于彩色图像将其分解为一个亮度分量和两个色度分量，然后按照对灰度图像的编码方法对每个分量分别编码，所以我们以下只讨论对灰度的编码情况。

8.6.1 JPEG基本系统

JPEG标准主要采用了基于块的DCT变换编码，同时综合应用了以上讲述的游程编码、霍夫曼编码等方法。JPEG有损压缩算法编码的大致流程如图8-20所示。第一步，对图像块(把整个图像分成多个8×8子块)进行DCT变换，得到DCT系数；第二步，根据量化表对DCT系数进行量化；第三步，对DCT系数中的直流(DC)系数进行差分预测，对交流(AC)系数按Zig-Zag顺序重新排序；第四步，对第三步得到的系数进行霍夫曼(Huffman)编码。

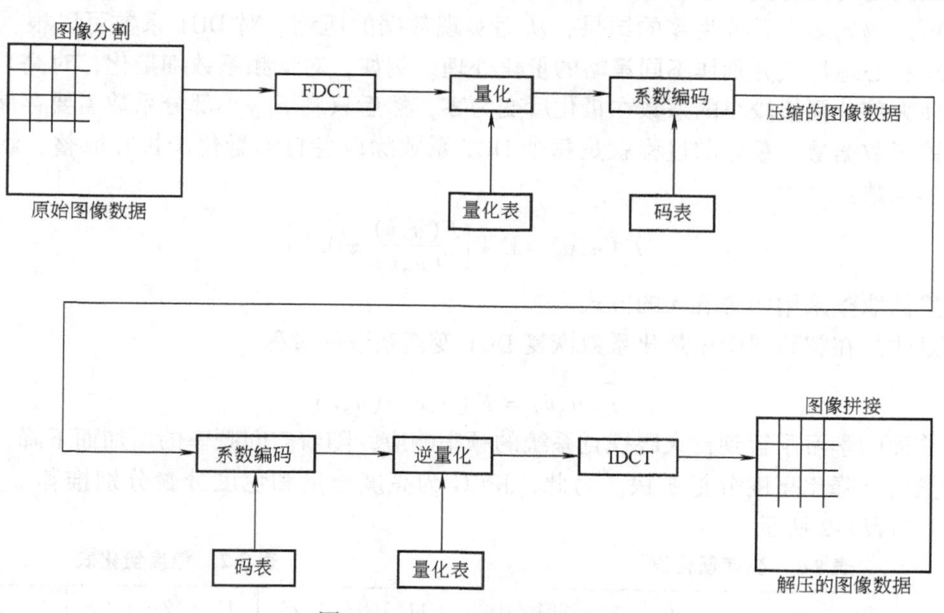

图8-20 JPEG基本系统框图

1. FDCT和IDCT

JPEG基本系统以DCT变换为基础，采用固定的8×8方块，所以标准中采用8×8点的二维DCT变换。正向DCT(FDCT)和反向DCT(IDCT)的表达式分别为

$$F(u,v)=C(u)C(v)\sum_{i=0}^{7}\sum_{j=0}^{7}f(i,j)\cos\left[\frac{(2i+1)u\pi}{16}\right]\cos\left[\frac{(2j+1)v\pi}{16}\right] \tag{8-31}$$

和

$$f(i,j) = \sum_{i=0}^{7}\sum_{j=0}^{7} F(u,v)C(u)C(v)\cos\left[\frac{(2i+1)u\pi}{16}\right]\cos\left[\frac{(2j+1)v\pi}{16}\right] \tag{8-32}$$

其中

$$C(u),\ C(v) = \begin{cases} 1/\sqrt{2} & u,\ v=0 \\ 1 & \text{其他} \end{cases}$$

$$\{f(i,j)\} = \begin{pmatrix} f(0,0) & f(0,1) & \cdots & f(0,7) \\ f(1,0) & f(1,1) & \cdots & f(1,7) \\ \vdots & \vdots & & \vdots \\ f(7,0) & f(7,1) & \cdots & f(7,7) \end{pmatrix} \tag{8-33}$$

$$\{F(u,v)\} = \begin{pmatrix} F(0,0) & F(0,1) & \cdots & F(0,7) \\ F(1,0) & F(1,1) & \cdots & F(1,7) \\ \vdots & \vdots & & \vdots \\ F(7,0) & F(7,1) & \cdots & F(7,7) \end{pmatrix} \tag{8-34}$$

在 JPEG 基本系统中，$f(x,y)$为 8bit 像素，即取值范围为 0～255，由 DCT 变换可求得 DC 系数 $F(0,0)$的取值范围为 0～2040，实际上，同样可以求出 $F(0,0)$是图像均值的 8 倍，除 $F(0,0)$外的其他系数为 AC 系数。关于二维 DCT 的具体实现，已有一些快速算法。

2. 量化与逆量化

在编码之前先对变换系数进行量化，量化降低了用以表示每一个 DCT 系数的比特数，并且还可以得到多个系数为零的结果，从而实现数据的压缩。对 DCT 系数可以根据人类视觉的生理和心理特点分别作不同策略的量化处理。例如，对低频系数细量化，对高频系数粗量化，使大部分幅值较小的系数在量化后变为零，然后只剩下一小部分系数需要存储，从而大大压缩了数据量。量化的过程就是每个 DCT 系数除以各自的量化步长并取整，然后得到量化后的系数：

$$\tilde{F}(u,v) = \mathrm{INT}\left[\frac{F(u,v)}{S(u,v)} \pm 0.5\right] \tag{8-35}$$

这里的取整采用四舍五入的方式。

逆量化是在解码器中由量化系数恢复 DCT 变换系数的过程：

$$\hat{F}(u,v) = \tilde{F}(u,v)S(u,v) \tag{8-36}$$

由前面的学习了解到，人眼视觉系统的频率响应，随着空间频率的增加而下降，且对于色度分量的下降比亮度分量要快。为此，JPEG 为亮度分量和色度分量分别推荐了量化表，如表 8-1 和表 8-2 所示。

表 8-1 亮度量化表

16	11	10	16	24	40	51	61
12	12	14	19	26	58	60	55
14	13	16	24	40	57	69	56
14	17	22	29	51	87	80	62
18	22	37	56	68	109	103	77
24	35	55	64	81	104	113	92
49	64	78	87	103	121	120	101
72	92	95	98	112	100	103	99

表 8-2 色度量化表

17	18	24	47	99	99	99	99
18	21	26	66	99	99	99	99
24	26	56	99	99	99	99	99
47	66	99	99	99	99	99	99
99	99	99	99	99	99	99	99
99	99	99	99	99	99	99	99
99	99	99	99	99	99	99	99
99	99	99	99	99	99	99	99

3. 对量化系数的编码

对于由量化器输出的量化系数，JPEG采用定长和变长相结合的编码方法，具体如下：

（1）直流(DC)系数　由于图像中相邻的两个图像块的DC系数一般很接近，所以JPEG对量化后的DC系数采用无失真DPCM编码，即对当前块的DC系数$F_i(0,0)$和已编码的相邻块DC系数$F_{i-1}(0,0)$的差值进行编码：

$$\Delta F(0,0)=F_i(0,0)-F_{i-1}(0,0) \tag{8-37}$$

按照其取值范围，JPEG将差值分为12类，如表8-3所示。编码时，将DC系数差值表示为“符号1 符号2”的形式，其中符号1为从表中查得的类别，实际上就是用自然二进制码表示DC系数差值所需的最少比特数，符号2为实际的差值。

对符号1，即DC系数差值的类别，采用霍夫曼编码。由于亮度和色度分量的DC系数差值统计特性差别较大，所以JPEG为两者分别推荐了霍夫曼码表。对符号2，采用自然二进制码，负数用整数的反码表示。例如：差值为2，用“10”表示；差值为-2，用“01”表示。

表8-3　DC系数差值的熵编码结构

类　别	取　值	类　别	取　值
0	0	6	-63 ~ -32，32 ~ 63
1	-1，1	7	-127 ~ -64，64 ~ 127
2	-3，-2，2，3	8	-255 ~ -128，128 ~ 255
3	-7 ~ -4，4 ~ 7	9	-511 ~ -256，256 ~ 511
4	-15 ~ -8，8 ~ 15	10	-1023 ~ -512，512 ~ 1023
5	-31 ~ -16，16 ~ 31	11	-2047 ~ -1024，1024 ~ 2047

（2）交流(AC)系数　Z型扫描(系数的重新排列)：因为经过量化以后，AC系数中出现较多的0，所以JPEG采用对0系数的游程长度编码，即将所有AC系数表示为

00…0X，00…0X，…，00…0X，…

其中，X表示非0值。若干个0和一个非0值X组成一个编码的基本单位，连续零的个数越多，编码效率就越高。因此，根据DCT系数量化后的分布特点，对DCT系数采取如图8-21所示的Z字形扫描方式，以使大多数出现在右下角的0能够连起来，出现更多的连零。

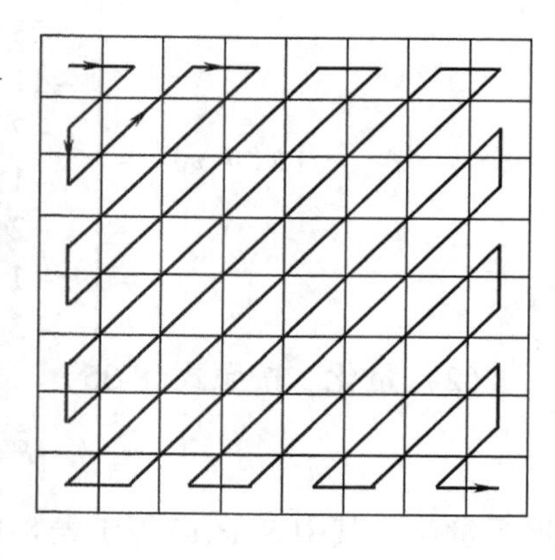

图8-21　Z字形扫描

熵编码：对于连零，可以用其游程即个数表示。同DC系数差值编码类似，JPEG将AC系数中的非0值也分为如表8-4所示的10类，即用自然二进制码表示非0值所需的最小比特数。于是，可将一个基本编码单位表示为

(符号1,符号2)

其中，符号2为实际的非0值，它表示的是非零的AC系数的幅值；符号1为(游程/类别)，即游程和类别的组合，“游程”表示按“Z”字形排列顺序的非零系数前的零值系数的个数。“类别”表示对非零系数编码的比特数，即对符号2编码的比特数。

与DC系数的编码类似，对符号1编码方法采用霍夫曼编码，JPEG同样为亮度和色度分量推荐了霍夫曼码表，对符号2也是采用自然二进制码。JPEG还另外设了两个专用符号：一个是“ZRL”，作为符号1的一种，表示游程为16，在游程大于或等于16时，可使用一个

或多个“ZRL”，外加一个普通的符号1；另一个为“EOB”，即块结束标志，表示该图像块中的剩余系数都为0。

表 8-4 AC 系数符号 2 的熵编码结构

类 别	取 值	类 别	取 值
1	-1，1	6	-63 ~ -32，32 ~ 63
2	-3，-2，2，3	7	-127 ~ -64，64 ~ 127
3	-7 ~ -4，4 ~ 7	8	-255 ~ -128，128 ~ 255
4	-15 ~ -8，8 ~ 15	9	-511 ~ -256，256 ~ 511
5	-31 ~ -16，16 ~ 31	10	-1023 ~ -512，512 ~ 1023

8.6.2 应用举例

以下是取自图像“Lena”的一个8×8的方块：

$$\{f(i,j)\} = \begin{pmatrix} 139 & 144 & 149 & 153 & 155 & 155 & 155 & 155 \\ 144 & 151 & 153 & 156 & 159 & 156 & 156 & 156 \\ 150 & 155 & 160 & 163 & 158 & 156 & 156 & 156 \\ 159 & 161 & 162 & 160 & 160 & 159 & 159 & 159 \\ 159 & 160 & 161 & 162 & 162 & 155 & 155 & 155 \\ 161 & 161 & 161 & 161 & 160 & 157 & 157 & 157 \\ 162 & 162 & 161 & 163 & 162 & 157 & 157 & 157 \\ 162 & 162 & 161 & 161 & 163 & 1158 & 158 & 158 \end{pmatrix} \tag{8-38}$$

1. 编码

对这块图像进行JPEG标准的编码过程如下：

（1）FDCT 经过FDCT后，得到其变换系数矩阵为

$$\{F(u,v)\} = \begin{pmatrix} 1260 & -1 & -12 & -5 & 2 & -2 & -3 & 1 \\ -23 & -17 & -6 & -3 & -3 & 0 & 0 & -1 \\ -11 & -9 & -2 & 2 & 0 & -1 & -1 & 0 \\ -7 & -2 & 0 & 1 & 1 & 0 & 0 & 0 \\ -1 & -1 & 1 & 2 & 0 & -1 & 1 & 1 \\ 2 & 0 & 2 & 0 & -1 & 1 & 1 & -1 \\ -1 & 0 & 0 & -1 & 0 & 2 & 1 & -1 \\ -3 & 2 & -4 & -2 & 2 & 1 & -1 & 0 \end{pmatrix} \tag{8-39}$$

（2）量化 按照式(8-35)

$$\widetilde{F}(u,v) = \mathrm{INT}\left[\frac{F(u,v)}{S(u,v)} \pm 0.5\right]$$

进行量化，其中$S(u,v)$等于表8-1给出的量化值，得到量化后系数矩阵

$$\{\widetilde{F}(u,v)\} = \begin{pmatrix} 79 & 0 & -1 & 0 & 0 & 0 & 0 & 0 \\ -2 & -1 & 0 & 0 & 0 & 0 & 0 & 0 \\ -1 & -1 & 0 & 0 & 0 & 0 & 0 & 0 \\ 0 & 0 & 0 & 0 & 0 & 0 & 0 & 0 \\ 0 & 0 & 0 & 0 & 0 & 0 & 0 & 0 \\ 0 & 0 & 0 & 0 & 0 & 0 & 0 & 0 \\ 0 & 0 & 0 & 0 & 0 & 0 & 0 & 0 \\ 0 & 0 & 0 & 0 & 0 & 0 & 0 & 0 \end{pmatrix} \tag{8-40}$$

（3）对量化系数的编码　对以上结果做Z字形扫描，得表8-5中的第一行，其中左边第一个数字为DC分量。假设上一个编码块的DC系数为77，则DC系数差值为2，DC和AC系数都可以表示为(符号1,符号2)的形式，如表中第二行所示。然后，对符号1分别查霍夫曼码表(亮度信号的DC系数差值霍夫曼码表,亮度分量的AC系数霍夫曼码表)，并用自然二进制码表示符号2，得到编码输出码流为表中第三行。

例如，对-2进行编码。

1）先确定符号1：-2前只有一个零，查表8-4知-2的类别为2，所以符号1为1/2(游程/类别)；

2）再对符号1(1/2)进行编码：查霍夫曼码表知(1/2)对应的码字为11011。

3）对符号2(-2)编码：2的自然二进制码为10，-2用反码表示，则为01。

表8-5　编码实例

79	0　-2	-1	-1	-1	0　0　-1	0　0…
2，2	1/2，-2	0/1，-1	0/1，-1	0/1，-1	2/1，-1	EOB
011 10	11011 01	00 0	00 0	00 0	11100 0	1010

对于该图像块，可以求得其编码的压缩比为

$$r=\frac{\text{编码前比特数}}{\text{编码后比特数}}=\frac{8\times 64}{31}=16.5 \tag{8-41}$$

比特率为

$$b=\frac{\text{总比特数}}{\text{总像素数}}=\frac{31}{64}\text{bit}=0.5\text{bit} \tag{8-42}$$

2. 解码

解码时，首先按照相应的霍夫曼码表对接收到的比特流进行熵解码，得到和编码器完全相同的DC量化系数的差值和AC量化系数，再结合上一个图像块的解码结果，得到DC量化系数，并经过逆Z字形扫描，恢复原来的自然排列方式。解码后的量化系数与编码器中的一样，仍为

$$\{\tilde{F}(u,v)\}=\begin{pmatrix} 79 & 0 & -1 & 0 & 0 & 0 & 0 & 0\\ -2 & -1 & 0 & 0 & 0 & 0 & 0 & 0\\ -1 & -1 & 0 & 0 & 0 & 0 & 0 & 0\\ 0 & 0 & 0 & 0 & 0 & 0 & 0 & 0\\ 0 & 0 & 0 & 0 & 0 & 0 & 0 & 0\\ 0 & 0 & 0 & 0 & 0 & 0 & 0 & 0\\ 0 & 0 & 0 & 0 & 0 & 0 & 0 & 0\\ 0 & 0 & 0 & 0 & 0 & 0 & 0 & 0 \end{pmatrix} \tag{8-43}$$

然后，利用和编码器中相同的量化表，对量化系数进行逆量化，恢复出以下DCT系数：

$$\{\hat{F}(u,v)\}=\begin{pmatrix} 1264 & 0 & -10 & 0 & 0 & 0 & 0 & 0\\ -24 & -12 & 0 & 0 & 0 & 0 & 0 & 0\\ -14 & -13 & 0 & 0 & 0 & 0 & 0 & 0\\ 0 & 0 & 0 & 0 & 0 & 0 & 0 & 0\\ 0 & 0 & 0 & 0 & 0 & 0 & 0 & 0\\ 0 & 0 & 0 & 0 & 0 & 0 & 0 & 0\\ 0 & 0 & 0 & 0 & 0 & 0 & 0 & 0\\ 0 & 0 & 0 & 0 & 0 & 0 & 0 & 0 \end{pmatrix} \tag{8-44}$$

再经过 IDCT 后，最终得到解码输出的图像块

$$
\{\hat{f}(i,j)\} = \begin{pmatrix} 144 & 146 & 149 & 152 & 154 & 156 & 156 & 156 \\ 148 & 150 & 152 & 154 & 156 & 156 & 156 & 156 \\ 155 & 156 & 157 & 158 & 158 & 157 & 156 & 155 \\ 160 & 161 & 161 & 162 & 161 & 159 & 157 & 155 \\ 163 & 163 & 164 & 163 & 162 & 160 & 158 & 156 \\ 163 & 163 & 164 & 164 & 162 & 160 & 158 & 157 \\ 160 & 161 & 162 & 162 & 162 & 161 & 159 & 158 \\ 158 & 159 & 161 & 161 & 162 & 161 & 159 & 158 \end{pmatrix} \tag{8-45}
$$

与原始图像块相比较，两者数据大小非常接近，其误差主要是量化造成的。对恢复的图像块，我们也可采用对整幅图像的评价方法计算其质量指标，例如，可得到其峰值信噪比为

$$
PSNR = 10\lg \frac{255^2}{\frac{1}{64}\sum_{i=0}^{7}\sum_{j=0}^{7}[f(i,j) - \hat{f}(i,j)]^2} = 41.0\text{dB} \tag{8-46}
$$

8.6.3 编码比特率的控制

不同的应用目的，需要不同的编码质量或编码比特率。另外，JPEG 编码的输出比特率将随图像局部的特性而变化，而大多数的传输信道是固定比特率的。为此，要求能够控制 JPEG 的编码质量或编码比特率，以满足用户或信道的需要。

JPEG 是通过改变量化步长实现这一要求的。设定一个质量控制因子 Q，在量化时，用该因子和量化表中的量化步长相乘以后，作为实际的量化步长。当要求较高的比特率时，Q 取较小的值，如0.2，使量化步长按同一比例减小；反之，当要求较低的比特率时，Q 取较大的值，如5.0，使量化步长按同一比例增大。这样，Q 应该作为一个编码参数和编码比特流一起传输给解码器。

对于大多数自然图像，JPEG 有损压缩能够在获得较好图像质量的条件下提供 5 ~ 20 倍的压缩比。JPEG 算法的主要缺点是在高压缩比时产生严重的块状效应和蚊式噪声，抗误码能力弱。块状效应是由低频端的量化误差和块内 DCT 变换基对低频限制引起的，蚊式噪声是由于高频端量化误差引起的。

8.7 图像压缩的国际标准简介

图像压缩标准化对广播电视、视频通信、多媒体计算机和视听工业都具有非常重要的意义。视频压缩技术在计算机、通信和家电等领域的广泛应用，必须通过实现标准化，这样才能带动集成电路的大批量生产，在大幅度降低成本的同时解决不同厂家设备的通用性问题。这方面的工作主要是由国际标准化组织(International Standardization Organization，ISO)和国际电信联盟(International Telecommunication Union，ITU)进行的。国际电信联盟的前身是国际电报电话咨询委员会(Consultative Committee of the International Telegraph and Telephone，CCITT)。

近年来，视频压缩国际标准的制定工作进展迅速，一系列关于视频信息压缩的规范标准逐渐出台，这些标准所采用的大部分基本技术（主要包括预测和变换编码技术）已在前面各节进行了原理介绍。根据各标准所处理图像类型不同，可将它们分成两个系列：①静止图像压缩编码标准；②视频图像压缩编码标准。下面将分别对各标准进行简单介绍。

8.7.1 静止图像压缩标准

1. JPEG

JPEG标准是一个通用的静止图像压缩标准，由联合图像专家组（JPEG）于1991年提出，可适用于所有连续色调的静止图像压缩和存储。JPEG的基本压缩方法已成为一种通用的技术，很多应用程序都采用了与之相配套的软硬件系统。JPEG文件的应用也十分广泛，特别是在网络和光盘读物上，都有它的影子，JPEG文件的扩展名为jpg或jpeg。

JPEG既可以用于有损压缩，也可以用于无损压缩。在无损压缩模式下，对图像的像素值采用预测编码，可以提供约2:1的压缩比。JPEG有损压缩算法的流程采用离散余弦变换（DCT）、预测编码（DPCM）以及熵编码，上一节已经介绍过了。

JPEG是一个适用范围很广的通用标准，其目标如下：

1）开发的算法在图像压缩率方面接近当前的最优水平，图像的保真度在较宽的压缩范围里的评价是“很好”“优秀”到与原图像“不能区别”。

2）开发的算法可实际应用于任何一类数字图像源，如对图像的大小、色彩空间、像素的长宽比、内容、复杂程度、颜色数及统计特性等都不加限制。

3）对开发的算法，在计算的复杂程度方面可以调整，因而可根据性能和成本要求来选择用软件执行还是用硬件执行。

4）开发的算法包括4种编码方式：顺序编码、累进编码、无损压缩编码和分层编码。

JPEG采用对称的压缩算法，即在同一系统环境下，压缩和解压缩所用的时间相同。采用JPEG压缩编码算法压缩的图像，其压缩比约为1:5至1:50，甚至更高。当采用JPEG的高质量压缩时，未受训练的人无法察觉到变化。在低质量压缩率下，大部分的数据被剔除，而眼睛敏感的信息则几乎全部保留下来。

2. JPEG2000

JPEG2000标准的主要动机是利用基于小波变换的压缩技术提供一套全新的图像编码系统。与原来的JPEG标准相比，除了采用小波变换外，JPEG2000还增加了一批新功能，它的目标是进一步改进目前压缩算法的性能，以适应低带宽、高噪声的环境，以及医疗图像、电子图书馆、传真、Internet网上服务和提供知识产权保护等方面的应用。其主要性能和新增功能包括：

1）高压缩效率，压缩率到0.1bit/像素时，仍能获得相当不错的重建图像。

2）图像传输从有损到无损。

3）分辨率伸缩性，质量（像素精度）伸缩性。

4）在不解压缩的情况下，随机地访问码流中的数据段。

5）能够定义兴趣区域（如医用图像中的某区域），对该区域采用高分辨率甚至无损编码。

6）使用重同步标记（Resync Marker）以便增加在高误码率信道（如移动通信）中的鲁棒性。

7）高质量、高保真度彩色图像处理（更大的图像尺寸，更多的比特/像素）。

8）使用 alpha 通道以便满足未来的图形处理和因特网需要。

9）信息嵌入，嵌入非图像信息，如说明文字、声音等数据信息。

10）图像加密。

此外 JPEG2000 还将彩色静止图像采用的 JPEG 编码方式与二值图像采用的 JBIG 编码方式统一起来，成为对应各种图像的通用编码方式。简单原理如图 8-22 所示。

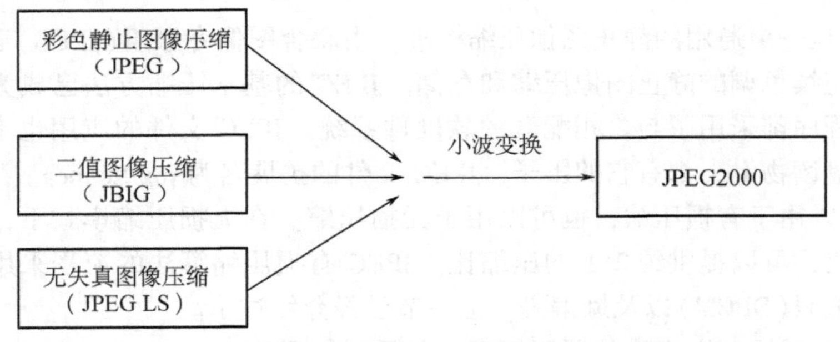

图 8-22 JPEG2000 简单原理图

表 8-6 是 JPEG2000 与 JPEG 的性能比较，其中加号表示支持或具有某种功能，加号越多表示功能越好，减号表示不具备某种功能。可以看出，JPEG2000 能够胜任许多 JPEG 无法应用的场合，并提供更优的压缩性能。

表 8-6 JPEG2000 与 JPEG 性能比较

算法	无损压缩	有损压缩	内嵌码流	感兴趣区	抗误码	渐进性	复杂度	随机访问	通用性
JPEG	–	++	–	–	–	–	++	+	+
JPEG2000	+++	+++	+++	++	++	++	+++	++	+++

8.7.2 视频压缩编码标准

1. 视频压缩编码标准发展概述

视频压缩编码标准由国际组织 ITU-T 和 ISO/IEC 制定。ITU 的标准称为建议，以字母排序，视频会议电视编码的标准在 H 的子集里，如 H.261、H.262 和 H.263。ISO 的标准按序号排列，如 MPEG-1 相对应的是 11172，MPEG-2 相对应的是 13818，MPEG-4 相对应的是 14496 等。ITU 的建议标准主要用于实时视频通信，如视频会议、可视电话等，而 MPEG 标准主要用于广播电视、DVD 和视频流媒体。

大多数情况下，这两个标准组织独立制定不同的标准，但在许多方面也有共同之处，例如 H.262 标准和 MPEG-2 的视频编码标准基本上就是同一个标准，而最新的 H.264 标准则被纳入 MPEG-4 的第 10 部分。

2. ISO 视频编码标准——MPEG-X

MPEG 是活动图像专家组（Moving Picture Experts Group）的英文简称，它是在信息技术的联合技术委员会 ISO/IEC 的框架下于 1988 年成立的，主要任务是制定活动图像及相应的声音压缩编码标准。该标准包括 MPEG 系统、MPEG 视频及 MPEG 音频三部分。从 1992 年以来，相继推出了 MPEG-1、MPEG-2、MPEG-4 和 MPEG-7 标准，以适用于不同带宽和数字影像质量的要求。

（1）MPEG-1 MPEG-1 于 1992 年 11 月发布，是第一个 MPEG 标准。该标准是针对 1.5Mbit/s 以下数据传输率的数字存储媒质运动图像及其伴音编码的国际标准。MPEG-1 标准的基本目标是：

1）在图像质量方面，普遍认为应高于电视电话的图像质量，可以被大家接受的是 VHS 录像机的图像质量和光盘(CD-ROM)的放映图像质量，这些图像质量在通用的计算机显示屏幕上也被认为是基本满意的。

2）在储存媒体方面，结合目前情况，普遍认为应该可以储存在光盘、数字录音带(DAT)等媒体中。

3）在传输码率方面，普遍认为应符合当时的计算机网络的传输码率，即 1～1.5Mbit/s，其中以 1.2Mbit/s 更适宜，因为这是 CD-ROM 和个人计算机目前传输的码率。

其主要应用是：使压缩后的视频信号适于存储在 CD-ROM 光盘上(650MB 存储约 72min 的视频信号)，同时适于在窄带信道(如 ISDN)、局域网(LAN)、广域网(WAN)中传输。MPEG-1 标准的出现极大地推动了 VCD 以及影视节目存储的应用与发展。MPEG-1 视频采用了基于块的运动补偿、DCT 变换和量化的混合编码方法。

（2）MPEG-2 MPEG-2 是继 MPEG-1 之后推出的视频压缩标准，是面向高质量数字电视(HDTV)的压缩标准。MPEG-2 可以说是 MPEG-1 的扩充，因为它们的基本编码算法都相同。但 MPEG-2 增加了许多 MPEG-1 没有的功能，包括：运动补偿既可以基于帧也可以基于场；运动向量的精确度提高到半个像素；离散余弦变换中可选择精度；超前预测模式；质量伸缩性(在同一视频流中可容忍不同质量的图像)；增加了隔行扫描电视的编码等。

对视频序列进行伸缩编码的目的是使不同档次的解码器对于同样的压缩码流可以各取所需，解码出不同质量、不同时间分辨率、不同空间分辨率的视频图像。MPEG-2 的码率为 1.5～35Mbit/s，由于比 MPEG-1 的处理方法复杂并且码率较高，所以能够提供更高质量的视频信号。此外，为了能够适应多种应用级别(从大众消费视频到专业视频)，MPEG-2 定义了几种类别(Profiles)和层次(Levels)。

MPEG-2 所能提供的传输率为 3～10Mbit/s，其在 NTSC 制式下的分辨率可达 720×486 像素，MPEG-2 也可提供广播级的视频图像和 CD 级的音质。MPEG-2 的音频编码可提供左、右、中及两个环绕声道，以及一个加重低音声道，并多达 7 个伴音声道(DVD 可有 8 种语言配音的原因)。由于 MPEG-2 在设计时的巧妙处理，使得大多数 MPEG-2 解码器也可播放 MPEG-1 格式的数据，如 VCD。

因为 MPEG-2 可以提供一个较广的范围改变压缩比，以适应不同画面质量、存储容量以及带宽的要求，所以除了作为 VCD 和 DVD 的指定标准外，MPEG-2 还可用于为广播、有线电视网、电缆网络以及卫星直播(Direct Broadcast Satellite)提供广播级的数字视频。

由于 MPEG-2 的出色性能表现，已能适用于 HDTV，使得原打算为 HDTV 设计的 MPEG-3，还没出世就被抛弃了。

（3）MPEG-4 MPEG-4 标准的制定始于 1993 年，最初的目标是针对视频会议、可视电话的超低比特率压缩编码。在制定过程中，MPEG 组织意识到人们对多媒体信息，特别是对视频信息的需求，由播放型转向基于内容的访问、检索和操作。于是 MPEG 就改变了 MPEG-4 的研究方向，由单纯的提高压缩效率转向制定基于内容的通用多媒体编码标准。1999 年，MPEG 制定了 MPEG-4 标准版本 1，包括 6 个部分：系统、视频、音频、一致性检验、参考软件和多媒体传输集成框架(DMIF)。

MPEG-4 是一个面向多媒体应用的压缩标准，其应用覆盖范围远大于前述标准。从移动可视电话到专业视频编辑，既支持自然图像也支持计算机的合成图像，最重要的是它支持交互功能。之所以支持交互功能，是由于 MPEG-4 采用了基于对象(Object)的图像描述方式，这一点是 MPEG-4 与其他标准的重要区别。

MPEG-4 支持多种类型的视觉对象编码，包括自然视频编码、基于 Wavelet 的静止纹理编码、二维模型编码、三维模型编码及脸部、身体动画模型编码。不同类型的视觉对象及音频对象在码流合成一个视觉场景，一个场景可以由多个独立编码、任意形状的媒体对象(视频对象、音频对象)组成，当然也可以是单个的矩形视觉对象。由于是对象独立编码，所以计算机产生的动画对象可以和自然视觉对象组合在一起，不管是自然视频、计算机合成视频或卡通，创作者在制作节目时都可以给用户留出自由操纵和改变场景面貌的机会，如删除、增加视觉对象或改变对象的位置，从而构建具有个人特色的场景式样。MPEG-4 带给用户的多媒体体验会超过现在所使用的任何一种编码机制所能达到的效果。

与以前的多媒体编码标准相比，它还采用了许多新的压缩算法来提高压缩效率，如对静止图像采用了零树小波变换，使 MPEG-4 的静止图像编码具有高的编码效率、细致的空间及信噪比伸缩性好等特点。另外，灵影(Sprite)编码是 MPEG-4 中另一个提高压缩比的有用工具，它主要用于编码连续多帧的非变化背景，例如，摄像机对着一片静止的自然景色摇镜头，所拍摄的就是一个静止大背景，Sprite 编码把整个背景作为整体进行编码，并且一次传到接收端，为准确表达摇镜头感觉，只需传输每帧应该显示的背景位置(四角顶点位置)，而不是每帧都对背景重新编码，这样可以大大节省编码所需的比特数。MPEG-4 支持空间和时间的可伸缩性，在可伸缩性编码时，码流由一个基础流和一个或多个增强流组成，从而提供不同的空间分辨率和时间分辨率(帧频)，用户可根据各自的网络带宽和终端的解码能力对相应的码流进行解码。

此外，MPEG-4 中采用了多种机制来减少和消除错误的发生，主要有重同步、数据分区、头部扩展编码和反向可变长编码等。MPEG-4 还提供了对知识产权的保护，而且 MPEG-4 码流对于传输媒介而言是独立的，可以透明地通过不同的传输网络。

MPEG-4 是基于对象的视频编码，编码的基本单元是视频对象。为了描述视频对象并对其进行处理，首先需要从背景中分离出视频对象(即用户感兴趣的)，这就用到了图像/视频分割技术。由于图像分割技术在分割有效和效率上存在一定局限性，使得 MPEG-4 工程应用进展缓慢，但图像/视频分割技术却引起了广泛的讨论和研究。

3. ITU 视频压缩编码标准

(1) H. 261 标准　H. 261 是最早出现的视频编码标准，它首次使用了运动补偿预测编码结合 DCT 变换的方法，其输出码率是 64kbit/s 的整数倍(1 ~ 31 倍)。H. 261 主要是针对 ISDN 的会议电视和可视电话等应用制定的，通过缓冲控制产生恒定的输出码率。

H. 261 公布于 1990 年，是第一个采用现代编码算法的通用视频标准，其后很多标准的形成都受到 H. 261 的影响。

H. 261 的输入视频主要支持 CIF 和 QCIF，只有帧的工作方式。H. 261 编解码最大支持 30 帧/s 的 CIF 图像，最小支持 7. 5 帧/s 的 QCIF 图像，通过连续丢掉 1 ~ 3 帧来降低码率，采用 16 × 16 大小的宏块进行整数像素的运动估计，8 × 8 的块进行 DCT、量化、Zig-Zag 排序和熵编码。H. 261 采用了两个量化器，对帧内编码的 DCT 直流系数用均匀量化器进行量化，其他系数采用带死区的均匀量化器。为了减少计算的复杂性和延时，H.261不包括双向预测编码，另外，运动估计也只精确到整数像素。

（2）H.263标准　视频会议、可视电话等数字图像通信方面的应用越来越广泛，但这些数字图像传输的媒质——公共交换电话网（Public Switched Telephone Network，PSTN）和无线网络的带宽仍然有限，应用早期的视频编码标准H.261已经不能满足压缩性能的要求，同时H.261对信道误码鲁棒性低，也不能满足应用的需求。针对这种应用背景，H.263应运而生。H.263标准能够满足现有信道所需要的压缩性能，同时对信道误码具有一定的鲁棒性，从而成为低码率视频编码的主流标准。

H.263强调双向视频传输的重要性，主要面向低码率的视频应用（如在电话线上传输可视电话和电视会议的数字图像），它的输出码率有比较大的动态范围，不仅限于低码率。非低码率条件下，与MPEG-1比较，CIF图像在128kbit/s～1Mbit/s码率范围内，使用H.263标准一般可以获得更好的压缩效果。

H.263标准支持SUB-QCIF、QCIF、CIF、4CIF和16CIF等5种标准图像格式。原始的视频信号在Y、U、V彩色空间中描述，亮度信号按照图像本身分辨率进行采样，色度信号在X轴和Y轴方向采样为原分辨率的一半。

为了提高压缩效率，H.263标准采用半像素运动预测，运动预测基于8×8子块进行，采用了重叠运动补偿。H.263除了基本的编码模式之外，还提供了4种可选的高级模式：无限制运动矢量、高级预测模式、PB帧模式以及算法编码模式。

（3）H.263+和H.263++标准　针对PSTN和无线网络上的传输速率有限，而且误码率高的状况，继而提出了H.263的改进版本H.263+和H.263++，以满足高压缩效率和较强信道容错能力的应用要求。

H.263+是H.263标准的第二版，于1998年9月公布，它在H.263的基础上，新增了12种可选模式和新特性，并对第一版中的无限制运动矢量模式进行了修正。

H.263++是H.263标准的第三版，于2000年11月公布，它在H.263+的基础上，又添加了3种可选模式。

（4）H.264/AVC　H.264/AVC是ITU-T和ISO联合制定的编码标准，它最先由ITU-T的VCEG（Video Coding Expert Group）于1997年提出，目标是提出一种更高性能（主要与H.263比较）的视频编码标准。由于其相对于MPEG-4的优良表现，2001年底，ISO的MPEG加入到标准的制定过程中，与VCEG组成JVT（Joint Video Team）。2002年底，完成了H.264/AVC所有技术工作。2003年3月正式公布，称为H.264/AVC，该标准在ITU中被称为Recommendation H.264，在ISO/IEC中称为MPEG-4的第10部分或者AVC（Advance Video Coding）。

H.264标准继承了H.263和MPEG-1/2/4视频标准的优点，但在结构上并没有变化，仍然采用传统的混合编码框架，只是在各个主要的功能模块内部使用了一些先进的技术，提高了编码效率。在相同的重建图像质量下，能够比H.263节约50%左右的码率。采用的新技术包括：多种新的帧内预测方法、可变尺寸块运动补偿技术、多参考帧运动补偿技术、4×4整数变换技术、新的环路滤波技术等。下面对这些新技术进行简单的介绍。

1）帧内预测。H.264引入了帧内预测的方法，利用相邻宏块的相关性对编码的宏块进行预测，对预测残差进行变换编码，以消除空间冗余。值得注意的是，以前的标准是在变换域中进行预测，而H.264是直接在空间域中进行预测。

对亮度像素而言，预测块 P 可用 4×4 子块、8×8 子块或者 16×16 宏块操作。4×4 亮度子块有 9 种可选的预测模式；8×8 亮度子块也有相同的 9 种可选的预测模式；16×16 亮度块有 4 种预测模式。色度块也有 4 种预测模式，类似于 16×16 亮度块预测模式。下面只讲 4×4 亮度子块预测模式和 16×16 亮度块预测模式。帧内预测是 H. 264/AVC 算法改进的一个闪亮点，是编码效率提高的一个重要因素。

2）多模式高精度的帧间预测。从 H. 261 标准发布以来，各种主要编码标准在进行帧间预测时，都使用了基于块的运动补偿预测模式，H. 264/AVC 也采用了这种预测模式。与以往标准的区别在于 H. 264/AVC 支持多种块结构(从 16×16 到 4×4)的预测，并且预测精度能达到 1/4 像素。

块大小对运动估计的效果是有影响的。H. 264/AVC 的宏块分割包括 4 种类型，每个宏块可以分割成：1 个 16×16，或 2 个 16×8，或 2 个 8×16，或 4 个 8×8。如果选择 8×8 模式，则每个 8×8 块可以进一步分割成：1 个 8×8，或 2 个 8×4，或 2 个 4×8，或 4 个 4×4。这样宏块被分割成不同尺寸的块或子块，每一个块或子块都有一个独立的运动矢量。利用各种大小的块进行的运动补偿称作树状结构运动补偿。

一个宏块有多个不同尺寸的子块，而子块又有多个不同尺寸更小子块，每个子块都可以有单独的运动矢量。在进行帧间预测的时候，每一个块和子块都要求有各自的运动矢量描述。在编码的时候，选择块大小的模式和每个块的运动矢量都要被编码和发送。选择了大的区域(如 16×16,16×8,8×16)进行编码时，意味着用少量的比特数据去描述运动矢量和块类型。然而，经过补偿后的运动的画面还有大量的运动细节需要描写。选择小的区域(如 8×4,4×4,4×8)进行编码时，会在使用运动补偿后产生少量的编码，描述运动细节，却需要较多的比特流来描述运动矢量和块类型。如何选择块的大小具有重要的意义。

另外，在 H. 264 中，运动补偿精度由 H. 263 中的半像素提高到 1/4 像素，并且把 1/8 像素作为可选项。

3）4×4 整数变换。与以前的标准不同，H. 264 中采用的变换技术不再是基于 8×8 块的 DCT 变换，而是基于 4×4 块的整数变换，这种变换是在原 DCT 变换基础上改进的。

H. 264 的 4×4 块整数变换中只有整数运算，消除了浮点运算，减少了运算量，并且精确的整数变换在编码器和解码器中可以得到相同的正变换和反变换，不会出现“反变换误差”，从而消除了因变换精度引起的图像失真。由于变换的最小单位是 4×4 像素块，相比于 8×8 点 DCT 变换编码，能够降低图像的块效应。

H. 264/AVC 共有三种变换：4×4 残差数据变换、4×4 亮度直流系数变换(16×16 帧内模式下)、2×2 色度直流系数变换。

4）统一变长编码和基于内容的自适应算术编码。原 H. 264 标准有两种熵编码方法：一种是对所有语法单元采用统一的 UVLC(Universal Variable Length Coding)，另一种是基于内容自适应的二进制算术编码(CABAC)。CABAC 是可选项，其编码性能比 UVLC 稍好，但计算复杂度也高。

上下文自适应的可变长编码(Context-Adaptive Variable Length Coding，CAVLC)根据已编码句法元素的情况，动态调整编码中使用的码表，取得了极高的压缩比，比 UVLC 压缩效率高，计算复杂度又比 CABAC 低。由于专利持有方愿意免费将 CAVLC 贡献出来，因此被 H. 264 的基本档次(Baseline Profile)、主要档次(Main Profile)、扩展档次(Extended Profile)所采用。

5）算法的分层设计。H. 264 编码算法在概念上可以分为两层：视频编码层（Video Coding Layer, VCL）负责高效的视频内容表示，包括基于块的运动补偿混合编码和一些新特性；网络提取层（Network Abstraction Layer, NAL）负责以网络所要求的恰当方式对数据进行打包和传送。在 VCL 和 NAL 之间定义了一个基于分组方式的接口，打包和相应的信令属于 NAL 的一部分。这样，高编码效率和网络友好性的任务分别由 VCL 和 NAL 来完成。

H. 264 的主要功能目标如下：

- 在相同的重建图像质量下，H. 264 比 H. 263 + 和 MPEG-4（Simple Profile）节约 50% 码率。
- 采用简洁的设计方式，简单的语法描述，避免过多的选项和配置，尽量利用现有的编码模块；对信道时延的适应性较好，既可工作于低时延模式以满足实时业务，如电视会议等，又可工作于无时延限制的宽松场合，如视频存储等。
- 加强对误码和丢包的处理，增强解码器差错恢复能力。
- 在编解码器中采用复杂度可分级设计，在图像质量和编码处理之间可分级，以适应高复杂性和低复杂性的应用。
- 提高网络适应性，采用“网络友好”的结构和语法，以适应 IP 网络、移动网络的应用。

H. 264 着重于解决压缩和传输的高可靠性，因而其应用面十分广泛。H. 264/AVC 规定了基本档次（Baseline Profile）、主要档次（Main Profile）、扩展档次（Extended Profile）和高端档次（High Profile, FRExt）4 个档次，分别对应于不同的应用场合。

基本档次：主要应用于视频会话，如电视会议、可视电话、远程医疗、远程教学等；

主要档次：主要应用于消费电子应用，如数字电视广播、数字视频存储等；

扩展档次：主要应用于网络的视频流，如视频点播等；

高端档次：主要应用于超高质量的视频图像，如高清数字电视、数字影院等。

各种图像压缩标准如表 8-7 所示。

表 8-7 图像压缩标准

标准名称	制定标准的机构和时间	压缩比/目标码率	主要压缩技术	应用范围
JPEG	ISO/IEC（1991）	压缩比 2 ~ 30 倍	— DCT — 主观量化 — Zig-Zag 扫描排序 — 霍夫曼编码 算术编码	— 因特网图像 — 数字照相 — 图像和视频编辑
JPEG2000	ISO/IEC	压缩比 2 ~ 50 倍	— 小波变换 — 标量量化 — 邻近模型比特层编码 — 算术编码 — 分辨率伸缩性 — 质量（信噪比）伸缩性 — 兴趣区域 — 误码回避 — 码率控制	— 因特网图像 — 数字照相 — 图像和视频编辑 — 出版 — 医学图像 — 移动通信 — 彩色传真 — 卫星图像

（续）

标准名称	制定标准的机构和时间	压缩比/目标码率	主要压缩技术	应用范围
MPEG-1	ISO/IEC（1992）	比特率 1.5Mbit/s	— DCT — 主观量化 — 自适应量化 — Zig-Zag 扫描排序 — 前向、双向运动补偿 — 半采样精度运动估计 — 霍夫曼编码、算术编码	— 将视频信息存储在 CD-ROM 上 — 消费视频
MPEG-2	ISO/IEC（1994）	比特率 1.5 ~ 35Mbit/s	— DCT — 主观量化、自适应量化 — Zig-Zag 扫描排序 — 前向、双向运动补偿 — 基于帧/场的运动补偿 — 半像素精度运动估计 — 空间、时域、质量伸缩性 — 霍夫曼编码、算术编码 — 误码回避	数字电视 — HDTV — 高质量视频 卫星电视 有线电视 — 地面广播 — 视频编辑 — 视频存储
MPEG-4	ISO/IEC（1998 ~ 1999）	比特率 8kbit/s ~ 35Mbit/s	— DCT、小波变换 — 主观量化、自适应量化 — Zig-Zag 扫描排序 — Zero-tree 扫描排序 — 前向、双向运动补偿 — 基于帧/场的运动补偿 — 半像素精度的运动估计 — 重叠运动补偿 — 空间、时域、质量伸缩性 — 比特平面形状编码 — 长背景灵影编码 — 脸部动画 — 动态网格（mesh）编码 — 霍夫曼编码、算术编码 — 误码回避	— 因特网 — 交互视频 — 视觉编辑 — 视觉内容操作 — 消费视频 — 专业视频 — 2D/3D 计算机图形 — 移动通信
H.261	ITU-T（1990）	比特率：$p \times 64$kbit/s（p:1 ~ 31）	— DCT — 自适应量化 — Zig-Zag 扫描排序 — 前向运动补偿 — 整数倍采样精度运动估计 — 霍夫曼编码 — 误码回避	— ISDN 电视会议

（续）

标准名称	制定标准的机构和时间	压缩比/目标码率	主要压缩技术	应用范围
H. 263	ITU-T (1996)	比特率： 8kbit/s ~ 1.5Mbit/s	— DCT、自适应量化 — Zig-Zag 扫描排序 — 前向、双向运动补偿 — 半采样精度运动估计 — 重叠运动补偿 — 霍夫曼编码、算术编码 — 误码回避	— POTS 可视电话 — 桌面可视电话 — 移动可视电话
H. 264	ITU-T/ISO		— 4×4 整数变换、自适应量化 — 前向、双向运动补偿 — 多参考帧预测 — 1/4 采样精度运动估计 — 树状结构运动补偿 — 帧内预测 — 统一可变长编码 — 自适应算术编码 — 场/帧自适应编码 — 环路去块滤波 — 误码回避	— 可视电话 — 电视会议 — 远程医疗 — 远程教学 — 网络视频点播 — IPTV — 数字电视 — HDTV — 数字视频存储

习　题

8-1　640×480×8bit 的数字化电视帧图像，每帧有 1024B 的描述结构，请问 220MB 存储空间可以存 30 帧/s的电视图像多少秒？如果用压缩比为 4.25 的无损压缩算法结果又如何？

8-2　如何全面评价一个图像压缩系统？

8-3　客观保真度准则和主观保真度准则各有什么特点？

8-4　试述预测编码的基本原理，并画出原理框图。

8-5　设某一幅图像共有 8 个灰度级，各灰度级出现的概率分别为：

$$P_1=0.20，P_2=0.09，P_3=0.11，P_4=0.13，P_5=0.07，P_6=0.12，P_7=0.08，P_8=0.20$$

试对此图像进行霍夫曼编码，并计算信源的熵、平均码长、编码效率及冗余度。

8-6　已知4-符号信源{a,b,c,d}由5个符号组成的符号序列：abccd。设各个信源符号的概率为$P(\mathrm{a})=0.2$，$P(\mathrm{b})=0.2$，$P(\mathrm{c})=0.4$，$P(\mathrm{d})=0.2$。对信源符号进行霍夫曼编码，给出码字、码字的平均长度和编码效率(并与算术编码进行比较)。

8-7　已知符号 a、e、i、o、u、k 的出现概率分别是 0.2、0.3、0.1、0.2、0.1、0.1，对 0.23355 进行算术解码。

8-8　已知信源 $X\{0,1\}$，信源符号的概率为 $P(0)=1/4$，$P(1)=3/4$。试对 1001 和 10111 进行算术编码。

8-9　简述变换编码的原理及过程。

8-10　何为区域编码？何为门限编码？

8-11　图像编码有哪些国际标准？它们的基本应用对象分别是什么？

第9章　数字图像处理系统及应用实例

9.1　数字图像处理系统

数字图像处理系统由前端获取图像信息的输入设备、将模拟信息转换为数字信息的 A/D 采样设备、对图像信息进行处理和分析的数字图像处理设备（计算机或专用处理芯片）以及终端显示输出设备组成。数字图像处理系统的结构原理框图如图 9-1 所示。

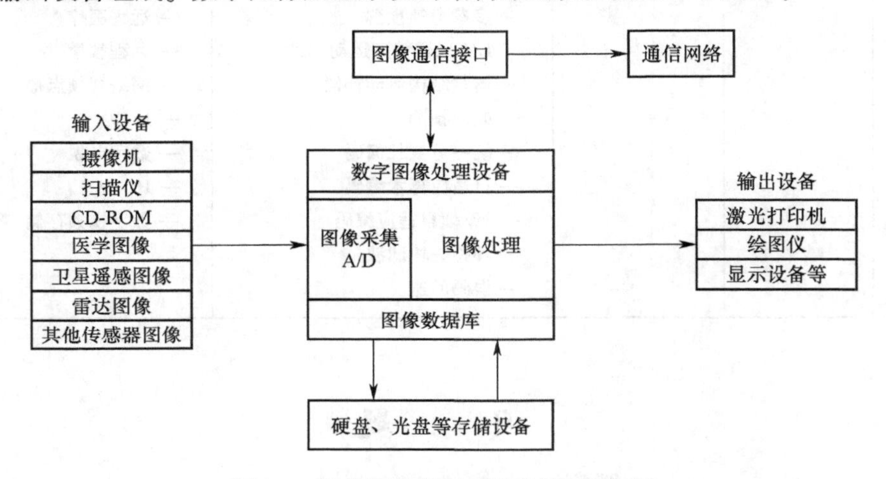

图 9-1　数字图像处理系统结构原理框图

9.1.1　数字图像处理系统的分类

数字图像处理系统是以数字信号处理理论、计算机和电子技术的发展为基础的，融合了计算机技术和电子技术的最新研究成果。数字图像处理系统按照应用目的可分为通用型和专用型两种。通用型系统主要完成各种算法研究、大型计算、多媒体技术研究、视频制作等；专用型系统一般具备一定的特殊用途，处理任务单一，且对系统的体积、重量、处理速度、功耗、成本等都有特定的要求，处理器通常选用数字信号处理器（DSP）。

通用型系统一般以普通计算机或图形图像工作站为主，结合负责 A/D 转换的采集卡，在系统环境下工作具有良好的再开发能力；专用型系统主要由专用的数字信号处理芯片设计而成，采用具有适合图像和信号处理特有规律的并行处理阵列组成；但随着数字信号处理技术和芯片技术的发展，能运行操作系统的专用芯片已开始使用，在专用芯片上进行数字图像处理技术的研究已越来越普遍。

9.1.2　计算机图像处理系统的基本构成

计算机图像处理系统由图像采集、图像处理和图像输出三部分组成。

1. 图像采集

原始的图像数据是通过图像采集进入计算机的，因此，图像采集的作用是采集模拟图像数据，并将模拟信号转换成数字信号。计算机图像处理系统常用的图像采集部件有：模拟摄像机和图像采集卡、图像扫描仪以及数字照相机等。

（1）模拟摄像机和图像采集卡　图像处理系统采用的模拟摄像机分为电子管式摄像机和固体器件摄像机两种。目前普遍采用的固体器件摄像机有两种类型，一是电荷耦合器件(Charge Coupled Device, CCD)摄像机，二是互补金属氧化物半导体(Complementary Metal-Oxide Semiconductor, CMOS)摄像机。这两种摄像机的传感器都是利用感光二极管进行光电转换，其主要差异是数据传送方式不同，CCD 传感器的电荷信息需要在同步信号控制下一位一位地实施转移和读取，再经由传感器边缘的放大器进行放大输出，整个过程需要有时钟控制电路和三组不同的电源相配合；而在 CMOS 传感器中，每个像素点都会邻接一个放大器及 A/D 转换电路，用类似内存电路的方式将数据输出，但是 CMOS 传感器的每个像素由四个晶体管与一个感光二极管构成(含放大器与 A/D 转换电路)，使得每个像素的感光区域远小于像素本身的表面积，因此在像素尺寸相同的情况下，CMOS 传感器的灵敏度要低于 CCD 传感器。造成这种差异的原因在于：CCD 传感器的特殊工艺可保证数据在传送时不会失真，因此各个像素的数据可汇聚至边缘再进行放大处理；而 CMOS 传感器的数据在传送距离较长时会产生噪声，因此必须先放大，再整合各个像素的数据。

由于数据传送方式不同，CCD 与 CMOS 传感器在性能和应用上也有诸多差异，CCD 传感器在灵敏度、分辨率、噪声控制等方面都优于 CMOS 传感器，而 CMOS 传感器则具有低成本、低功耗以及高整合度的特点。但是随着 CCD 与 CMOS 传感器技术的进步，两者的差异有逐渐缩小的趋势，例如，CCD 传感器一直在功耗上做改进，以便应用于移动通信市场；CMOS 传感器则在改善分辨率与灵敏度方面的不足，以便应用于更高端的图像产品。

摄像机的参数包括空间分辨率、灰度分辨率、快门参数、最低照明度等。根据传感器的有效工作范围，可分为可见光、红外、紫外、X 射线等摄像机；根据快门速度，可分为静止和实时摄像机。模拟摄像机需要和图像采集卡配合使用，配合时要考虑两者参数的优化问题。

图像采集卡是模拟摄像机和计算机的接口，它先将模拟视频采样、量化后转换为数字视频，然后将数字视频压缩或直接传输给计算机。根据前端摄像机的不同，图像采集卡也相应地分为彩色图像采集卡和黑白图像采集卡，彩色图像采集卡也可以采集同灰度级别的黑白视频。

（2）图像扫描仪　图像扫描仪也是一种获取图像并将其转换成计算机可以显示、编辑、存储和输出数字格式的设备，是一类适合于薄片介质，如纸张、照片(胶片)、插图、图形、树叶、硬币、纺织品等物体的图像数字化设备。其空间分辨率较高，一般在 1200dpi(点/英寸)以上。根据灰度分辨率的不同，可以分成黑白 64 级灰度扫描仪、黑白 256 级灰度扫描仪和彩色图像扫描仪；根据幅面大小的不同，可以分成手提式扫描仪、平板式扫描仪、滚筒式扫描仪等；根据扫描仪结构的不同，可以分为透射式扫描仪和反射式扫描仪。由于使用机械扫描的方式采集数据，因此采集速度不如 CCD 摄像机快。

（3）数字照相机　数字照相机将图像采集和数字化部件集成在同一机器上，使其输出的信号能直接被计算机所接收。数字照相机使图像的采集部件和主机的连接更具有通配性，而且由于其携带方便，有相应的存储器，因此更适用于现场数据采集。

数字照相机使用 CCD 或 CMOS 将感应到的光信号转换成电信号，并传输给数字照相机的其他器件，如模数转换器、数字信号处理器等进行处理，从而形成以数字形式存在的图像。数字照相机形成图像的整个过程包括光电转换、图像处理、图像合成、图像压缩、图像保存、图像输出等，形成的图像是数据文件。在数字图像处理领域，常用的一种专业数字照相机是单反数字照相机，单反是指单镜头反光即SLR(Single Lens Reflex)，光线透过镜头到达反光镜后，折射到上面的对焦屏并形成影像，透过接目镜和五棱镜，使得摄影者可以从取景器中直接观察到通过镜头的影像。

随着微电子技术和数字图像处理技术的发展，数字照相机的功能多种多样，性能不断提升。下面简单介绍数字照相机成像几个关键技术：

1）光学变焦(Optical Zoom)：通过镜片移动来放大或缩小需要拍摄的景物，光学变焦倍数越大，能拍摄的景物就越远。此外，使用增倍镜可以增大光学变焦倍数，数字照相机光学变焦倍数等于增倍镜的倍数与光学变焦倍数的积。

2）数码变焦(Digital Zoom)：通过数字照相机内的图像处理器，把原来传感器上的一部分像素使用“插值”处理手段放大，将中心区域画面放大到整个画面。

3）防抖功能：实际拍摄中由于拍摄者手抖动或拍摄物体的运动造成的图像模糊，需要靠特殊的结构或算法来抑制或消除。防抖分为三大类型：光学防抖、机械防抖和电子稳像防抖。

4）防红眼(Redeye Reduction)：距离较近和光线较暗时拍摄人像会发生红眼现象，这是由于眼睛视网膜反射闪光而引起的。数字照相机的“消除红眼”模式先让闪光灯快速闪烁一次或数次，使人的瞳孔适应之后，再进行主要的闪光和拍摄。

5）人脸识别：如果拍摄画面中含有人脸，则获取人脸的位置、大小、姿态等信息，进一步提取出人脸的特征供相机进行对焦、曝光等参数的调整。人脸的模式是复杂的，受到多种因素的影响，找到一种有效的方法提取人脸的共性特征来描述人脸模式，即人脸的建模，是人脸检测和识别的关键技术。

2. 图像处理部分

在计算机图像处理系统中，图像处理工作是由计算机完成的，图像处理的过程通常包括从帧存储器提取数据到计算机内存、处理内存中的图像数据和传送数据回图像帧存储器三个步骤。对于直接使用内存的采集卡，则只需和内存进行数据交换。计算机的内存越大，CPU的运算速度越快，图像处理的速度也越快。目前一个热门的研究课题是使用计算机图形处理器(Graphics Processing Unit,GPU)来进行图像处理算法研究，主要是因为GPU是一种高度并行化、多线程、多核的处理器，极大地提升了计算机图形处理的速度、增强了图形的质量。

目前，高端GPU浮点计算性能已经达到Teraflops(每秒万亿次)级别，相当于一个高性能计算集群系统。GPU的极高计算性能也吸引了越来越多的关注，人们期望能够将GPU用于图形渲染计算任务以外的通用计算领域，如数据处理、科学计算等。在各GPU生产厂商的大力推动下，一些原先制约GPU通用化的障碍(如硬件结构、编程模型)已经不同程度地得到了克服，基于GPU的通用计算(General Purpose Computing on GPU,GPGPU)，已经成为计算领域发展的新趋势。

计算统一设备架构(Compute Unified Device Architecture,CUDA)是NVIDIA公司在2007年推向市场的针对GPGPU的一个全新并行计算架构，使专注于图形处理的GPU超高性能在通用计算领域发挥优势。CUDA作为NVIDIA图形处理器的通用计算引擎，它包括了NVIDIA对于GPGPU的完整的解决方案：从支持通用计算并行架构的图形处理器，到实现计算所需要的硬件驱动程序、编程接口、程序库、编译器、调试器等。官方为这个架构提供的编程语言称为 CUDA C。凭借良好的软硬件编程模式，在 CUDA 平台可方便地实现 GPU 通用计算，这也使得 CUDA 成为目前应用最为广泛的 GPU 通用计算平台。CUDA 模型的计算流程如图 9-2 所示。

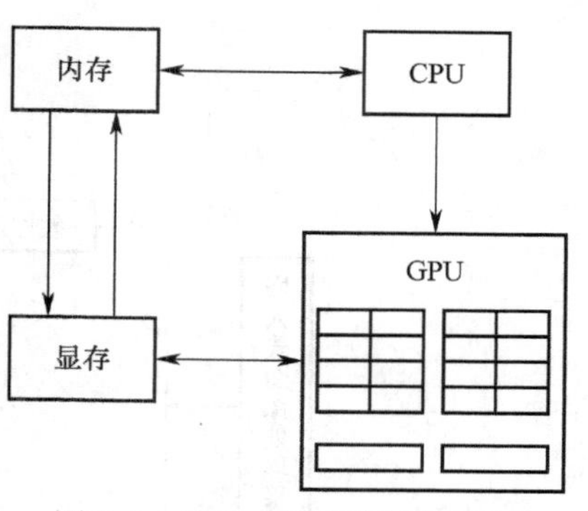

图 9-2 CUDA 模型的计算流程

数字图像处理实质是处理图像像素矩阵，属于数据密集型计算，因此可以考虑在 GPU 上对图像处理进行并行计算和优化。同时，图像处理中包含了大量的浮点计算，而 GPU 相对于 CPU 而言对浮点运算具有更好的支持，即使存在一定误差，对图像处理的结果在视觉上也没有什么影响。CPU 中实现的算法并不能直接移植到 GPU 平台执行，因此我们要让 GPU 加速传统的图像处理算法，必须结合 CUDA 编程模型，对原有的串行算法进行分析，把算法改造成符合 GPU 架构的并行算法，才能够充分利用 GPU 并行计算能力，体现出 GPU 在高性能计算方面的优势。

算法的改造可以从两个方面考虑：一是充分利用传统算法的天然并行性，将已有的并行性在 CUDA 中并行化，例如点运算不需要图像中其他像素的值，因此并行化点运算是非常简单且是完全可行的；二是利用经典并行算法的设计思路对传统图像处理算法进行并行化改造，这在 GPU 加速图像处理算法中是最常用的方法。

3. 图像分析识别结果的输出

从广义的角度讲，图像的输出形式可以分为以下两种：

一种是根据图像处理的结果做出判断，得到的是结果或对图像内容的数学表达和描述，例如质量检测中的合格与不合格，输出不一定以图像作为最终形式，而只需做出提示供人或机器选择。这种提示可以是计算机屏幕信息，或是电平信号的高低，这样的输出往往用于成熟研究的应用上。

另一种则是以图像为输出形式，它包括中间过程的监视以及结果图像的输出。图像输出方式有屏幕输出、打印输出和视频硬拷贝输出。

9.1.3 嵌入式图像处理系统的基本构成

随着信息化、智能化、网络化的发展，嵌入式技术在个人数据处理、多媒体通信、在线事务处理、生产过程控制、交通控制等各个领域得到了广泛的应用。图像处理设备正朝着智能化、小型化以及网络化方面发展。嵌入式系统自身的特点，恰恰满足了图像处理发展需求，这就使得嵌入式系统与图像处理紧密结合在了一起，形成了嵌入式图像处理系统，并成为当前的研究热点。

根据 IEEE 的定义，嵌入式系统是控制、监视或者辅助设备、机器和车间运行的装置。它主要由两大部分组成：嵌入式硬件系统和嵌入式软件系统。硬件系统是整个系统的基础，构成软件运行的硬件平台；而软件系统则是整个系统的灵魂，也是嵌入式系统特点的体现，其复杂程度往往很高，软件系统开发的工作量要占到整个系统开发的工作量的 70% ~80%。嵌入式图像处理系统的组成如图 9-3 所示。

1. 嵌入式图像处理系统的硬件

嵌入式图像处理系统的硬件架构大致可以分为：嵌入式处理器、存储器、输入/输出设备、视频编解码器和电源管理等。

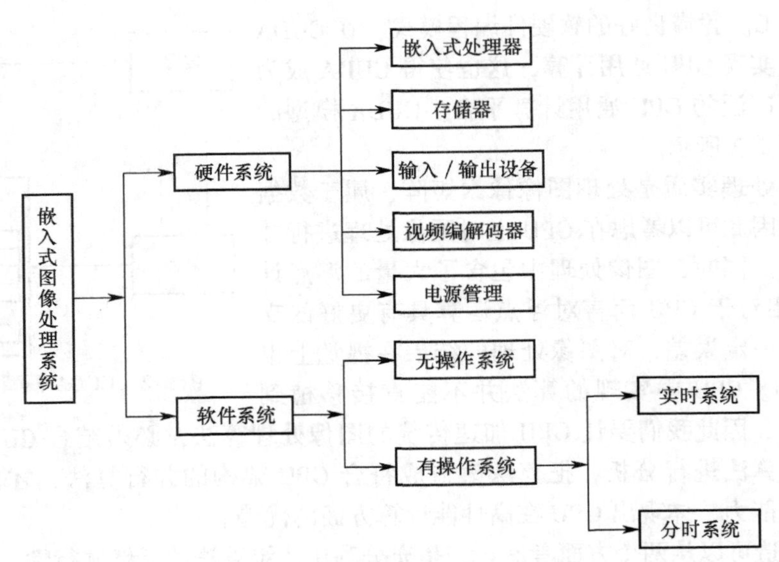

图9-3 嵌入式图像处理系统的组成

(1) 嵌入式处理器 嵌入式处理器是嵌入式系统的核心部件，主要用于加载程序代码、访问存储器、控制I/O口和外围电路。数字图像处理的计算量很大，需要很强的数据处理能力，常用的嵌入式处理器有ARM、DSP和FPGA等。

ARM(Advanced RISC Machine)架构提供一系列内核、体系扩展、微处理器和系统芯片方案，四个功能模块可根据用户的要求定制。ARM处理器具有体积小、功耗低、低成本、性能高的特点，芯片上具有大量的寄存器，采用固定长度的指令格式，同一指令中包含了算术逻辑处理和移位处理。

现场可编程门阵列(Programmable Gate Array,FPGA)是在PAL、GAL、EPLD等可编程器件的基础上进一步发展的产物。它是作为专用集成电路(ASIC)领域中的一种半定制电路而出现的，既解决了定制电路的不足，又克服了原有可编程器件门电路数有限的缺点。FPGA采用了逻辑单元阵列(Logic Cell Array,LCA)这样一个新概念，内部包括可配置逻辑模块(Configurable Logic Block,CLB)、输入/输出模块(Input Output Block,IOB)和互联资源(Interconnect Resource,IR)三部分。

数字信号处理器(Digital Signal Processor,DSP)是专门为快速实现各种数字信号处理算法而设计的，具有专用的硬件乘法器、片内外两级存储结构、特殊的DSP指令、指令系统的流水线操作、快速指令周期等特点。DSP在数字滤波、FFT和频谱分析等方面具有广泛应用，目前主流的DSP处理器有Texas Instruments的TMS 320系列和Motorola的DSP 56000系列。

(2) 存储器 存储器是嵌入式系统的记忆器件，用于存储嵌入式程序、缓存数据等。它是由一组或多组具备数据输入/输出功能的集成电路组成，并能根据控制器的输入信息对指定位置进行数据或指令存入和取出的芯片。存储器按照存储信息的不同可分为只读存储器和随机存取存储器，嵌入式系统常用的存储器有Nor Flash、Nand Flash、SRAM、SDRAM、DDR等。

(3) 输入/输出设备 嵌入式系统的输入/输出设备用于实现数字图像系统的人机交互功能。常见的输入设备有键盘、鼠标、控制手柄、触摸屏、模拟相机、数字照相机等，常见的输出设备有模拟监视器、数字显示屏等。

（4）视频编解码器　视频编解码器用于实现视频数据的格式转换，以符合嵌入式处理器的输入要求。视频编解码器按照输入、输出视频的不同可分为模拟编解码器和数字编解码器两种。前者用于解码PAL、NTSC制式的模拟视频，并对处理后的视频数据进行相应制式的编码；后者将高速串行视频码流解码为并行数字视频，并对处理后的视频数据进行相应格式的编码。

（5）电源管理　电源是嵌入式硬件系统的一个重要组成部分，电源的稳定性在很大程度上决定了系统的稳定性。电源管理也叫电源控制，主要指电源芯片选型、电源电压监测和工作模式管理等。

2. 嵌入式图像处理系统的软件

嵌入式图像处理系统的软件分为无操作系统的嵌入式系统软件和有操作系统的嵌入式系统软件。在传统的软件设计中多选用无操作系统的嵌入式系统软件；而有操作系统的嵌入式系统软件层次分明，可扩展性和可维护性强。有操作系统的嵌入式系统软件结构如图9-4所示。

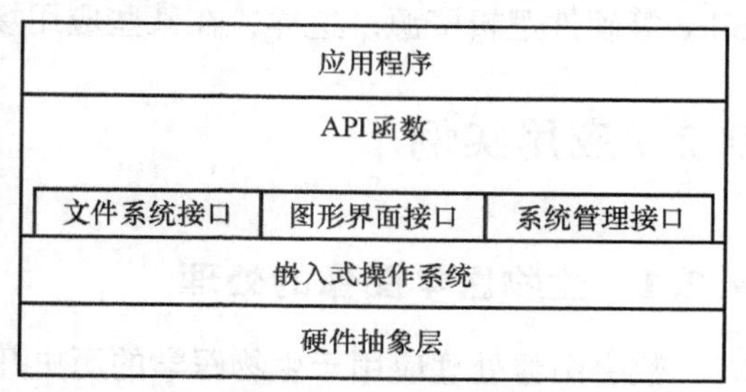

图9-4　有操作系统的嵌入式系统软件结构

（1）硬件抽象层　硬件抽象层又可称作板级支持包，是介于硬件和操作系统驱动程序之间的一层，主要用于描述底层硬件的相关信息，实现对操作系统的支持和加载，为驱动程序提供访问接口。

（2）嵌入式操作系统　嵌入式操作系统是负责嵌入式系统的全部软/硬件资源管理、分配及执行、任务调度、控制和协调的一个功能可裁剪的管理控制程序。常见的操作系统包括：VxWorks、Linux、Small OS、Windows CE、Palm OS、Android和Windows 8等。

（3）API函数层　API函数层是操作系统为用户提供的文件系统管理、GUI图形界面以及系统管理等功能的应用程序编程接口。通过API接口函数，程序员在设计应用程序时可以很好地实现应用程序和操作系统间的衔接和功能调用。

（4）应用程序　应用程序是由用户针对特定应用而设计的具有针对性的、运行于操作系统之上的、可直接和用户进行交互的计算机程序。通常状况下，应用程序都运行在处理器的用户模式下，而操作系统则运行在处理器的系统模式下。操作系统中每一个应用程序都可以看作一个独立的进程或任务，都拥有自己独立的地址空间。

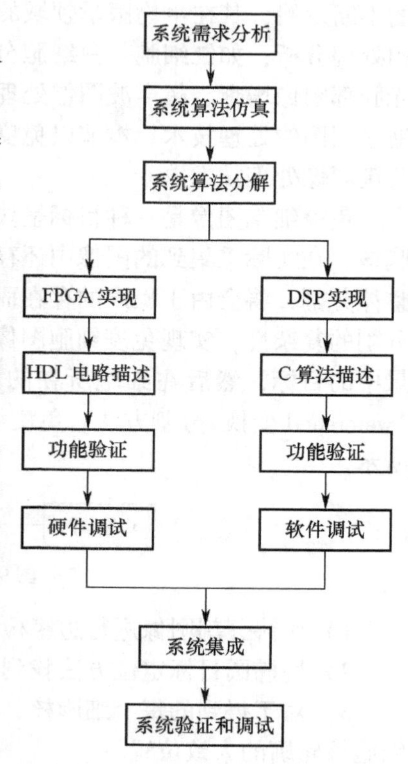

图9-5　FPGA + DSP系统设计流程

目前，主流的嵌入式图像处理系统采用FPGA + DSP处理器的架构模式。基于此架构模式的数字图像处理设计流程如图9-5所示。第一，对系统进行需求分析，明确系统要求实现的功能和达到的性能，如系统功耗、系统采样频率和系统带宽等，同时指出系统的集成度需求和对外接口定义。第二，进行系统算法级的仿真，确定算法的正确性和功能的完备性。第三，进行系统算法分解。算法分解的依据主要有两点：算法结构的特点和算法实现时的性能需求。对于算法结构较为规则、实现时需要高速处理的，FPGA 较为合适；对于算法结构较为复杂、对处理速度要求不高的，DSP 较为合适。第四，算法实现。对于需要 FPGA 实现的算法，根据 FPGA 设计开发流程，完成 HDL 电路描述、功能验证和硬件调试；对于需要 DSP 实现的算法，根据 DSP 设计开发流程，使用 C 语言或汇编语言完成算法描述、功能验证和软件调试。第五，将系统集成，进行系统验证和调试。

此外，Xilinx 推出的 EPP Zynq-7000 系列 FPGA 内部嵌入了两个 ARM 核，同时其内部还有 28 ~ 350KB 个逻辑单元，240 ~ 2180KB 的可扩展式 Block RAM，80 ~ 900 个 18 × 25 DSP Slice 等硬件逻辑资源。这样，在某些应用场合可采用 FPGA + EPP 的架构模式。

9.2 应用实例

9.2.1 生物医学图像的处理

数字图像处理应用于生物医学的历史几乎与其本身的历史相当，这是因为一些从事数字图像处理的研究人员，如 JPL(Jet Propulsion Laboratory)的 R. 内森等人对生物学和医学问题向来颇感兴趣，常用业余时间从事生物医学图像如细胞显微图像的研究。随着图像处理技术的不断发展，其在生物医学领域的应用也越来越广泛，而且成效显著。例如对医用显微图像的处理分析，如红细胞、白细胞分类，染色体分析，癌细胞识别等，此外，在 CT 技术、X 光肺部图像增晰、超声波图像处理、心电图分析、立体定向放射治疗等医学诊断方面都广泛地应用图像处理技术。本节以免疫细胞图像自动分割算法为例，介绍细胞图像分析系统里的关键图像处理技术。

免疫细胞图像是一种目标呈块状分布的图像，在背景中分布着若干个目标如椭圆状的细胞核，在实际采集到的图像中还存在着各种噪声，因此如果对一幅视野里的图像进行一次性整体分割，将会由于噪声的存在而很难得到满意的结果，自动分割也就无从谈起。为了降低分割的复杂性，实现免疫细胞图像的自动分割，可以采取分层分割的策略，即先定位找到背景中的目标，然后在细胞所在的小区域内再运用具体的分割算法，在本例中使用了水域(watershed 变换)分割方法。免疫细胞图像的自动分割大致可以分为以下四个步骤，如图 9-6 所示。

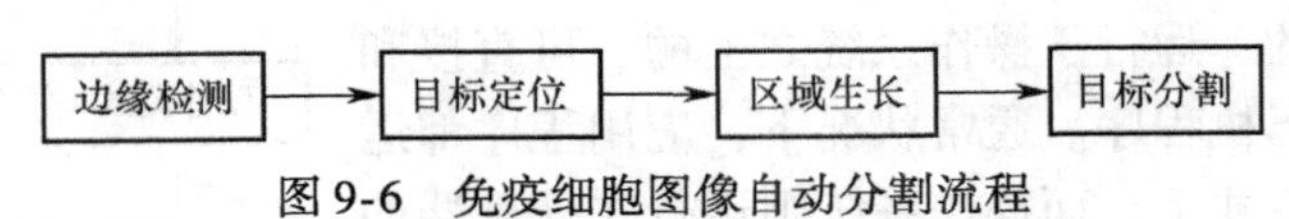

图 9-6 免疫细胞图像自动分割流程

1）对待分割图像进行边缘检测。

2）用椭圆目标定位方法找到检测结果中每个细胞核的中心位置。

3）对于得到的每个细胞核，以中心点作为种子点，进行区域生长，用一个矩形框返回细胞核轮廓的大致位置。

4）用水域生长(watershed)方法在该矩形框内进行图像分割。

图 9-7 为免疫细胞图像自动分割过程的示意图。

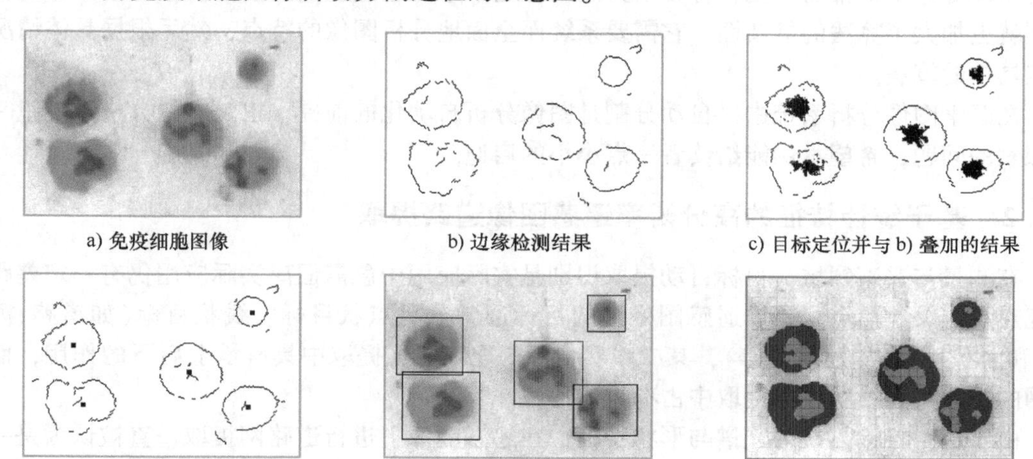

a) 免疫细胞图像　b) 边缘检测结果　c) 目标定位并与 b) 叠加的结果

d) 计算目标中心点　e) 计算目标所在矩形框　f) 在矩形框内分割图像

图 9-7　免疫细胞图像自动分割过程示意图

假设椭圆目标的半径小于等于 R，且其所在窗口大小为 $M \times M$，则建立一个同样大小的累加数组 T。从边缘点开始沿梯度切线方向(指向圆心)做一个有一定角度 α 并且半径大于 R 的扇形区，然后对扇形区内的点进行累加，并记录在累加数组 T 中，则 T 中对应椭圆圆心的区域就会有较高的值出现，这时只要对累加数组取阈值，大于阈值的位置就对应了目标的内部。图 9-8 说明了椭圆目标位置检测的全过程，从图中可以看出，对累加数组 T 取阈值后目标内部的一个点集被检测出来，这时候通过计算求出这个点集的中心点，则这个中心点就对应了目标的中心位置。

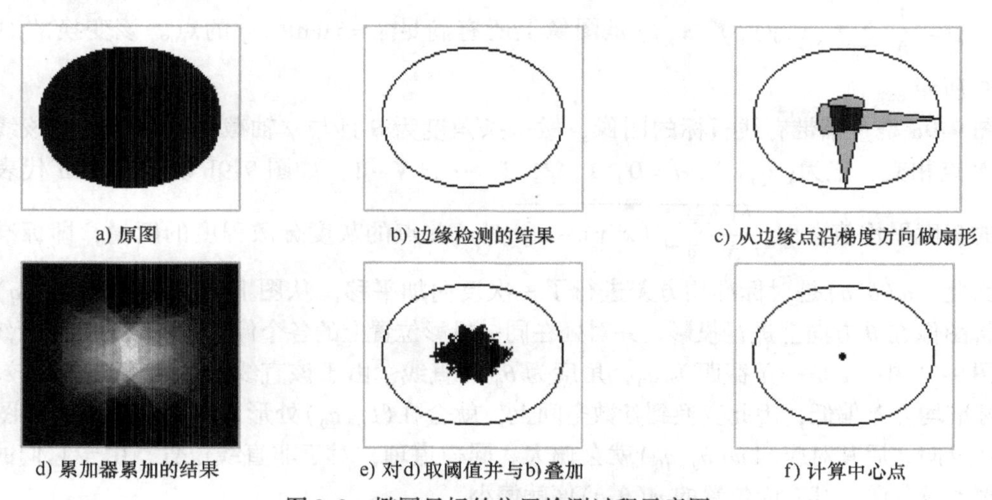

a) 原图　b) 边缘检测的结果　c) 从边缘点沿梯度方向做扇形

d) 累加器累加的结果　e) 对 d) 取阈值并与 b) 叠加　f) 计算中心点

图 9-8　椭圆目标的位置检测过程示意图

利用图 9-8 的检测过程把图像中的细胞核所在的中心位置检测出来后，就可以根据步骤 3) 采用区域生长的方法获取细胞核所在的矩形区域，在该区域内利用水域分割算法即可完成细胞的分割。有关水域分割的方法可以参见 6.3.3 小节，此处不做重复表述。

以上是对免疫细胞图像自动分割算法的描述。图像分割算法的种类很多，可以说各有各的优势，但对于特定图像来说，要想找到一种有效的分割方法并不是一件容易的事情，在实际的图像处理中常常需要把各种分割算法结合起来才能达到预期的效果。而对于图像的自动分割就更加大了算法的复杂性，它需要系统而全面地分析图像的特点，然后根据具体情况来确定具体的算法。

在医学图像分析系统中，自动分割是图像分析自动化的前提，也是图像分析系统里一直在探索的问题，希望本例能给读者一点小小的启迪。

9.2.2 基于统计特征的高分辨率遥感图像道路提取

在测量与遥感领域，目标自动提取识别是实际应用中急需但离实际应用仍有一定差距的研究热点与关注焦点之一。遥感图像上的目标通常分为点状目标、线状目标(如道路、河流等)和面状目标(如建筑物等)，其中线状目标提取在目标提取中具有承上启下的作用，而道路网的提取又在线状目标提取中占有重要地位。

由于道路目标复杂的光谱与形状特征，在遥感图像上进行道路网提取一直被认为是一项具有相当难度的工作，遥感工作者们为解决此问题付出了大量不懈的努力。本例根据道路目标在小区域内呈现直线的特点，在参数空间上，根据直线的灰度标准均方差和道路两边缘梯度矢量的峰谷分布规律，完成道路的自动检测。

1. 用灰度标准均方差检测直线

假设图像空间中的一条角度为 θ、截距为 q 的直线 $y=x\tan\theta+q$，映射其灰度标准均方差到参数空间上的一点(θ,q)，该点的值 $w(\theta,q)$可由以下公式求得：

$$w(\theta,q)=\begin{cases}-\sqrt{\dfrac{1}{N}\sum\limits_{i=0}^{N-1}[f_i(x,y)-u]^2}+255, & N>0\\ 0, & N=0\end{cases} \tag{9-1}$$

式中，$u=\dfrac{1}{N}\sum\limits_{i=0}^{N-1}f_i(x,y)$，$f_i(x,y)$是图像上所有满足 $y=x\tan\theta+q$ 的点。该变换的原理如图 9-9 所示。

图 9-9a 是一幅带有线目标的图像，做一条角度为 θ 且与 y 轴截距为 q 的线，该线与图像有 N 点相交，记为(x_i,y_i)，$i=0, 1, 2, 3, \cdots, N-1$，如图 9-9b 所示。则 u 代表了这些点的灰度平均值，而$\sqrt{\frac{1}{N}\sum\limits_{i=0}^{N-1}[f_i(x,y)-u]^2}$是这些点的灰度分散程度的度量，即标准均方差。因此，$w(\theta,q)$是对标准均方差进行了一次反向加平移。从图上可以看出，$w(\theta,q)$实质上是将图像在 θ 方向上进行投影，并对处在同一投影位置上的各个像素的灰度分布进行统计。

图 9-9b 中，l 是一条截距为 q_0，角度为 θ_0 的直线，由于该直线上的灰度分布比较均匀，它的标准均方差偏低，因此变换到参数空间上，就会在(θ_0,q_0)处形成一个峰值点，如图 9-9c 所示；反向之后其对应的 $w(\theta_0,q_0)$就会偏大。同样道理，对于非直线位置，由于它们的灰度分布都比较分散，其对应位置的 $w(\theta,q)$值就偏小。

2. 梯度矢量均值约束的线目标检测

投影方式仍如上例所述。对原始图像进行梯度变换，对梯度矢量进行统计，用梯度矢量均值来代替上例(θ,q)处的值，就得到了梯度矢量在参数空间中的统计特性。

假若图像空间中有一条角度为 θ，截距为 q 的线目标 $y=x\tan\theta+q$。由于一条线有两条边，在每一条边上，其梯度幅值比较大且方向也比较集中，因而对应(θ,q)位置的值也会比较大。又因为直线两条边的梯度矢量是方向相反的，那么，表现在参数空间上将会在(θ,q)

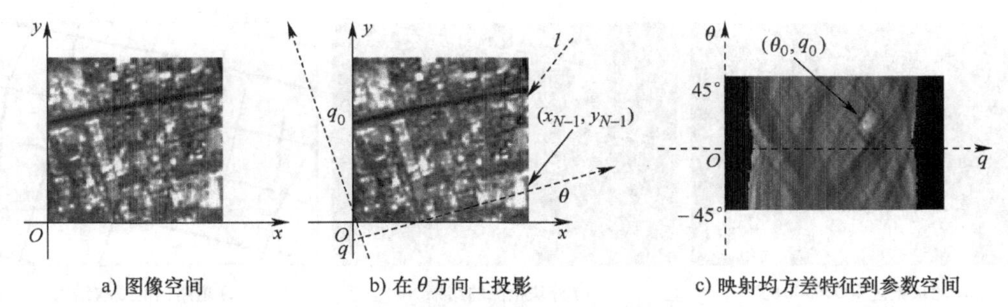

a) 图像空间　b) 在θ方向上投影　c) 映射均方差特征到参数空间

图9-9　映射均方差特征到参数空间的示意图

处的左右两边形成一个高峰和一个低谷(反向峰)紧密相连的峰谷并存现象，峰与谷的距离则由被检测目标的粗细程度决定。对于非直线上的位置，要么梯度幅值偏低，要么方向不集中，因此它们的平均统计量将趋向于0，从而不会在参数空间上形成峰谷并存的现象。图9-10是将图9－9a的梯度矢量均值映射到参数空间的示意图。

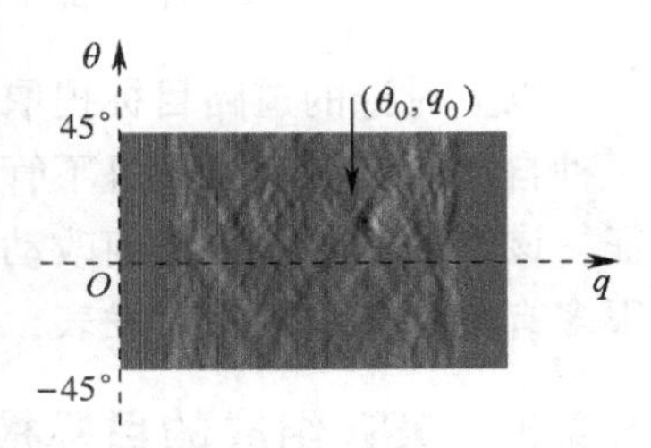

图9-10　映射图9-9a的梯度矢量均值到参数空间的示意图

如果一幅图像内只有一条直线，那么具有最大值的$w(\theta,q)$就对应了直线位置。而当图像中有若干个线目标时，就需要对$w(\theta,q)$取合适的阈值来检测目标。然而，如果这个阈值选得太大就会丢失目标，太小又会造成过分割现象。有了直线的梯度矢量均值特征，加上直线灰度均方差特征，那么在直线的参数空间中同时具有最大标准均方差以及梯度矢量均值峰谷并存现象的点就是直线的参数点。这样一来，即使对两个特征空间的阈值设定得宽一些，目标也会很容易被检测出来。图9-11是用两个统计特征检测水平方向道路目标的过程，对于垂直方向的线目标通过旋转即可求得。

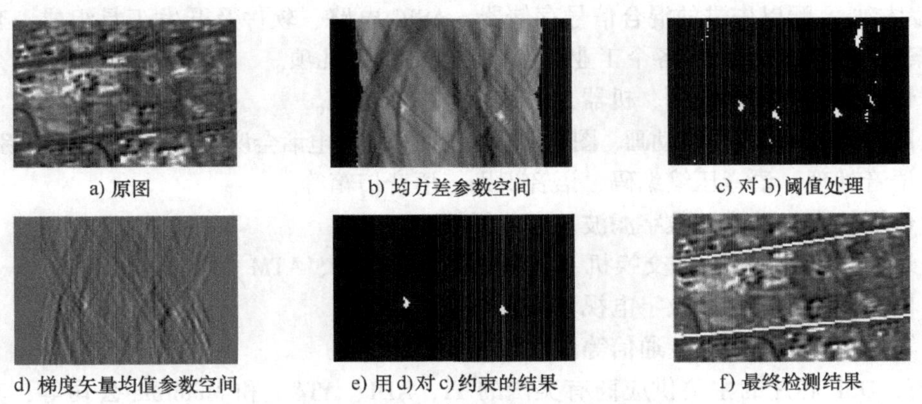

a) 原图　b) 均方差参数空间　c) 对b)阈值处理

d) 梯度矢量均值参数空间　e) 用d)对c)约束的结果　f) 最终检测结果

图9-11　用两个统计特征检测水平方向道路目标的过程

对于道路目标，在大区域范围是很难呈现直线特征的，因此我们采用分块处理的策略。图9-12是北京城区400×300的15m分辨率遥感图像采用100×100的块进行检测的结果。从图中可以看出，包括一些与背景区分不是很明显的弱目标在内，大部分线目标都已经被检测出来了。但有些块中的道路目标有漏检现象，这个问题可以通过曲线跟踪的方法进行解决，理论上，只要道路的某一段被检测出来，就可以通过曲线跟踪的方式将整条道路提取出来。

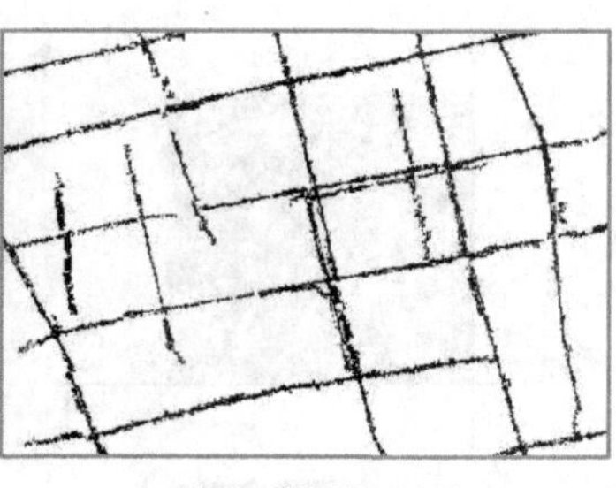

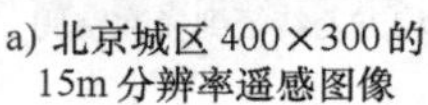
a) 北京城区 400×300的 15m分辨率遥感图像

b) 分块检测的结果

c) 道路网的提取结果

图 9-12 北京城区 400×300 的 15m 分辨率遥感图像分块检测结果

以上讨论的道路目标提取方法，利用的是目标的统计特征，该过程不需要人工干预，是一种自动检测过程，而且不管目标相对于背景的明暗程度如何，只要目标呈现明显的线状特征，该算法都不需要任何改动。遥感图像道路目标提取是遥感图像处理的重要内容，目前有很多有关这方面的文章发表，而且也取得了很大的成就，感兴趣的读者可以参考相关文献。

9.2.3 DSP 组成的目标检测与识别系统

数字信号处理器(Digital Signal Processor, DSP)是一种专门进行数字信号处理运算的微处理器，是建立在数字信号处理的各种理论和算法基础上，专门完成各种实时数字信息处理运算的。DSP 内部采用程序和数据分开的哈佛结构，具有专门的硬件乘法器，广泛采用流水线操作，提供特殊的 DSP 指令，可以用来快速地实现各种数字信号处理算法，它能够每秒钟处理千万条复杂的指令程序，其处理速度比以往最快的微处理器还快数十倍。近年，许多大公司都为用户提供针对不同应用背景的整套 DSP 解决方案。美国的 TI 公司为全球几万个计算机、通信、消费类、汽车、军用及工业应用提供创新的 DSP 方案。TI 的 DSP 解决方案是以 DSP 为核心，配以先进的混合信号存储器、ASIC 电路、软件及开发工具组成一套完整的解决方案，能够广泛应用于各个工业领域，主要有如下几项。

1）快速处理：实时控制、机器人视觉、电机控制等。

2）图形图像处理：三维动画、图像传输、图像压缩、电话会议、多媒体、图像识别等。

3）语音处理：语音压缩编码、语音识别、语音信箱等。

4）仪器仪表：医疗、数字滤波、谱分析等。

5）通信：Modem、程控交换机、可视电话、蜂窝站、ATM、移动电话等。

6）民用：数字音响、数字电视、多媒体等。

7）军用：雷达、声呐、通信等。

目前，DSP 芯片的主要供应商有美国的 TI、ADI、AT&T 和 Motorola 公司等，其中，TI 公司占世界 DSP 芯片市场的 50% 以上，在国内被广泛采用。

1. DSP 实现目标检测识别的基本框图

图 9-13 所示为用于目标自动检测与识别的基于 DSP 的图像信号处理器硬件系统总体结构。该系统采用 TMS320C6x + FPGA 架构完成实时图像预处理、目标检测、识别与跟踪及视频合成输出等功能。

2. 图像算法的处理流程

系统中 DSP 主要完成图像预处理、目标检测、目标识别与跟踪及视频合成输出功能，

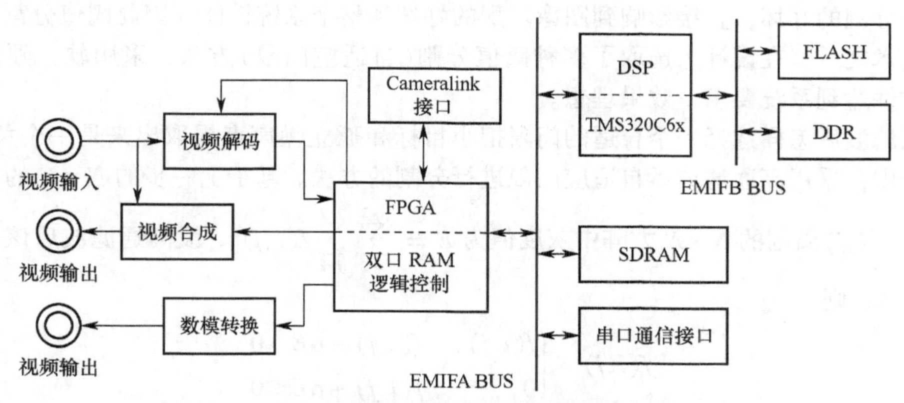

图 9-13　基于 DSP 的图像信号处理器硬件系统总体结构

图像处理流程如图 9-14 所示。

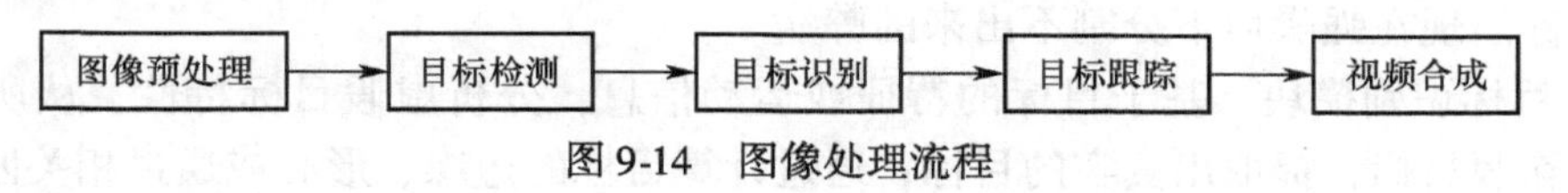

图 9-14　图像处理流程

下面简要分析各模块的功能。

（1）图像预处理模块　抑制背景和噪声，对降质图像进行恢复，提高目标的信噪比。

图像在传输和转换过程中，由于图像的传输或转换系统的传递函数对高频成分的衰减作用，加之噪声的影响，造成图像的细节轮廓不清晰。图像预处理的作用：一是补偿图像的轮廓，使图像更清晰；二是抑制噪声和背景，提高目标的信噪比。这里重点介绍采用高通滤波进行的图像预处理，与图像平滑处理相对应，图像高通滤波也分为空间域图像高通滤波和频率域图像高通滤波两大类型。

在该应用中，简要介绍一下针对复杂背景下小目标检测采用的图像增强算法。

对于远距离小目标而言，背景中细节成分较少，在大部分情况下，背景是大面积平缓变化场景，像素之间有强相关性，占据图像频域的低频分量，而小目标本身信噪比低，占据图像的高频部分。因此利用背景像素之间灰度的相关性及目标灰度与背景灰度的无关性，首先进行图像增强（又称图像锐化）来提高小目标的信噪比。

通过上述图像预处理（高通滤波）后，对图像中灰度相关的背景噪声起到了抑制目的，特别是图像的空间相关性越强，滤波效果越明显。表 9-1 给出了高通滤波前后图像统计特性的变化。从中可以清楚地看出，空间高通滤波算法对图像的不均匀性有明显的均衡作用，提高了图像的信噪比。

表 9-1　高通滤波前后的统计特性

序列 1			序列 2		
类别	图像均值	图像均方差	类别	图像均值	图像均方差
原始图像	107.17	41.02	原始图像	39.56	4.97
高通滤波后的图像	129.10	2.51	高通滤波后的图像	128.11	3.82

（2）目标检测模块　接收在预处理阶段经过抑制噪声和增强处理后的图像序列，从目标和背景的混合图像中将背景和目标初步分离，提取出可能的潜在目标，完成预处理后的图像分割，并根据目标的灰度、大小、运动和方向等特征进行搜索、分类，检测出可能的目标位置。

图像分割的好坏，直接影响到图像匹配的好坏和整个系统性能，因此阈值分割是该系统的关键技术之一。在设计上选取了多种阈值分割(自适应门限)方法，采用软、硬件结构方式，实时性达到系统要求，效果理想。

高通滤波后怎样选择一个合适的门限把小目标和孤立噪声点提取出来是一个关键问题。在该系统中，采用高通滤波后自适应门限进行分割的方法。基于上一步的 $N\times N$ 的高通滤波模板，设 $f(i,j)$ 周围的 $N\times N$ 方阵中灰度值为 $E=\sum_{i-2}^{i+2}\sum_{j-2}^{j+2}f(i,j)$。设高通滤波后该点灰度值变为 $\hat{f}(i,j)$，则

$$f(i,j)=\begin{cases}f(i,j), & \hat{f}(i,j)-\alpha E>0\\ 0, & \hat{f}(i,j)-\alpha E\leqslant 0\end{cases} \tag{9-2}$$

通过将高通滤波后的目标与它周围的背景作自适应门限比较可以很好地分割出小目标，这样既可以解决单纯的自适应门限算法造成的预选点过多，又可解决采用单纯的高通滤波算法时，目标出现在强噪声下分割不出来的弊病。

(3) 目标识别模块　基于目标的特征或运动信息，分析虚假目标特性，从所有可能的目标中剔除假目标，提取出真实的目标；通过计算目标的边缘、形心或通过相关匹配确定目标的坐标位置。

经过上述初步检测、聚合后，图像中除了真、假目标之外，还可能有少量的背景干扰。这时，为了能识别真实目标，先对其进行区域标记。完成标记后，在多帧连续处理过程中，引入“检测前跟踪”及“边跟踪边检测”的思想，对各潜在目标建立置信度目标链，目标链中包含了有关区域的特征。在经过若干帧检测后，对应置信度最高的区域就被确定为目标区域。图9-15为目标识别的流程图。

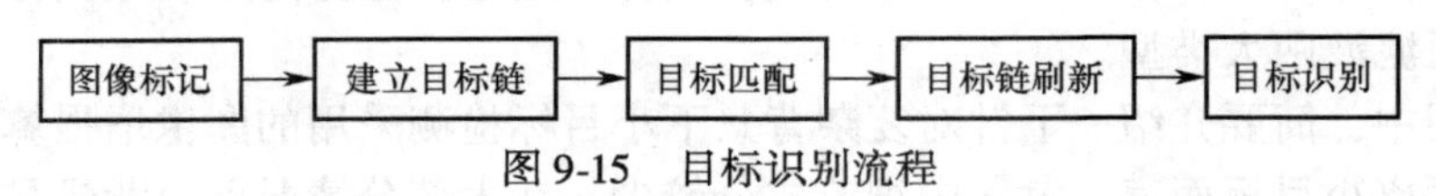

图9-15　目标识别流程

图9-15中几个模块的作用如下。

图像标记：将进行了阈值处理又区域生长后的图像进行特征标记。

建立目标链：对标记过的区域逐一提取特征并建立潜在目标记录。

目标匹配：对各目标链上的潜在目标记录与当前帧的所有区域记录进行匹配、比较，找出特征相近的区域。

目标链刷新：对已存储的目标链，用当前帧匹配上的区域记录代替目标链上老的潜在目标记录，并对新出现的区域建立相应的目标链，删除目标匹配次数很少的目标链。

目标识别：将已知目标特征与目标链中的各潜在目标记录进行比较，找出最相近者。

算法中引入了快速图像目标标记方法和目标数据动态维护技术(目标链)，有效地将图像处理和目标识别部分分隔开来，减少了用于中间结果传输的时间开销和对处理器存储空间的要求，从而使系统随时依处理结果进行处理流程自行组织和调整，并易于移植到流水阵列结构的信息处理机上实时处理。这部分应用了图像模式识别的知识。

(4) 目标跟踪　利用图像帧目标的运动信息(运动的一致性、连续性、方向性)，准确预测目标的运动轨迹。

(5) 视频合成　在调试和设备维护过程中，使用监视器作为显示输出设备。将要显示的原始图像与目标识别及跟踪模块的输出结果送到视频合成部分。由视频合成部分产生复合

同步信号、复合消隐信号、场同步信号、场消隐信号，与要求输出的图像合成标准电视信号输出，供显示器显示。

图9-16a为远距离小目标，通过图像预处理(高通滤波)后，目标的信噪比得到增强，但图9-16b所示的增强图像中，除了目标还有许多高频噪声和假目标存在，后续通过自适应门限分割和根据目标的特性进行目标识别后，得到图9-16c所示的检出目标。

a) 原目标图像　b) 预处理增强后的图像　c) 检测出的目标

图9-16　目标自动检测识别示意图

3. 算法中的关键技术

在整个目标检测识别系统中，应用的图像处理技术有如下几项。

1）如何从噪声背景和干扰中将小目标提取出来，是进行后续目标检测、识别的关键，这里我们用到了图像增强技术中的图像锐化，采用空域高通滤波将小目标进行增强，提高它的信噪比。

2）怎样选择一个合适的门限把增强后的目标从复杂背景中提取出来是整个算法中的又一个关键问题，这里我们针对具体情况采用了图像处理中的自适应门限分割技术。

3）将可能的目标分割出来后，应用数字图像处理技术中的图像特征对目标进行了匹配、识别，通过多帧检测，识别出真正的目标。

9.2.4　立体视觉系统

人类视觉系统能够融合两只眼睛获得的图像视差，进而能够获得明显的深度感。模仿人类视觉的系统称为立体视觉系统，立体视觉系统包括两个过程：融合两个(或多个)成像系统观察到的特征；重建这些特征对应的三维原像。立体感知算法在机器视觉导航、地图生成、航空勘测和近距离定位测量等领域都有很好的应用价值。

1. 机器视觉导航

针对现在社会普遍存在的安全驾驶问题，机器视觉导航技术的应用显得尤为重要，半自动驾驶技术或无人驾驶技术正在慢慢从技术研究走向市场应用，这必将成为迈向全自动、零事故驾驶的里程碑。在航空航天领域，从1970年苏联第一辆月球探测车成功登陆月球开始，月球车的研究就一直方兴未艾，到2013年，“嫦娥三号”搭载我国的月球车开展探月之旅。美国在近些年的火星探测计划中，也通过火星探测器完成了火星表面影像和岩石标本等的采集。无人驾驶汽车、月球车和火星探测器都成功应用了立体视觉领域的机器视觉导航技术，如图9-17所示。

由火星科学实验室研制的“好奇号”火星探测车，任务总耗资达25亿美元，主照相机由马林空间科学系统公司提供，具有彩色照片拍摄功能，同时可以拍摄高清晰度视频。主相机共四台(CCD感应器)，分辨率为1600×1200像素，使用贝尔RGB的滤镜提供真彩色成

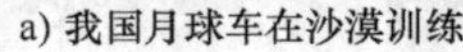

a) 我国月球车在沙漠训练

b) 美国“好奇号”火星探测器

图 9-17 月球车和火星探测器示意图

像功能，使用多组滤镜提供科学研究的多谱成像功能，使用两个独立的镜头提供立体成像功能，提供高清晰度视频压缩功能（720P）。装在桅杆上的相机有两个：一个中段定焦、一个望远定焦。第三个微距镜相机装在机械手臂上，用来近距离拍摄岩石，而第四个则装在“好奇号”的底下，负责在降落过程中持续拍摄下方的地形，在整个过程中最多可以拍到4000张相片，作为之后在火星上漫游时的参考。主照相机以10帧/s的速度采集并压缩成MPEG-2视频流，不需要探测器的主计算机进行协助，视频大小由相机内部缓冲区大小决定。图9-18所示为“好奇号”携带的相机所拍摄的首张火星表面图像。

图 9-18 “好奇号”拍摄的首张火星表面图像

对于机器而言，摄像机系统相当于人的眼睛，软件处理系统相当于人的大脑，通过摄像机去采集图像，通过算法处理和分析，最终对环境做出判断。一个完整的视觉导航系统应能够完成两个基本的功能：一是准确地判断自身的位置；二是对于目标位置，合理规划出可行路线，检测道路和避开障碍物。在本节，我们主要介绍一下道路和障碍物的检测方法。

图9-19为道路检测处理流程，主要是通过检测路面的边界来实现路面定位，但这仅限于比较理想的情况。考虑到光照、阴影等复杂环境因素的影响，近年来，有人提出了通过像素的分类来实现整个路面定位检测的方法，如图9-20所示。

如果摄像机能够和人眼一样获取环境的深度信息，那么对环境中障碍物的定位自然不成问题，因为视差图的边缘正是物体的边缘，如图9-21所示。图9-21c中，不同灰度范围表示不同的物体，灰度的深

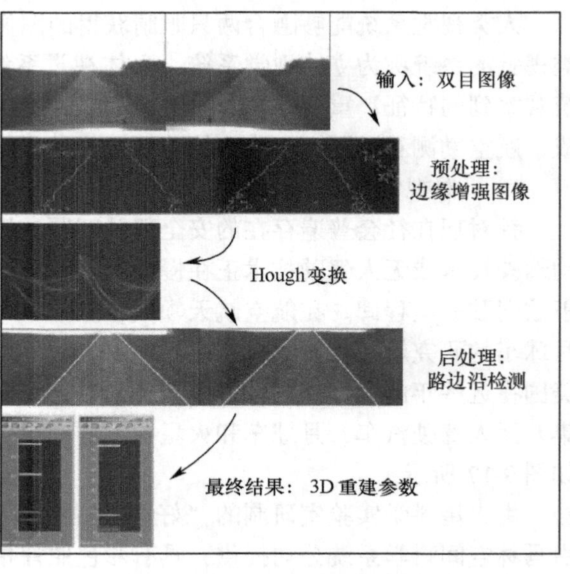

图 9-19 道路检测处理流程

图 9-20　路面像素分类结果

浅代表物体在三维空间的深度，灰度值越大说明物体离摄像机越远。从图中可以看出，目前的算法还不能精确的估算整个空间的深度信息，同时立体匹配算法的海量运算限制了实时应用。

a) 左图像

b) 右图像

c) 计算机差

图 9-21　立体匹配算法

2. 利用立体视觉原理进行地图绘制

在城市规划和勘测中，希望能够利用不同角度的航拍图像，重建出城市建筑的三维模型。城市建筑基本都是立方体，相对野外地形勘测和建模来说相对简单。基本的流程如图 9-22 所示。图 9-23 为图像的轮廓匹配结果，图 9-24 是在轮廓匹配基础上进行边缘精细匹配的结果，最后得到图 9-25 所示的带纹理的重建三维建筑图像。图 9-26 是结合 GIS(地理信息系统)进行的三维建筑重建图像。

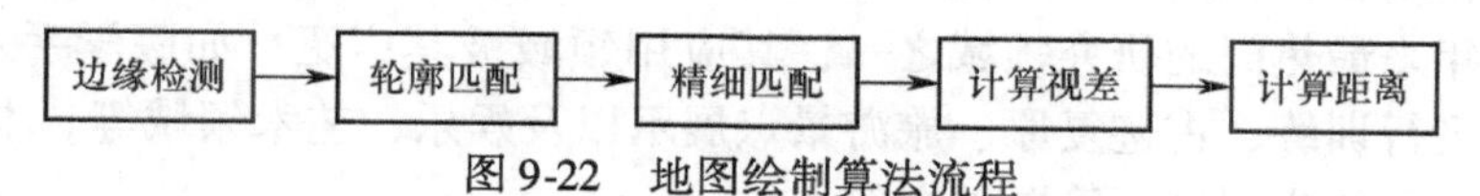

图 9-22　地图绘制算法流程

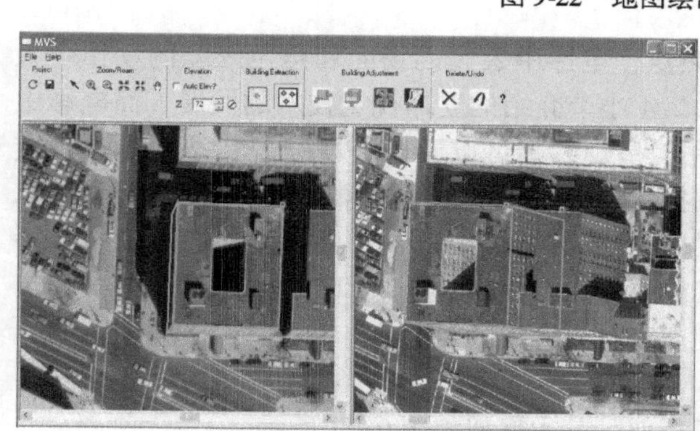

图 9-23　轮廓匹配结果

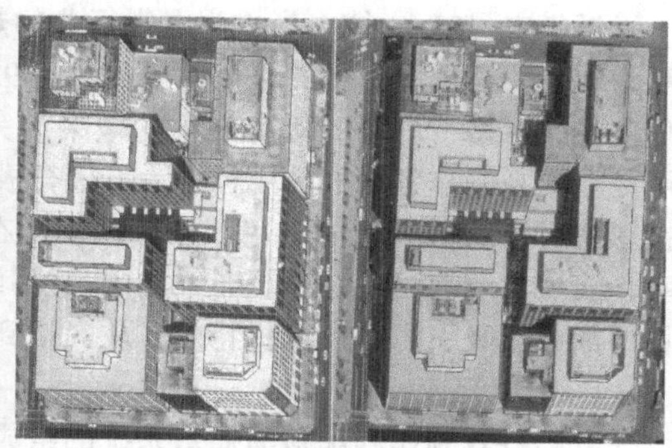

图 9-24　边缘精细匹配结果

图 9-25 带纹理的重建三维建筑图像

图 9-26 结合 GIS 进行的三维建筑重建图像

9.2.5 影视制作领域的增强现实技术

增强现实(Augmented Reality,AR)技术，也称为混合现实技术，融合了图像处理、计算机视觉和计算机图形技术等诸多前沿技术，能够将真实场景、角色动作与通过计算机建模制作的虚拟场景相结合，在同一空间里通过叠加虚实图像，更丰富、更形象的呈现画面效果。增强现实是近年来最热门的研究领域之一，其应用领域极其广泛，如医学手术的精确定位、飞行员的模拟飞行训练、古迹复原、旅游景点展示以及娱乐、艺术领域等。本节针对增强现实技术在影视行业的应用进行简要地介绍。

近年来，3D 立体电影成为电影行业的热点，电影中宏大的场面和角色炫酷的动作令人叹为观止。立体电影中的立体效果得益于 9.2.4 小节介绍的立体视觉技术的发展，而电影中角色身处风暴、坍塌的楼房之中的效果的完美呈现，则可以看作是增强现实技术的一种应用，在影视制作领域的应用称之为特效合成技术。虚拟演播室是图像处理和计算机视觉技术在影视行业的另一成功应用，也是近年来在电视节目制作中最常用的技术。通过虚拟演播室，演播员能够出现在虚拟布景之内，使其能更形象、直观地介绍和表达节目内容，或为节目增加更具吸引力的计算机特效，从而达到虚实场景合成的目的。

1. 系统组成

电影特效制作和虚拟演播室系统的组成相似，基本框架如图 9-27 所示。

系统各个部分的功能介绍如下。

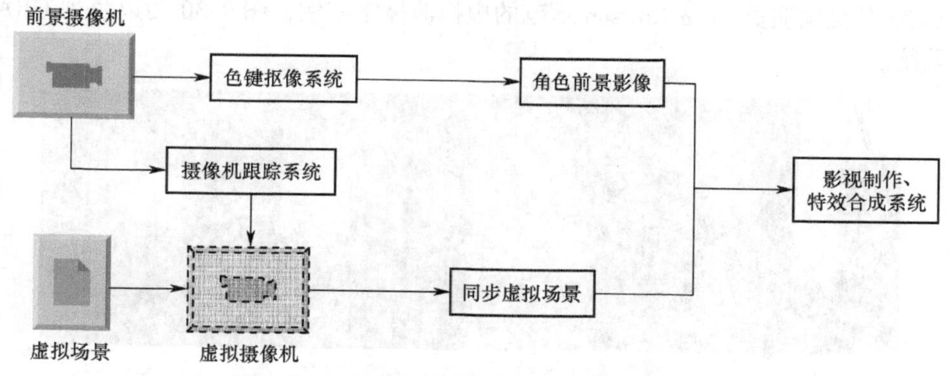

图 9-27　影视制作及特效合成系统基础框架

1）色键抠像系统：用于去除背景，获得角色表演部分的影像。

2）摄像机跟踪系统：这是决定前后景影像融合效果的关键部分，对真实摄像机参数的精确跟踪，决定了虚实场景几何透视关系的一致性。

3）影视制作、特效合成系统：在获得前后景影像之后，如何使虚实场景影像有效地融合而不留下合成的迹象是非常关键的，这部分工作由影视合成系统完成。

2. 算法基本的处理步骤

1）真人角色表演在摄影棚中拍摄完成，背景一般设为蓝色或绿色，即我们常说的蓝箱或绿箱。

2）通过色键抠像技术实现角色和背景的分离，得到角色前景影像。

3）通过计算机制作虚拟场景，虚拟场景的制作包括建模、渲染、纹理映射等。图 9-28 所示为一个简单的场景制作实例。

4）虚拟场景和角色表演的有效融合，必须依赖于真实场景拍摄时摄像机参数的精确获取，再通过在虚拟的三维场景中不断调整虚拟摄像机参数，达到虚实影像时间和角度同步的效果。

5）将同步的虚实影像进行帧处理，即融合和渲染，最终获得融合后的影像。

a) 场景建模

b) 场景元素编辑修改

c) 纹理映射、渲染

图 9-28　虚拟场景制作实例

通过摄像机跟踪技术获取真实摄像机数据，并传递给计算机设定的虚拟摄像机，虚拟背景的二维成像画面是根据真实摄像机拍摄时的镜头参数而计算得到的，因而和演员或演播员的三维透视关系完全一致。最初的特效制作或虚实场景合成是采用静止图片或视频作为背景的，不具备调整背景摄像机参数的能力，因此，计算机视觉技术在影视领域的应用，避免了虚实场景结合时不真实、不自然的感觉。虚拟演播室在体育赛事的直播、节目的辅助解说和特效等方面有着广泛的应用价值，我们通常在电视中看到的二维字幕、游泳比赛时泳道水面上的运动员国别介绍等都是通过虚拟演播室来实现的，当然这只是其中一小部分简单的功能而已。

图9-29是美国演员 Iman Crosson 示范的虚拟演播室实例，图9-30为以色列 ORAD 虚拟演播室系统。

图9-29 美国演员 Iman Crosson 示范的虚拟演播室实例

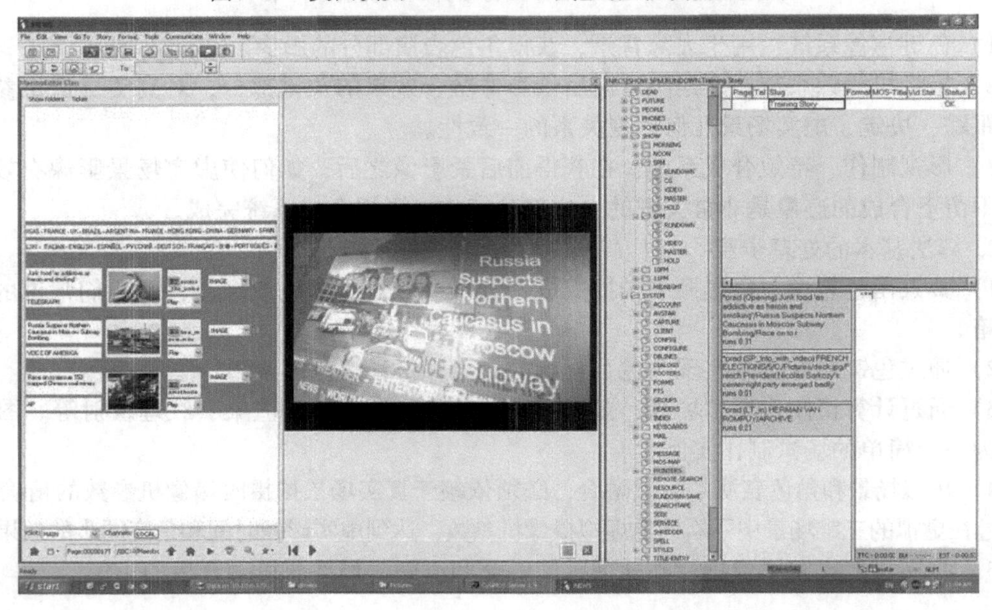

图9-30 以色列 ORAD 虚拟演播室系统

9.2.6 行人再识别技术

行人再识别(Person re-Identification，re-ID)技术起源于多摄像头追踪，用于判断非重叠视域中拍摄到的不同图像中的行人是否属于同一个人。行人再识别技术涉及数字图像处理、计算机视觉、模式识别等多个学科领域，广泛应用于智能视频监控、安防、刑侦等领域，如图9-31、图9-32所示。近年来，行人再识别技术引起了学术界和工业界的广泛关注，已经成为一个热点问题。

行人再识别的典型流程如图9-33所示。对于摄像头A和B采集的图像或视频，首先进行行人检测，得到行人图像。然后，针对行人图像提取稳定、鲁棒的特征，获得能够描述和区分不同行人的特征表达向量。最后根据特征表达向量进行相似性度量，按照相似性大小对图像进行排序，相似度最高的图像将作为最终的识别结果。

行人再识别包括两个核心部分：特征提取与表达，从行人外观出发，提取鲁棒性强且具有较强区分性的特征表示向量，来有效表达行人图像的特性；相似性度量，通过特征向量之间的相似度比对，来判断行人的相似性。特征是整个行人再识别的基础，特征的好坏会直接

图 9-31　行人再识别技术用于对嫌疑人的侦查

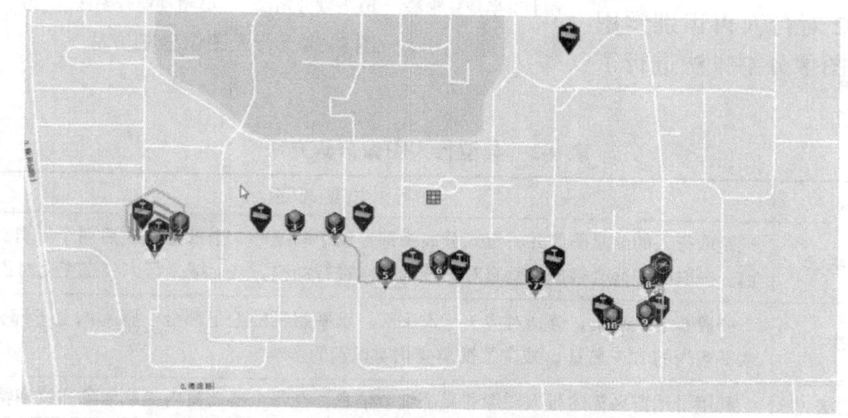

图 9-32　根据多摄像头中对嫌疑人再识别结果追踪嫌疑人逃跑路线

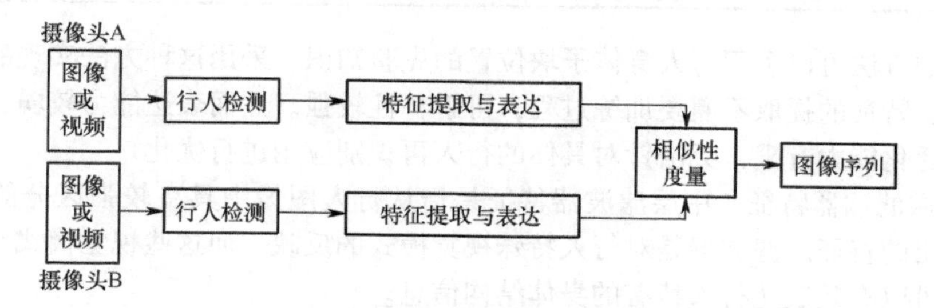

图 9-33　行人再识别典型流程

影响到最终的识别性能，而合理的相似性度量方法将会进一步提高识别准确率。根据行人再识别所采用的数据源，可将其分为基于图像与基于视频的行人再识别。

1. 特征提取与表达

总的来说，行人再识别采用的特征可分为三类：低层视觉特征、中层滤波器特征和高层属性特征。另外，在基于视频的行人再识别中，则不仅提取空间特征，还会提取时间特征来反映视频的运动信息。接下来对上述几种特征的特点进行介绍。

（1）低层视觉特征　低层视觉特征是指颜色、纹理等基本的图像视觉特征。低层视觉特征以及它们的组合是行人再识别中常用的特征。多个低层视觉特征组合起来比单个特征含有更加丰富的信息，具有更好的区分能力，因此常将低层视觉特征组合起来用于行人再识别。

行人外观具有丰富的颜色信息，颜色是行人再识别中最常用的低层视觉特征之一。其中颜色直方图、颜色矩、颜色相关图、颜色聚合向量等是几种常用的颜色特征。同时行人衣着常包含有纹理信息，且对光照具有鲁棒性，因此很多应用将颜色和纹理特征组合起来使用。

颜色和纹理特征能够提供行人图像的全局信息，但是缺乏空间信息。因此很多行人再识别方法在颜色和纹理特征中加入空间区域信息。行人图像被分成多个重叠或非重叠的局部图像块，然后分别从中提取特征，为行人特征增加空间区域信息，如图9-34所示。表9-2对行人再识别常用的几种典型图像分割方法进行了归纳和总结。

a) 上下半身分割法

b) 条纹分割法

c) 滑动窗分割法

d) 三角形分割法

图9-34 行人图像分割方法

表9-2 典型行人图像分割方法

分割方法	主 要 思 想
上下半身分割法	提取行人的前景图像并将行人分成头部、躯干和腿部3个部分。对后两个部分计算垂直对称轴。提取的特征会根据与垂直对称轴的距离进行加权，从而减少行人姿态变化对识别的影响
条纹分割法	分成6个水平条，分别对应于行人头部、水平躯干的上下部分、腿部的上下部分。然后提取水平条内的ELF特征，减少了视角变化对识别的影响
滑动窗分割法	利用滑动窗来描述行人图像的局部细节信息，在每个滑动窗内提取颜色和纹理特征
三角形分割法	利用局部运动特征对行人图像进行三角形时空分割

图像分割方法可以利用行人身体子块位置的先验知识。采用这种方法实现的识别过程相对简单。低层特征的提取不需要训练过程，可解释性较强。然而表达能力较弱，面对复杂的识别环境其泛化能力有限，无法针对具体的行人再识别应用进行优化。

（2）中层滤波器特征 中层滤波器特征是指从行人图像中具有较强区分能力的图像块组合中提取出的特征。滤波器是对行人特殊视觉模式的反映，而这些视觉模式对应着不同的身体部位，可以有效表达行人特有的身体结构信息。

中层滤波器特征通常利用聚类算法，从行人图像中学习出一系列有表达能力的滤波器。每一个滤波器都代表着一种与身体特定部位相关的视觉模式，也被称为显著区域(Salient Region)。如果在同一行人的多幅图像中存在着由若干小的图像块组成的显著区域，如红色的提包(虚线框为显著区域检测结果)，会有助于人们做出判断，如图9-35所示。

图9-35 行人显著区域示意图

人体由各个身体部位组成，具有良好的结构特性，使用与人体部位对应的滤波器特征能够平衡行人描述符的区分能力和泛化能力。低层和中层特征结合起来使用能够充分发挥各自的优势，在一定程度上克服行人再识别中的光照和视角变化问题。但由于人体是非刚性目标，外观易受到姿态、遮挡等各种因素的影响，仅利用低层和中层特征会导致识别精度不高，还需要利用其他更高层的特征。

（3）高层属性特征 高层属性特征是指服装样式、性别、发型、随身物品、衣着类型等人类属性，属于软生物特征，如图9-36所示。人类在辨识行人时常会使用此类离散而精确的特有属性，相比于低层和中层特征，它拥有更强的区分能力。

图9-36 高层属性特征示例

行人图像对应的属性特征通常采用离散的二进制向量表示形式，比如对于图9-35中的行人，假设定义3个属性：是否男性、是否长发、是否携带背包，则对应的属性特征向量为[1 0 1]。与其他特征相比，高层属性特征含有更加丰富的语义信息，且对于光照、视角变化具有更强的鲁棒性。

属性特征可以对行人图像进行语义层面的解释，能够有效缩小低层视觉特征与高层语义特征之间的“语义鸿沟”。通常情况下，与低层特征相比，在再识别过程中使用高层属性特征，识别能力可以有明显的提升。

（4）视频时空特征 虽然行人再识别技术最初提出的目的是用于视频追踪，但受限于有限的计算和存储能力，大多数行人再识别方法是基于静止图像的，依据各个摄像头下仅拍摄一张或少数几张行人图像。然而，静止图像中包含的信息十分有限，导致再识别的准确性难以尽如人意。近年来，许多行人再识别技术开始利用视频进行行人再识别。相对于静止图像，视频中包含更加丰富的时空信息，充分利用视频中的时空特征，可以获得更优的识别性能。

处理视频最常用的方法是提取每一帧的低层特征，然后利用平均/最大池化方法将其聚合为一个全局特征向量，用以反映行人的外观信息。与图像相比，视频序列中的帧与帧之间不仅存在空间依赖关系，也存在时间次序关系，合理利用视频的时间特征能够反映行人的运动特性，提高识别准确率。

时空特征反映了视频中的运动信息，是行人外观特征的有效补充。然而，时空特征易受视角、尺度和速度等因素的影响，在人数众多的行人识别应用上表现得差强人意。这是由于行人数量的大幅增加，行人之间的运动相似性也随之增加，这使得时空特征的区分能力大幅下降。同时，人数众多的行人再识别应用中摄像头数量多，使得同一行人的姿态差异增大，运动差异愈加明显，这些都限制了时空特征在行人识别中的作用。

2. 相似性度量

行人再识别利用特征之间的相似性来判断行人图像的相似性，特征相似的行人图像将被看作是同一个人，选择合适的相似性度量方法对行人再识别至关重要。根据度量过程中是否使用标签，相似性度量可以分为无监督度量和监督度量。

（1）无监督度量　无监督度量直接利用特征表达阶段获得的特征向量进行相似性度量。特征向量之间的相似性往往通过特征向量之间的距离来进行度量，而特征向量之间的距离越小，则说明行人图像越相似。欧式距离与巴氏距离是较为常用的两种相似性度量方法。假设 $\boldsymbol{x}$，$\boldsymbol{y}$ 分别代表两个摄像头下的行人图像特征向量，则对应的欧式距离为

$$d(x_i, y_i) = \sqrt{\sum_{i=1}^{n} (x_i - y_i)^2} \qquad i = 1,2,\cdots,n \tag{9-3}$$

巴氏距离经常在分类任务中用于测量类之间的可分离性，其计算公式如下：

$$D_B(x,y) = -\ln[BC(x,y)] \tag{9-4}$$

其中 $BC(x,y) = \sum \sqrt{x_i y_i}$ 代表巴氏系数。在行人再识别技术中，典型的做法是：首先提取加权颜色直方图、稳定颜色区域以及高重复结构颜色块 3 种行人特征，其次再采用巴氏距离度量前两种特征，采用欧式距离度量最后一种特征，3 种距离的加权和作为最终的特征距离。

（2）监督度量　距离度量学习是基于成对约束的监督度量方法，其基本思路是利用给定的训练样本集学习得到一个能够有效反映数据样本间相似度的度量矩阵，在减少同类样本之间距离的同时，增大非同类样本之间的距离。当特征向量提供的信息足够充足时，距离度量能够获得比非监督方式更高的区分能力。

距离度量学习最常见的是基于马氏距离的度量：给定一个 $\mathscr{R}^d$ 空间上的 n 个特征向量 $\boldsymbol{x}_1$，$\boldsymbol{x}_2$，…，$\boldsymbol{x}_n$，找到一个半正定矩阵 $\boldsymbol{M} \in \mathscr{R}^{d\times d}$，则向量对 $(\boldsymbol{x}_i, \boldsymbol{x}_j)$ 之间的马氏距离计算公式如下：

$$d_M(x_i, x_j) = \sqrt{(x_i - x_j)^T M (x_i - x_j)} \tag{9-5}$$

式(9-5)可以转化为凸优化问题进行求解。对于每张行人图像，选择同一行人样本和不同行人样本组成三元组，在训练过程通过最小化不同类样本距离与同类样本距离的和，得到满足相对约束的马氏距离度量矩阵。其他经典的度量学习方法还有大间隔最近邻(Large Margin Nearest Neighbor, LMNN)、基于信息论的度量学习(Information Theoretic Metric Learning, ITML)和基于逻辑判别的度量学习(Logistic Discriminant Metric Learning, LDML)等。

（3）基于视频的距离度量　在基于视频的行人再识别方法中，大多沿用基于马氏距离的度量方法。比如顶推距离学习模型(top-push distance learning model)是专门为基于视频的行人再识别设计的度量方法，通过对样本之间最大的干扰项施以较大的惩罚来快速有效地增大类间差异。顶推距离学习比较的不是正样本对与所有相关的负样本对之间的距离，而是正样本对与所有相关负样本对的最小距离。

与顶推距离学习模型采用马氏距离矩阵不同，SRID(Sparse Re-ID)方法利用字典学习来进行相似性度量，通过求解共同嵌入空间上的块稀疏恢复问题来确定行人类别。类似地，DVDL(Discriminative Dictionary Learning)方法利用与 SRID 方法相同的特征，学习出一个矩阵以及对应的稀疏编码，通过优化稀疏编码的欧式距离来提升字典的区分能力。

附　录

附录 A　数字图像处理实验

目的：通过实验，深入理解和掌握图像处理的基本技术，提高动手实践能力。

环境：MATLAB 和 VC + + 任选其一

实验一　实现二维傅里叶变换和逆变换

1）观察离散傅里叶频谱，并演示二维离散傅里叶变换的主要性质(如平移性、旋转性、不变性、比例性、中心化)。

2）给出快速 FFT 变换与傅里叶变换的时间比较，并对图像进行反变换。

实验二　直接灰度变换和直方图均衡

1）灰度变换：选择一幅对比度不足的图像，对该图像进行灰度变换，增强对比度，显示增强前、后的图像以及它们的灰度直方图。

2）直方图均衡：选择一幅直方图不均匀的图像，对该图像作直方图均衡处理，显示处理前、后的图像以及它们的灰度直方图。

实验三　图像平滑技术(去噪)

1）选择一幅图像，叠加零均值高斯噪声，然后分别利用邻域平均法和中值滤波法对该图像进行滤波，显示滤波后的图像，比较各滤波器的滤波效果。

2）选择一幅图像，叠加椒盐噪声，选择合适的滤波器将噪声滤除。

3）设有一幅叠加了零均值高斯噪声的图像，设计一种处理方法，既能去噪声又能保持边缘清晰。

实验四　图像锐化技术(边缘增强)

选择一幅边缘较模糊的图像，利用下面的两个高通模板(或自己设计)对此图像进行边缘增强，观察不同模板增强的效果。

$$\begin{pmatrix} 0 & -1 & 0 \\ -1 & 4 & -1 \\ 0 & -1 & 0 \end{pmatrix} \qquad \begin{pmatrix} -1 & -1 & -1 \\ -1 & 8 & -1 \\ -1 & -1 & -1 \end{pmatrix}$$

实验五　图像逆滤波复原

利用逆滤波和其他逆卷积算法对运动模糊或散焦模糊图像进行图像复原，并给出实验结果。

实验六 图像分割与特征分析

1）选择某种边缘检测算子对噪声图像进行边缘检测，比较各边缘检测算子对噪声的敏感性，并提出抗噪性能较好的边缘检测方法。

2）对检测出的目标图像分析它的目标特性，寻找特征不变矩。

实验七 图像描述与分析

选择一幅自然纹理图像，通过计算该图像的共生矩阵，分析它的纹理方向与纹理粗细。

实验八 图像的分解与合成

1）对一幅图像按块进行离散余弦变换(即分成 8 ×8 的小块,对每一个小块进行 DCT)，利用 JPEG 建议的量化矩阵对 DCT 系数进行量化，观察 8 ×8 小块交换系数。

2）对变换系数进行区域选择，然后进行逆量化和逆变换(IDCT)，重建原图像，计算重建图像的 PSNR 及图像压缩的压缩比。

3）选择一个小波函数，对一幅图像进行二级分解，显示各变换系数，并进行小波反变换，重建原图像。

附录 B 图像处理领域主要相关国际刊物

IEEE Transaction on Pattern Analysis and Machine Intelligence

International Journal of Computer Vision

Computer Vision and Image Understanding

IEEE Transaction on Image Processing

Pattern Recognition

Pattern Recognition Letters

Machine Vision and Applications

Image and Vision Computing

International Journal of Image and Graphic

Pattern Analysis and Applications

Robotics and Autonomous systems

SIAM Journal on Imaging Sciences

Journal of Mathematical Imaging and Vision

Journal of Electronic Imaging

Autonomous Robotics

Journal of Mathematical Imaging and Vision

IEEE Multimedia Magazine

IEEE Transaction on Acoustics, Speech and Signal Processing

IEEE Transaction on Circuits and Systems for Video Processing

IEEE Transaction on Information Theory

IEEE Transaction on Multimedia

IEEE Transaction on Signal Processing
Journal of Vision Communication and Image Representation
Real-time image processing

附录 C　图像处理领域主要相关国际会议

ACM SIGGRAPH
IEEE International Conference on Computer Vision and Pattern Recognition(CVPR)
IEEE International Conference on Computer Vision(ICCV)
Europeon Conference on Computer Vision(ECCV)
British Machine Vision Conference(BMVC)
Asian Conference on Computer Vision(ACCV)
IEEE International Conference on Robotics and Automation(ICRA)
IEEE International Conference on Pattern Recognition(ICPR)
IEEE International Conference on Image processing(ICIP)
IEEE International Conference on Acoustics, Speech and Signal Processing(ICASSP)
IEEE International Conference on Multimedia Computing and Systems(ICMCS)
International Conference on Image and Graphic(ICIG)
International Conference on Image and Video Retrieval(CIVR)

参考文献

[1] KENNETH R CASTLEMAN. Digital Image Processing[M]. 北京：清华大学出版社，1998.
[2] CASTLEMAN K R. 数字图像处理[M]. 朱志刚，译. 北京：电子工业出版社，1999.
[3] REFAEL C GONZALEZ，RICHARD E WOODS. 数字图像处理[M]. 2版. 阮秋琦，阮宇智，等译. 北京：电子工业出版社，2003.
[4] 王耀南，李树涛，等. 计算机图像处理与识别技术[M]. 北京：高等教育出版社，2001.
[5] 沈庭芝，方子文. 数字图像处理及模式识别[M]. 北京：北京理工大学出版社，1998.
[6] 夏德深，傅德胜. 现代图像处理技术与应用[M]. 南京：东南大学出版社，1997.
[7] 章毓晋. 图像处理和分析[M]. 北京：清华大学出版社，1999.
[8] 刘榴娣，刘明奇，党长民. 实用数字图像处理[M]. 北京：北京理工大学出版社，2001.
[9] 朱秀昌. 数字图像处理与图像通信[M]. 北京：人民邮电出版社，2002.
[10] 谷口庆治. 数字图像处理——基础篇[M]. 北京：科学出版社，2002.
[11] 王汇源. 数字图像通信原理与技术[M]. 北京：国防工业出版社，2000.
[12] 陆系群，陈纯. 图像处理原理、技术与算法[M]. 杭州：浙江大学出版社，2001.
[13] 余松煜. 数字图像处理[M]. 北京：电子工业出版社，1989.
[14] 夏良正. 数字图像处理[M]. 南京：东南大学出版社，1999.
[15] 阮秋琦. 数字图像处理学[M]. 北京：电子工业出版社，2001.
[16] 容观澳. 计算机图像处理[M]. 北京：清华大学出版社，2000.
[17] 田捷，沙飞，张新生. 实用图像分析与处理技术[M]. 北京：电子工业出版社，1995.
[18] 孙即祥. 数字图像处理[M]. 石家庄：河北教育出版社，1993.
[19] 沈兰荪. 图像编码与异步传输[M]. 北京：人民邮电出版社，1998.
[20] 钟玉琢，冼伟铨，沈洪. 多媒体技术基础及应用[M]. 北京：清华大学出版社，2000.
[21] 林福宗. 多媒体技术基础[M]. 2版. 北京：清华大学出版社，2002.
[22] 李朝晖，张弘，等. 数字图像处理及应用[M]. 北京：机械工业出版社，2004.
[23] 龚声蓉，刘纯平，等. 数字图像处理与分析[M]. 北京：清华大学出版社，2006.